普通高等院校机械工程学科"十二五"

机械故障诊断技术与应用

主　编　时　彧
副主编　王广斌　蒋玲莉　文泽军

国防工业出版社

·北京·

内 容 简 介

机械设备状态监测与故障诊断技术是目前企业十分关注的一项技术,这一技术的广泛应用可以极大地提高机械设备的使用效率、减少事故发生、降低设备的维护维修费用。

本书的内容侧重机械故障诊断理论的实际应用,书中选入了许多企业现场的技术应用实例,突出应用型人才培养的特点,强调了技术内容的实用性、复合性和先进性,体现了现代技术水平。全书共分六章,包括概述、机械故障的振动诊断、机械故障的声学诊断、机械故障的油液诊断、机械故障的温度诊断、机械故障的智能诊断。

本书主要用于普通高等学校本科生的教材,也适用于大、中型企业从事设备维护以及点巡检技术人员阅读。

图书在版编目(CIP)数据

机械故障诊断技术与应用/时彧主编 . —北京:
国防工业出版社,2014.4
高等高等院校机械工程学科"十二五"规划教材
ISBN 978-7-118-09323-0

Ⅰ.①机… Ⅱ.①时… Ⅲ.①机械设备-故障
诊断-高等学校-教材 Ⅳ.①TH17

中国版本图书馆 CIP 数据核字(2014)第 057918 号

※

国防工业出版社出版发行
(北京市海淀区紫竹院南路 23 号 邮政编码 100048)
涿中印刷厂印刷
新华书店经售

*

开本 787×1092 1/16 印张 15¾ 字数 386 千字
2014 年 4 月第 1 版第 1 次印刷 印数 1—4000 册 定价 34.00 元

(本书如有印装错误,我社负责调换)

国防书店:(010)88540777 发行邮购:(010)88540776
发行传真:(010)88540755 发行业务:(010)88540717

普通高等院校机械工程学科"十二五"规划教材
编 委 会 名 单

序

　　国防工业出版社组织编写的"普通高等院校机械工程学科'十二五'规划教材"即将出版，欣然为之作"序"。

　　随着国民经济和社会的发展，我国高等教育已形成大众化教育的大好形势，为适应建设创新型国家的重大需求，迫切要求培养高素质专门人才和创新人才，学校必须在教育观念、教学思想等方面做出迅速的反应，进行深入教学改革，而教学改革的主要内容之一是课程的改革与建设，其中包括教材的改革与建设，课程的改革与建设应体现、固化在教材之中。

　　教材是教学不可缺少的重要组成部分，教材的水平将直接影响教学质量，特别是对学生创新能力的培养。作为机械工程学科的教材，不能只是传授基本理论知识，更应该是既强调理论，又重在实践，突出的要理论与实践结合，培养学生解决实际问题的能力和创新能力。在新的深入教学改革、新课程体系的建立及课程内容的发展过程中，建设这样一套新型教材的任务已经迫切地摆在我们面前。

　　国防工业出版社组织有关院校主持编写的这套"普通高等院校机械工程学科'十二五'规划教材"，可谓正得其时。此套教材的特点是以编写"有利于提高学生创新能力培养和知识水平"为宗旨，选题论证严谨、科学，以体现先进性、创新性、实用性，注重学生能力培养为原则，以编出特色教材、精品教材为指导思想，注意教材的立体化建设，在教材的体系上下功夫。编写过程中，每部教材都经过主编和参编辛勤认真的编写和主审专家的严格把关，使本套教材既继承老教材的特点，又适应新形势下教改的要求，保证了教材的系统性和精品化，体现了创新教育、能力教育、素质教育教学理念，有效激发学生自主学习能力，提高学生的综合素质和创新能力，为培养出符合社会需要的优秀人才服务。丛书的出版对高校的教材建设、特别是精品课程及其教材的建设起到了推动作用。

　　衷心祝贺国防工业出版社和所有参编人员为我国高等教育提供了这样一套有水平、有特色、高质量的机械工程学科规划教材，并希望编写者和出版者在与使用者的沟通过程中，认真听取他们的宝贵意见，不断提高该套规划教材的水平！

中国工程院院士

2010 年 6 月

前　言

对机械设备运行状态进行监测和判断故障,实际上从机器诞生之日就开始了。那时人们是通过耳听、手摸、眼看等方式来感知机器的噪声、振动和温度等现象的变化,并据此来判断机器工作的正常与否,以及故障所在部位和严重程度,还因此出现了许多高级设备管理技师。那时的机械设备普遍功率较小、基本上是单机台独立工作,并且更新换代缓慢,可以有时间留给人们去熟悉、摸索和掌握某些机械设备的工作性能和工作状态。然而,进入 20 世纪 80 年代后,企业生产进入了高速发展阶段,以往那种对设备的监测和故障的判断模式已经不适应现代化的工业生产了。

现代工业生产的特点是生产系统大型化、连续化、高速化、自动化、系统化和智能化,机械设备更新换代快,在使用周期中要求它们安全、连续、可靠、高效、低耗和环境友好地运行,这样就必须借助现代科学技术手段来掌握这些设备的运行状态。为了提高生产效率、保障安全运行、降低生产成本、节约能源消耗、延长使用寿命,目前可以实时采集机械系统运行状态的各种信息加以分析,依此来分析判断机械系统运行状态的优劣,为机械设备的维护、维修决策提供科学依据,最终实现最佳的设备运行、维护和维修模式。机械设备的状态监测与故障诊断技术是实现这一目的的最主要技术手段。

机械设备的状态监测和故障诊断技术,就是采集诸如振动、噪声、温度、润滑油、声发射等与设备相关的信号,进行处理和分析,掌握机械设备运行状态。对处于不良工作状态的机械设备,判断故障的部位、类型、严重程度、发展趋势,并据此结合生产管理实际情况,作出对故障设备处理最为有效和经济的维护维修安排。

本书的编写侧重机械故障诊断技术理论的实际应用,以培养技术应用型人才为目标,突出实用性强的教学内容。全书共分 6 章,第 1 章为概述,主要介绍了机械设备状态监测与故障诊断技术的发展历程,现今的应用以及发展趋势,主要技术内容概要介绍;第 2 章为机械故障的振动诊断,是本书的主要内容,介绍了故障诊断技术中应用最为有效和广泛的技术内容;第 3 章为机械故障的声学诊断,主要内容为噪声、超声和声发射技术的应用;第 4 章为机械故障的油液诊断,介绍对机械设备润滑油液的采集、处理、分析和判断技术;第 5 章为机械故障的温度诊断,主要介绍红外测温和热成像技术在设备监测与故障诊断中的应用;第 6 章为机械故障的智能诊断,以专家系统、神经网络、故障树和故障信息融合等为主要内容,介绍机械设备故障智能诊断技术的应用现状和应用前景。

本书由时彧教授编写第 1 章和第 3~5 章,蒋玲莉副教授编写第 2 章,王广斌副教授编写第 6 章,文泽军教授负责全书的图表绘制。感谢文泽军教授课题组的刘湛、胡邓平等同学的帮助。

本书主要用于普通高等学校本科生的教材,也适用于大、中型企业从事设备维护以及点巡检技术人员阅读。教学中,第 6 章可以作为选修内容,或者讲解其中的某一节。

由于编者水平有限,书中难免有不妥之处,恳请各位专家、读者批评指正。

编者

2014 年 1 月

目　录

第1章 概 述

1.1 机械故障诊断技术的发展历程

1.1.1 机械故障诊断技术的起源

一般而言,我们所提及的机械设备是源于蒸汽为动力的机器。人类的工业革命发端于蒸汽机的发明,从此以后,大量以蒸汽机为动力的机械设备不断涌现;随着工业革命的进一步发展,人类又发明了电力继而诞生了新的动力机械电动机;还有以燃油为能源的动力机械燃油发动机,简称发动机;当然最"可怕"的是人类还发明了核动力机械。有了这些非自然的动力,人类"征服"自然的能力得到了巨大的提升,并且创造出了种类繁多的机械设备。

由于技术手段的限制以及对经济利益的考虑,几乎所有的机械设备都需要进行维修。开始时工业生产规模比较小,机械设备的技术水平和复杂程度都很低,设备的利用率和维修费用问题并没有引起人们的注意,对设备故障也缺乏正确的认识,那时的机械设备主要以分散的、独立的、小功率的为主,出现故障时只需停机、拆卸、检查、判断(诊断)、维修、再投入运行即可,这样就诞生了第一种维修方式:事后维修。目前,针对这类小型、非关键的机械设备,仍然采用事后维修方式。

随着机械设备功率的不断提升,逐渐诞生了技术水平和复杂程度都比较高的机械设备,这些设备如果因故障意外停机将会对生产造成非常大的损失,同时还有可能造成较大的人员伤亡,因此,人们根据机械寿命理论,利用统计学原理,创造了一种新的维修模式:定期维修(计划维修)。即根据某类机械设备的平均寿命,制定一个维修周期,按计划对这类机械设备进行维修。这种维修方式的确避免了大部分故障停机事故,较大幅度地提高了经济效益,减少了人员的伤亡,但是因为使用的是平均寿命方式进行定期维修,就不免还有一小部分设备事故会发生,产生了维修不足的现象。另外,维修时还会对一小部分性能良好、不需要维修的设备进行了过剩(多余的)维修。可见这种维修方式仍然只能是一种过渡型维修方式,这期间开始孕育机械设备状态监测与故障诊断技术,各国企业的管理者和科研人员开始在技术层面关注如何掌握设备的真实运行状态,如何判断机械设备的故障,为新一代维修方式的诞生奠定了基础。目前,在工业生产中仍有部分机械设备采用定期维修方式,其中的关键设备是采用冗余技术来减少因意外停机造成的损失。

随后而来的工业化特点是生产设备的大型化、连续化、高速化和自动化。它在提高生产效率、降低成本、节约能源和人力、减少废品率、保证产品质量等方面有很大优势。然而,在这一阶段由于机械设备故障停机所造成的损失也在急剧地增加,例如,在一条自动化的连续生产线上,因为其中某一台设备上一个机械零件的失效而造成整个生产线停产,损失巨大。所以,自然地催生了新一代维修方式:状态维修。状态维修方式的诞生得益于计算机技术的发展,人们将所采集到的大量数据通过计算机进行快速处理、分析、判断,准确地掌握某一个机械零件乃至整个生产系统的运行状态,确定最佳维修时间和维修部位。目前,这种维修方式已经成为工业生产中的主流维修模式,其理论基础就是机械故障诊断技术。

可以说,机械故障诊断技术源于机械故障所带来的重大经济损失和人员伤亡,受益于科学技术的整体进步尤其是计算机技术的飞速发展。目前,全球仍然在这一技术领域投入大量的人力物力,以期使这一技术更趋完善。

1.1.2 机械故障诊断技术发展进程

自20世纪60年代开始,随着科学技术的不断进步和发展,尤其是计算机技术、网络技术和信息技术的迅速发展和普及,机械设备运行状态监测与故障诊断技术逐步形成了一门较为完善的、新兴的综合性工程学科。该学科以设备管理、状态监测和故障诊断为内容,以建立新的维修体制为目标,在全球范围内以不同形式得到了推广,逐步成为国际上一大热门学科。

最早开发设备故障诊断技术的国家是美国。1967年4月在美国宇航局的倡导下,由美国海军主持召开了美国机械故障预防小组成立大会。除了一名瑞典滚珠轴承公司的代表外,几乎全部是来自于军界的代表,以海军和空军居多。这个小组的成立有两个主要原因,一个是技术进步和工业发展(特别像阿波罗计划这类尖端技术和系统)在保证机械设备的安全性、可靠性方面,面临着巨大的压力和挑战,机械设备的故障问题日益突出;二是在军事部门已经开发的一部分初级的监测和诊断技术,在可靠性工程等方面为发展和完善机械设备故障诊断技术打下了基础。

从此开始,美国投入了大量的人力物力来开发和完善这项技术。例如,美国国家标准局的机械故障预防小组,研究了机械故障的机理以及检测、诊断和预测技术;俄亥俄州立大学的齿轮动力学及噪声实验室,研究了齿轮噪声机理与振动传递的监测技术和故障诊断技术;机械工艺技术公司的赛格研究所,研究了回转机械故障的诊断以及停机时间控制系统;本特利内华达公司的转子动力学研究所,研究了转子动力学性能、轴承稳定性、油膜振荡以及转子裂纹故障的监测与诊断;西屋电气公司的技术研究部,开发了电站数据中心、诊断运行中心,并且在人工智能诊断和热参数诊断技术方面有所突破;IRD机械分析公司发展部,研究开发了设备状态监测与诊断体系以及专家诊断系统;还有BOYCE国际工程公司的技术研究部,研发了燃气轮机故障诊断系统、高速实时分析系统和专家诊断系统等。

在随后几十年,机械故障诊断技术在美国的航空航天、军事、核能等尖端领域得到了广泛的应用,目前仍处在领先地位。例如美国麻省理工学院综合利用混合智能系统实现核电站大型复杂机电系统的在线监测、故障诊断和状态维修;美国机械故障预防小组深入研究各类机械故障的机理、可靠性设计和材料耐久性评估;美国密歇根大学、辛辛那提大学和密苏里罗拉大学在美国自然科学基金的资助下,联合工业界共同成立了"智能维护系统中心",旨在研究机械系统性能衰退分析和预测性维护方法;美国斯坦福大学在复合材料结构健康监测方面也取得了显著的研究成果。

在英国,20世纪70年代初就成立了机械健康监测组织与状态监测协会,该协会对故障诊断技术的发展起到了很大的作用。曼彻斯特大学、南安普敦大学、剑桥大学等长期致力于基于先进检测方法的设备在线监测与损伤识别、可靠性、可维护性的研究工作及其应用和推广。另外,德国的柏林科技大学、法国的贡皮埃涅技术大学、加拿大的阿尔伯塔大学、澳大利亚的悉尼大学、日本的九州工业大学、印度的印度理工学院等,以及各国的其他科研机构都在机械设备状态监测与故障诊断技术领域做出了重要贡献。

我国的高等学校和科研机构对故障诊断技术的研究起源于20世纪80年代初。1983年初,中国机械工程学会的设备维修学会,在南京召开了首届设备诊断技术专题座谈会,交流了国内外的情况,分析了国内设备维修现状以及开展设备诊断技术的必要性,向全国提出了"积极开发和应用设备诊断技术为四化建设服务"的十条建议,强调了加速开展有关设备诊断技术工作的必要性和紧迫性。1985年初,在郑州聚集了国内有关机械设备状态监测与故障诊断技术方面的众多专家教授,正式成立了以"机械设备故障诊断"命名的研究会,并于次年加入到中国振动工程学会,更名为"故障诊断学会",在沈阳召开了"第一届全国机械设备故障诊断学术年会"。

随后这一技术在我国的冶金、石化、铁路、电力等行业逐步得到了推广和应用。随着对这一技术研究的不断深入,我国生产的信号采集和分析仪器已经接近国际水平,各类国产的状态监测与故障诊断系统得到了广泛的应用。这些都得益于国内各大高校和科研机构对机械故障诊断技术持续不断的研究,以及国家层面对这一技术研究的大力支持和不断的资金投入。这一领域研究较为有代表性的高校有清华大学、北京化工大学、天津大学、哈尔滨工业大学、东北大学、西安交通大学、上海交通大学、华中科技大学、中南大学、重庆大学、华南理工大学等。目前,国内各高校科研人员正寻求在故障诊断技术理论研究上有所突破和创新。

1.2 开展机械故障诊断的意义

在各国工业生产中重点、关键性机械设备的数量越来越多,其中的大多数为大型、自动、连续生产的设备,其在生产中的重要性是不言而喻的,对这些机械设备实施状态监测与故障诊断技术所带来的经济效益和社会效益是巨大的,具体包括以下几点:

1. 预防事故,保障人身和设备的安全

在许多重要行业,如航天、航空、航海、核工业以及其他大型电力企业等部门中,许多设备故障的发生不仅会造成巨大的经济损失,而且还会带来严重的社会危害。比如日本的福岛核电站事故,其危害是长远的。为了避免这类恶性事故的发生,仅靠提高设计的可靠性是不够的,必须利用设备运行状态监测与故障诊断技术来进行管理,才能够防患于未然。

2. 推动设备维修制度的全面改革

定期维修存在着明显的不足,即维修不足和维修过剩。据20世纪后期的统计数据,美国每年的工业维修费用接近全年税收的1/3,其中因为维修不足和过剩维修而浪费的资金约为总维修费用的1/3,这一浪费是巨大的,它促使人们考虑使用新的维修制度来避免这种损失。

状态维修是一种动态维修管理制度,它是通过现代技术手段,持续采集设备的各类数据并加以处理、分析、判断,然后根据设备运行的实际状况,统筹安排维修时机和部位,最大限度地减少维修量和维修时间,在保证设备能够正常运行的前提下,寻找到一条最优的维修方式。

维修制度由定期维修向状态维修的转化是必然的。要真正实现状态维修就必须使状态监测与故障诊断技术成熟和完善。机械故障诊断技术是一种不分解和破坏设备,对作用于设备的应力、故障趋势、强度和性能进行定量描述,预测寿命和可靠性,同时决定其恢复方法的技术。因此,这一技术的发展与完善决定着状态维修制度的实现,它的推广和应用改变了原有的设备管理体制,成为企业提高设备综合管理水平的重要标志。

3. 提高经济效益

采用设备状态监测与故障诊断技术的最终目的是最大限度地减少和避免设备事故(尤其是重大的设备事故)的发生。并且减少维修次数和延长维修周期,以使每个零部件的工作寿命都能得到充分发挥,极大限度地降低维修费用,获取最大的经济利益。因此,机械故障诊断技术的应用可以带来巨大的经济效益。20 世纪后期的统计数据表明,英国 2000 家工业企业在采用这一技术,调整了维修管理制度后,每年节约维修费用达 3 亿英镑,去除使用这一技术的投入,净节约了 2.5 亿英镑。

1.3　机械故障诊断技术的基本内容和基础理论

1.3.1　基本概念与诊断过程

1. 基本概念

"故障诊断"的概念来源于仿生学。所谓机械"故障"是指该机械装置丧失了其应该具有的能力,即机械设备运行功能的"失常",其功能是可以恢复的,而并非纯粹的失效或者损坏。机械设备一旦发生故障,往往会给生产和产品质量乃至人的生命安全造成严重的影响。为了使设备保持正常的运行状态,一般情况下必须采用合适的方法进行维修。所谓"诊断"原本是一个医学术语,其主要包含两个方面的内容,"诊"是对机械设备的客观状态作监测,即采集和处理信息等;"断"则是确定故障的性质、程度、部位以及原因,并且提出对策等。机械故障诊断与医学诊断的对比见表 1-1。

表 1-1　机械故障诊断与医学诊断的对比

医学诊断方法	设备诊断方法	原理及特征信息
中医:望、闻、问、切; 西医:望、触、叩、听、嗅	听、摸、看、闻	通过形貌、声音、颜色、气味的变化来诊断
听心音、做心电图	振动与噪声监测	通过振动大小及变化来诊断
测量体温	温度监测	观察温度变化
验血验尿	油液分析	观察物理化学成分及细胞(磨粒)形态变化
测量血压	应力应变测量	观察压力或应力变化
X 射线、超声检查	无损检测(裂纹)	观察内部机体缺陷
问病史	查阅技术档案资料	找规律、查原因、做判断

机械设备从系统论的角度来看也是一个系统,与其他系统一样也是元素按一定的规律聚合而成的,也是具有层次性的。机械系统的基本状态取决于其构成零部件的状态,而机械系统的输出则取决于其基本状态以及与外界的关系(输入、客观环境的作用)。按照"构造"与"功能",可以将机械系统分为三个类型:

(1) 简单系统:在构造上,系统由一个或多个物理元件组成,元件之间的联系是确定的;在功能上,系统的输出与输入之间存在着构造所决定的定量或逻辑上的因果关系。

(2) 复合系统:在构造上,此系统由多个简单系统作为元素组合而成,这种组合是多层次的,层次之间的联系也是确定的,因而在功能上,其特点与简单系统相同。

(3) 复杂系统:在构造上,该系统由多个子系统作为元素组合而成,这种组合也是多层次的,在子系统内,层次之间的联系至少是不完全确定的。在功能上,系统的输出与输入之间存在着由构造所决定的一般并非严格的定量或逻辑上的因果关系。

显然,机械设备是复杂系统,因为这类系统的输出一般表现为模拟量,对于相同的机械设备而言,它们相同的机械元件本身的几何特性(尺寸、形状、表面形貌等)也不可能完全一致,相同的联系(压力、间隙、介质状况等)也不可能完全一致,因此,即使在完全相同的输入(工作环境)下,相同机械设备的状态与行为(输出)也就难于一致,并非确定。

判断机械设备发生故障的一般准则是:在给定的工作条件下,机械设备的功能与约束的条件若不能满足正常运行或原设计期望的要求,就可以判断该设备发生了故障。而机械设备的故障诊断,是指查明导致该复杂系统发生故障的指定层次子系统联系的劣化状态。很显然,故障诊断的实质就是状态识别。

机械设备的故障,从其产生的因果关系上可以分为两类,一类是原发性故障,即故障源,另一类是继发性故障,即由其他故障所引发的,当源故障消失时,这类故障一般也会消失,当然它也可能成为一个新的故障源。

2. 基本内容

(1)信号检测:就是正确选择测试仪器和测试方法,准确地测量出反映设备实际状态的各种信号(应力参数、设备劣化的征兆参数、运行性能参数等),由此建立起来的状态信号属于初始模式。

(2)特征提取:将初始模式的状态信号通过放大或压缩、形式变换、去除噪声干扰等处理,提取故障特征,形成待检模式。

(3)状态识别:根据理论分析结合故障案例,并采用数据库技术所建立起来的故障档案库为基准模式,把待检模式与基准模式进行比较和分类,即可区别设备的正常与异常。

(4)预报决策:经过判别,对属于正常状态的设备可以继续监测,重复以上程序;对属于异常状态的设备则要查明故障情况,做出趋势分析,预测其发展和可以继续运行的时间以及根据问题所在提出控制措施和维修决策。

3. 诊断过程

依据诊断内容,机械设备的诊断过程可以表述为图1-1。

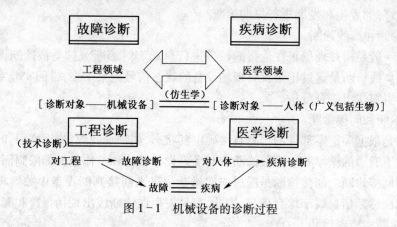

图 1-1 机械设备的诊断过程

1.3.2 机械故障诊断技术的分类

1. 按诊断对象分类

(1)旋转机械诊断技术:对象为转子、轴系、叶轮、泵、转风机、离心机、蒸汽涡轮机、燃气涡轮机、电动机及汽轮发电机组、水轮发电机组等。

(2)往复机械诊断技术:对象为内燃机、压气机、活塞曲柄和连杆机构、柱塞转盘机等。

（3）工程结构诊断技术：对象为金属结构、框架、桥梁、容器、建筑物、地桩等。

（4）机械零件诊断技术：对象为转轴、轴承、齿轮、连接件等。

（5）液压设备诊断技术：对象为液压泵、液压缸、液压阀、液压管路、液压系统等。

（6）电气设备诊断技术：对象为发电机、电动机、变压器、开关电器等。

（7）生产过程综合诊断技术：对象为机床加工过程、轧制生产过程、纺织生产过程、铁路运输过程、船舶运输过程、核电生产过程、石化生产过程等。

2. 按诊断方法（或技术）分类

（1）振动诊断法：以平衡振动、瞬态振动、机械导纳及模态参数为检测目标，进行特征分析、谱分析和时频域分析，也包含有相位信息的全息谱诊断方法和其他方法。

（2）声学诊断法：以噪声、声阻、超声、声发射为检测目标，进行声级、声强、声源、声场、声谱分析。

（3）温度诊断法：以温度、温差、温度场、热像为检测目标，进行温变量、温度场、红外热像识别与分析。

（4）污染物诊断法：以泄漏物、残留物、气、液、固体的成分为检测目标，进行液气成分变化、油质磨损分析。

（5）参数诊断法：以强度、压力、电参数等为检测目标，进行结构损伤分析、流体压力和油膜变化分析、以及系统性能分析。

（6）表面形貌诊断法：以裂纹、变形、斑点、凹坑、色泽等为检测目标，进行结构强度、应力集中、裂纹破损、摩擦磨损等现象分析。

3. 按诊断目的、要求和条件分类

1）性能诊断和运行诊断

性能诊断是针对新安装或新维修的设备及其组件，需要诊断这些设备的性能是否正常，并且按诊断结果对它们进行调整。而运行诊断是针对正在工作中的设备或组件，进行运行状态监测，以便对其故障的发生和发展进行早期诊断。

2）在线诊断和离线诊断

在线诊断一般是指对现场正在运行的设备进行自动实时诊断。这类被诊断设备都是重要关键设备。而离线诊断是通过记录仪将现场设备的状态信号记录下来，带回实验室结合机组状态的历史档案资料作出综合分析。

3）直接诊断和间接诊断

直接诊断是根据关键零部件的信息直接确定其状态，如轴承间隙、齿面磨损、叶片的裂纹以及在腐蚀环境下管道的壁厚等。直接诊断有时受到设备结构和工作条件的限制而无法实现，这时就需要采用间接诊断。间接诊断是通过二次诊断信息来间接判断设备中关键零部件的状态变化。多数二次诊断信息属于综合信息，因此，容易发生误诊断或出现伪报警和漏检的可能。

4）简易诊断和精密诊断

简易诊断：使用便携式监测和诊断仪器，一般由现场作业人员实施，能对机械设备的运行状态迅速有效地作出概括的评价。它具有下列功能：

（1）机械设备的应力状态和趋向控制，超差报警，异常应力的检测；

（2）机械设备的劣化和故障的趋向控制，超差报警及早期发现；

（3）机械设备的监测与保护，及早发现有问题的设备。

精密诊断：使用多种高端仪器设备，一般由故障诊断专家来实施。它具有下列功能：

（1）确定故障的部位和模式，了解故障产生的原因；

（2）估算故障的危险程度，预测其发展趋势，考量剩余寿命；

（3）确定消除故障、改善机械设备状态的方法。

1.3.3 典型机械故障诊断技术和方法简述

机械故障诊断技术和方法很多，必须结合设备故障的特点来获取故障征兆的有效信号，并且相应地采用不同的诊断技术和方法。常用的典型诊断技术和方法简述如下：

1. 振动诊断技术

对比正常机器或结构的动态性，如固有频率、振型、传递函数等，与异常机器或结构的动态特性的不同，来判断机器或结构是否存在故障的技术被称为振动诊断技术。对于在生产中连续运行的机械设备，根据它在运行中的代表其动态特性的振动信号，采用振动诊断技术可以在不停机的条件下实现在线监测和故障诊断。对于静态设备或工程结构，可以对它施加人工激励，然后根据反映其动态特性的响应，采用振动诊断技术可以判断出是否存在损伤或裂纹。振动诊断技术所采用的方法可以有很多，例如：振动特征分析、振动频谱分析、振动倒谱分析、振动包络分析、振动全息谱分析、振动三维图分析、振动超工频或亚工频谐波分析、振动时域分析、振动模态分析等。振动诊断技术在机械设备故障诊断中应用得十分广泛，方便而且可靠。

另外，在产品的无损检验中，振动诊断也有它的特殊地位，例如焊接和胶接的质量用超声波或 X 射线透视无法准确判别的情况下，用振动诊断可以清晰地区别缺陷及部位。又如，铝合金自行车车架是用高强度航空胶粘接的，往往由于粘接表面清理不干净，产生假粘接现象，胶充满了粘接空间，而实际上是虚粘，若用 X 射线和超声波探测并无异常现象，而用振动诊断却可以很准确地区别胶接质量的好坏。

2. 声学诊断技术

声学诊断技术一般包括噪声诊断技术、超声诊断技术、声发射诊断技术。

噪声诊断技术是采集机械设备运行时所发出的噪声，并进行相应的信号处理、分析和诊断，来判断机器运行的状态是否正常，以及异常时的部位、大小、严重程度。对于工程结构和机械零件的损伤常采用敲击声诊断法。

超声波诊断技术是对被检测设备发射出超声波，根据接收的回波来判断被检设备的正常与否。它常用于监测管道腐蚀、铸锻件缺陷、柴油机活塞裂纹等零件的现场监测。

声发射诊断技术是根据金属材料发生故障时，晶界位移所释放出来的弹性应力波的大小、形态、频率等来判断金属结构的故障部位、大小及严重程度。声发射诊断技术主要用于检测和诊断金属构件的裂纹发生和发展、应变老化、周期性超载焊接质量等方面。

3. 温度诊断技术

大多数机械设备的运行状态都与温度相关。例如传热率与温度梯度和原动机与加工设备的性能密切相关，因此，根据系统及其周围环境温度的变化，可以识别系统运行状态的变化。温度监测技术在机械设备诊断中是最早采用的一种技术，随着现代热力学传感器和检测技术的发展，温度诊断技术已经成为故障诊断技术的重要方向。常用的方法有：

（1）一般温度监测诊断技术：以温度、温差、温度场的变化为检测目标，采用各种类型的温度传感器，进行不同状态量的比较和分析。

（2）红外监测诊断技术：采用红外测温或红外热成像技术，进行各种不同状态的识别、分析和诊断。

7

4. 油液分析诊断技术

油液分析诊断技术主要有铁谱技术、光谱技术和磁塞技术。较为普及的是磁塞技术和铁谱技术。

磁塞技术即利用安装在机器循环润滑油箱底部的磁性塞子,吸附润滑油中的铁磁性磨粒,并依此判断机器运行状态的一项技术。对于机器故障中后期或者突发故障的判断较为准确。

铁谱技术是以机器润滑油中的金属磨粒为标本,检测时使其梯度沉积在观察玻璃片上,通过显微镜进行观察、分析和诊断,是一种不解体的检验方法。因为可以观察较为细小的磨粒沉积,所以可以判断早期的机械故障。

1.3.4 机械故障诊断技术的应用现状

机械故障诊断技术非常适合于下列几种设备:

(1) 生产中的重大关键设备,包括生产流水线上的设备和没有备用机组的大型机器;

(2) 不能接近检查,不能解体检查的重要设备;

(3) 维修困难、维修成本高的设备;

(4) 没有备品备件,或备品备件昂贵的设备;

(5) 从人身安全、环境保护等方面考虑,必须采用故障诊断技术的设备;

(6) 需要使用故障诊断技术的一般设备。

目前,设备故障诊断技术已经普及应用到各种各业的各类机械设备以及重要零部件故障的监测、分析、识别和诊断。

机械故障诊断技术已经发展成为一门独立的跨学科的综合性信息处理与分析技术。它是基于可靠性理论、信息论、控制论和系统论,以现代测试仪器、计算机和网络技术为技术手段,结合各种诊断对象(系统、设备、机器、装置、工程结构、工艺过程等)的特殊规律而逐步形成的一门新兴学科。它大体上分为三个部分:第一部分为机械故障诊断物理、化学过程的研究,如对机械零部件失效的腐蚀、蠕变、疲劳、氧化、断裂、磨损等机理的研究。第二部分为机械故障诊断信息学的研究,它主要研究故障信号的采集、选择、处理与分析过程,如通过传感器采集设备运行中的信号(振动、转速等),再经过时域与频域上的分析处理来识别和评价所处的状态或故障。第三部分为故障诊断逻辑与数学原理方面的研究,主要是通过逻辑方法、模型方法、推论方法以及人工智能方法,根据可观测的设备故障表征来确定进一步的检测分析,最终判断机械故障发生的部位和产生故障的原因。

机械故障诊断技术还可以划分为传统的故障诊断方法、数学诊断方法和智能诊断方法。传统的故障诊断方法包括振动监测与诊断技术、噪声监测与诊断技术、声学监测与诊断技术、红外监测与分析技术、油液监测与分析技术以及其他无损检测技术等;数学的故障诊断方法包括基于贝叶斯决策判据以及基于线性和非线性判别函数的模式识别方法、基于概率统计的时序模型诊断方法、基于距离判据的故障诊断方法、模糊诊断原理、灰色系统诊断法、故障树分析法、小波分析法以及混沌分析法与分形几何法等;智能诊断方法包括模糊逻辑、专家系统、神经网络、进化计算方法、核方法以及基于信息融合方法等。

目前,机械故障诊断技术应用呈现精密化、多维化、模型化和智能化特点。例如,近年来激光技术已经从军事、医疗、机械加工等领域深入发展到振动测量和设备故障诊断中,并且已经成功应用于测振和旋转机械安装维修过程中。随着新的信号处理方法的出现和应用,对特定故障的判断准确率得到了大幅度提高,而基于传统的机械设备信号处理分析技术也有了新的突破性进展。机械系统发生故障时，其真实的动态特性表现是非线性的，如旋转机械转子的不平衡等故障，但是由于混沌和分形几何方法的日臻完善，这一类诊断问题已经基本得到解决。因为传感器技术的发展，机械故障诊断技术的应用也得到了新的拓展，对一个机械系统进行状态监测和故障诊断时，现在可以对整个系统设置多个传感器同时用于采集机器的动态信号，然后按一定方法对这些信号进行融合和处理，从中提取更为清晰可用的特征信号，更加准确地判断出机器的早期故障。在智能化方面，现代智能方法包括专家系统、模糊逻辑、神经网络、核方法等已经得到普遍应用，并在实践中得到了不断的改进。

1.3.5 机械故障诊断的理论基础概述

1. 数学基础

在数学方面，信号数据的采集和处理、状态监测和故障诊断技术广泛地应用高等数学和现代数学的许多分支。从经典的微分方程和差分方程到近代的有限元和边界元法，从概率论和随机过程、回归分析和数理统计到最优化方法和运筹学、误差理论、数据处理和计算数学、电子计算机尤其是微型计算机。近 20 年来，傅里叶变换、Z 变换、拉普拉斯变换等积分变换的广泛应用以及快速傅里叶变换技术的发明，给频域内信息的识别和诊断提供了有力的手段。在时域内，作为概率论分支的时间序列法在数据处理中的迅速推广和应用，为系统的建模和识别、在线监测和故障诊断、预报和估算寿命提供了非常方便和准确的工具，其应用范围更加广泛，可以适用于各种各样的系统，如线性系统和非线性系统，也可以用于平稳和非平稳的过程。在故障诊断技术数学基础方面的发展动态是模拟人脑的思维模式的模糊数学的产生、应用和发展，灰色系统理论的引入，显示出其另一个动向，小波变换和分形几何的分析方法为非平稳随机过程的数据处理提供了精确的方法，其时频分析功能构成了数据处理的新动向。微型计算机在诊断应用中进入了人工智能阶段，也就是智能诊断阶段，出现了智能诊断系统。

2. 物理基础

在物理学方面，几乎全部物理学科的内容都已经应用到故障诊断中，在物态特性方面利用气体和液体的特性来发现泄漏现象；在光学方面，利用了光学和光谱分析方法；在热学方面，应用了温度监测、红外技术和热像技术；在声学方面，应用了噪声分析技术、声发射技术和超声波技术；在放射线学方面，应用了 X 射线探伤；在电学方面，应用了电测技术、涡流特性识别技术和无线电遥测技术等。

3. 力学基础

在力学方面，应用到机械与结构的力和力矩的监测技术，包括静态和动态测试，尤其是振动分析方法形成的振动分析技术，应用线性振动和非线性振动理论，随机振动和现代结构力学的理论，在机械设备的故障诊断中具有特殊的重要意义。振动诊断技术在被诊断系统的信号采集、数据处理、故障识别和诊断中显示出简便可靠的优越性，尤其适用于不停机在线监测和诊断报警。断裂力学在设计中的应用，为裂纹控制和裂纹发展的趋势预报，以及为疲劳破坏分析和寿命估算提供了理论基础。

4. 化学基础

在化学方面，污染的监测和分析，例如，空气的污染、液体和油液等流体的污染、油液中磨损微粒的铁谱分析，以及机器或结构材料腐蚀的监测和预报等，从另一个角度为故障诊断提供了重要信息。

在物理、力学和化学方面，其基础理论直接为机器运行状态的监测、故障的识别和诊断提供方法和工具,因此涉及的学科比数学还要多,涉及的范围也比数学要宽广得多。

这些数学、物理、力学和化学等基础理论为人们研究、分析和掌握各种诊断方法提供了科学原理上的依据,为由局部推测整体、从现象判断本质和由当前预见未来建立了可靠的基础,使人们能够对机械设备和工艺过程等生产系统进行正确的诊断。

1.4 机械故障诊断技术的发展趋势

随着现代科学技术的发展,特别是信息技术、计算机技术、传感器技术等多种新技术的出现,数据采集、信号处理和分析手段日臻完善,从前无法和难以解决的故障诊断问题变得可能和容易起来。设备故障诊断技术正在变成计算机、控制、通信和人工智能的集成技术。近年来故障诊断技术呈现以下发展趋势。

1. 诊断对象的多样化

故障诊断技术应用领域已经从最早的军事装备,应用到石化、冶金、电力等工业大型关键机组、机泵群。并且已经从单纯的机械领域拓宽到其他应用领域,如今的故障诊断技术在大型发电系统、水利系统、核能系统、航空航天系统、远洋船舶、交通运输等许多领域发挥着巨大的作用,如监控核反应堆的运行状态、航天器的姿态以及生产过程的监控和诊断等。

2. 诊断技术多元化

诊断技术吸收了大量现代科技成果,使诊断技术可以利用振动、噪声、应力、温度、油液、电磁、光、射线等多种信息实施诊断,如前所述,还可以同时利用几种方法进行综合诊断。近年来激光和光栅光纤传感器以及嵌入式系统也在实际工程中得到了广泛应用。激光技术已经从军事、医疗、机械加工等领域深入发展到振动测量和设备故障诊断中,并成功应用于旋转机械故障诊断等方面;光栅光纤传感器已经在电缆温度监测、火灾和易燃易爆及有毒气体预警、桥梁等大型构筑物安全监测等领域得到应用。

与此同时,多种现代信号处理方法,如神经网络、全息谱技术、小波分析、数据融合技术、数据挖掘技术等前沿科学技术成果也被用于故障诊断领域,提高了诊断的准确性。

3. 故障诊断实时化

实时监测是航空航天技术和现代化工业生产的要求。现代化工业要求生产装备的高度自动化、集成化和大型化发展,越复杂的工业设备,越应当具备高度的可靠性和抵御故障的能力,以确保系统安全、稳定、长期、满负荷、优化运行。为此需要快速、有效的故障信号采集、传输、存储、分析和识别以及决策支持。高性能计算机和网络通信以及现代分析技术、故障机理研究和专家系统的开发为实时诊断提供了技术保障。

4. 诊断监控一体化

现代高速、高自动化的工业装备和航天器不仅要求监测诊断故障,而且要求监测、诊断、控制一体化,能探测出故障的早期征兆实时诊断预测,并及时对装备进行主动控制。机器装备的故障不是人去处理而是由装备本身控制系统按照诊断的结果发出指令去排除故障或采取应急对策,以确保安全和正常运行。

5. 诊断方法智能化

在工业现场,从监测到的故障信息去判别故障原因往往需要技术人员具有较高的专业水平和现场诊断经验,要想将诊断技术推广应用,就必须使仪器或系统智能化,制造出"傻瓜式"诊断系统,这样可以降低对使用者技术水平的限制。应当充分利用计算机及其软件技术和专家知识、经验使诊断系统智能化，从而使普通技术人员使用诊断系统得到的结果达到诊断专家的水平。神经网络、专家系统、决策支持系统和数据挖掘技术等可以为实现人工智能诊断提供技术支持。

6. 监测诊断系统网络化

随着网络的普及应用，国内外许多大型企业设备管理已经向网络化发展，设备监测和故障诊断网络化已成必然。采用传感器群对工业装备进行监测，将数据采集系统有线或无线通信与监测诊断系统、企业管理信息系统通过网络相连，使管理部门及时获取设备运行状态信息，有利于科学维修决策。借助网络还可以获得范围广泛的专家支持、网上会诊，实现远程诊断。

7. 诊断系统可扩展化

由于监测诊断系统实现了网络化，在许多场合与现代智能控制器件(如 PLC)连接，可以做到信息共享；机器的监测系统可以显示设备的工作状况，而智能控制器件也可以显示机器的运行状态和故障水平。监测系统可以设若干数据采集工作站，如所要监测的机器增加了，可通过增设新的数据采集站任意扩展。

8. 诊断信息数据库化

机器的工作状态数据、机器的结构参数和知识是动态的海量数据。基于数据库的动态监测系统为处理、查询和利用大量的监测数据、故障信息数据、知识数据提供了技术保证。关系模型和面向对象的数据库理论、分布式数据库管理系统、数据仓库技术，以及建立在这些技术基础上的先进决策支持系统、高级管理人员信息系统、数据挖掘技术等，为故障诊断提供了新的发展方向，也为企业决策提供了更可靠的依据。

9. 诊断技术产业化

国内外许多以监测诊断系统为产品的高科技公司不仅注重开发和生产，而且十分重视用户培训和售后技术及维修服务，致力于诊断系统产业化、实用化。近年来，我国自行开发研制的在线监测诊断系统已经占据了石化、冶金、电力等行业的市场，如往复压缩机械监测诊断系统，自主开发的产品已经独占中国市场。十几年前国外监测诊断系统垄断中国市场的局面已经不复存在。

10. 机械设备诊断技术工程化

机械故障诊断技术原来只是用于机器出了故障去查找原因，现在逐渐发展到监测和预防故障，取得了杜绝事故的减灾效益；近年来又开展了基于诊断改进机器、基于诊断指导优化运行、基于诊断设计新一代机器等，在企业实施取得了巨大的经济效益，这一工程被称为设备诊断工程。

多年来，国内石化、冶金等企业已将设备监测诊断技术与风险工程相结合，应用于维修工程和设备综合管理系统，成为企业信息化的重要组成部分，并开始取得实效。

故障监测与诊断技术是一个新兴的研究领域，近年来，系统科学、工程控制论、安全科学与工程、维修工程乃至医学等学科以及信号处理、模式识别、人工智能等技术的发展，促进了故障监测诊断技术这一交叉学科的不断发展，研究深度和领域得到很大充实，在工程实践中也取得了一些成绩，但同时也暴露了一些尚待解决的问题。

(1)故障诊断的准确率问题。在工程应用中，诊断的结果是故障排除和维修决策的重要依据，故障诊断的准确率往往是评价故障诊断水平的重要指标，应在对故障案例进行深入分析和研究的基础上，加强故障机理和识别特征的研究，应用监测预警、容错等技术，减少误诊和漏诊，提高故障诊断的准确率。

（2）复杂系统精确建模问题。机电装备复杂系统的自身结构复杂，又在复杂工况、多干扰下运行，与系统关联性强，对这类复杂系统建立精确度数学模型异常困难。在研究过程中，需要采取定量和定性相结合、因果链分析和排除的方法去分析判别，那些需要使用精确数学模型计算推理的故障诊断方法就很难适用。

（3）单一信号诊断和系统诊断问题。单一信号诊断是指只关注机器故障发出的信号，对其进行处理和分析，提取特征并研究如何识别的故障诊断方法。这种方法如同仅依据心电图给患者看病一样，有时也能诊断出疾病，但很难对患者做出全面客观的诊断。系统诊断是对机器内部零部件间、输入输出及机器与环境之间的相互作用进行深入了解，研究机械装备系统各参数的关联，不但研究机器结构和故障信号的关系，而且对故障机理和因果链进行深入的研究，这是现代诊断技术发展的方向。

（4）综合监测诊断问题。实际生产过程中，由于机器系统的复杂性和各种监测诊断方法的局限性，只采用一种监测诊断方法不可能完全解决实际对象所有的故障问题，因此，在许多场合要同时应用多种监测和故障诊断方法来进行综合诊断。研究如何将多种监测参数和诊断方法有效地融合在一起，运用不同的方式研究故障状态及其征兆，这种综合诊断方法在工程上将得到广泛应用。

（5）诊断技术的工程应用问题。临床医学在医学界占有极其重要的地位，许多重大疾病的发现和防治都是临床诊断首先解决的。对机械故障诊断，重视理论研究的同时也应重视现场的"临床诊断"和防治对策的研究。当前，故障诊断技术的实际应用成果与理论研究相比显得非常不足，如何将故障诊断技术理论研究与工程应用相结合，改进机器的健康状态是今后需要进行的十分重要的工作。

现代机械故障诊断技术正在成为信息、监控、通信、计算机和人工智能等集成技术，并逐渐发展成为一个多学科交叉的新学科。

第 2 章　机械故障的振动诊断

2.1　齿轮的故障诊断理论与应用

2.1.1　齿轮失效的形式及原因

1. 齿轮的主要失效形式

齿轮的失效可分为轮体失效和轮齿失效两大类。由于轮体失效在一般情况下很少出现，因此齿轮的失效通常是指轮齿失效。轮齿失效就是齿轮在运转过程中由于某种原因使齿轮在尺寸、形状或材料性能上发生改变而不能正常地完成规定的任务。

齿轮由于结构型式、材料与热处理、操作运行环境与条件等因素不同，发生故障的形式也不同，常见的齿轮故障有以下几类形式。

1）齿面磨损

润滑油不足或油质不清洁会造成齿面磨粒磨损，使齿廓改变，侧隙加大，以至于齿轮过度减薄导致断齿。一般情况下，只有在润滑油中夹杂有磨粒时，才会在运行中引起齿面磨粒磨损。并非所有的磨损都定义为损伤，对于大型开式齿轮，齿轮运行初期发生的正常磨损有利于改善设备运行状态和润滑条件。

2）齿面胶合和擦伤

对于重载和高速齿轮的传动，齿面工作区温度很高，一旦润滑条件不良，齿面间的油膜便会消失，一个齿面的金属会熔焊在与之啮合的另一个齿面上，在齿面上形成垂直于节线的划痕状胶合。新齿轮未经磨合便投入使用时，常在某一局部产生这种现象，使齿轮擦伤。通常在齿顶或齿根部位的小面积胶合可自行恢复正常，而齿面大面积的严重胶合则会引起噪声和振动增大，若不采取补救措施最终将导致齿轮失效。

3）齿面接触疲劳

齿轮在实际啮合过程中，既有相对滚动，又有相对滑动，而且相对滑动的摩擦力在节点两侧的方向相反，从而产生脉动载荷。载荷和脉动力的作用使齿轮表面层深处产生脉动循环变化的剪应力，当这种剪应力超过齿轮材料的疲劳极限时，接触表面将产生疲劳裂纹，随着裂纹的扩展，最终使齿面剥落小片金属，在齿面上形成小坑，称为点蚀。当"点蚀"扩大连成片时，形成齿面上金属块剥落。此外，材质不均匀或局部擦伤，也容易在某一齿上首先出现接触疲劳，产生剥落。

4）弯曲疲劳与断齿

在运行过程中承受载荷的轮齿，如同悬臂梁，其根部受到脉冲循环的弯曲应力作用最大，当这种周期性应力超过齿轮材料的疲劳极限时，会在根部产生裂纹，并逐步扩展，当剩余部分无法承受传动载荷时就会发生断齿现象。齿轮由于工作中严重的冲击、偏载以及材质不均匀也可能会引起断齿。断齿和点蚀是齿轮故障的主要形式。

齿轮故障还可分为局部故障和分布故障。局部故障集中在一个或几个齿上，而分布故障则在齿轮各个轮齿上都有体现。齿轮常见损伤形式如表 2-1 所列。

表 2-1 齿轮常见损伤形式及其产生的原因

损伤形式	损伤特征	损伤原因	损伤结果
齿面烧伤	有腐蚀性点蚀的特征	(1)齿面剧烈磨损; (2)由磨损引起的局部高温; (3)齿隙不足; (4)齿面加工精度达不到要求; (5)润滑不当; (6)超负荷,超速运行	齿面局部软化,疲劳寿命随之降低
变色	齿面有变色现象	(1)齿面硬度低,温度高; (2)润滑状态劣化	产生胶合的前兆
初期点蚀	发生在齿轮节线附近的齿根表面上。具有点蚀形貌	(1)齿面局部凸起,局部承受较大负荷; (2)受交变应力作用	对齿轮损坏影响不大
破坏性点蚀	蚀点尺寸大,齿形被破坏	(1)由于局部点蚀,引起动态负荷加大; (2)齿面硬度低; (3)粗糙度高; (4)润滑油不良	蚀坑往往成为疲劳源最终导致轮齿疲劳断裂
剥落	凹坑比破坏性点蚀大而深,断面较为光滑,多发生在齿顶或齿端部	(1)齿轮的表层和次层缺陷; (2)热处理产生过大的内应力	产生范围较大的齿面疲劳损坏
中等磨损	主动轮发生在齿顶。从动轮发生在齿根	(1)齿轮承受过大负荷; (2)润滑不良	使用寿命降低,噪声变大
破坏性磨损	工作恶化,齿形改变	(1)齿轮啮合节圆的滑动受阻; (2)润滑不良	可能导致点蚀和塑性变形,寿命显著降低
磨料磨损	齿面滑动方向上出现彼此独立的沟纹	(1)外界的微粒进入轮齿啮合面; (2)润滑油过滤网损坏	使用寿命降低,条件进一步劣化
胶合撕伤	沿齿面的滑动方向形成沟槽,在齿根和节线附近被挖成凹坑,使齿形破坏	(1)负荷集中于局部的接触齿面上; (2)油膜破坏; (3)单位接触负荷过大	导致齿轮早期损坏
干涉磨损	主动齿轮的齿根被挖伤,从动齿轮顶严重破坏	(1)设计、制造不当; (2)组装不良	噪声增大,最终导致一对啮合齿轮完全报废
波纹	齿面产生波纹状损伤,以渗碳的双曲线小齿轮最为常见	(1)润滑不当; (2)高频振动及滑动摩擦促使齿面屈服	噪声增大
腐蚀磨损	在齿面上产生腐蚀斑点	(1)由于空气中的潮湿气体,酸性或碱性物质造成润滑油的污染; (2)润滑油中的极压剂添加不当	降低使用寿命
剥片	小而薄的金属片从齿面剥下,严重时可在润滑油中看到大片的金属剥片	(1)齿面硬化层过薄或心部硬度低; (2)热处理工艺不当	噪声增大,导致齿轮损坏
隆起	通常以横贯齿面的斜线或隆起的形式出现,常见于渗碳的双曲线小齿轮或青铜齿轮	(1)负荷过大; (2)润滑不良	产生塑性变形,若齿面加工硬化不良,齿面会完全破坏

损伤形式	损伤特征	损伤原因	损伤结果
疲劳断裂	部分齿轮或整齿折断,在断面上可见一连串的贝壳状轮廓线,在其中心有一个清晰的"眼"	(1)设计不当; (2)负荷过大; (3)组装不良,偏载; (4)轮齿表层下的缺陷引起应力集中	引起齿轮早期损坏,报废
过载断裂	硬、脆材料断口为丝状,韧性材料断口模糊,纤维状材料断口呈撕拉状	(1)组装不当,负荷集中于轮齿一端; (2)突然停止或换向; (3)轴承损坏,轴弯曲或啮合面咬死,冲击过载	瞬发性严重故障,齿轮损废
淬火裂纹	沿齿顶或齿根的径向发生,轮齿端部有时也有不规则裂纹	(1)热处理不当; (2)齿极曲率半径过小; (3)加工过程中刀具在齿根残留有痕迹	疲劳源,会引起疲劳断裂
磨削裂纹	裂纹形如网状	(1)磨削不当; (2)热处理不当	疲劳源,会引起疲劳断裂
裂痕	齿面在滑动方向出现断裂的裂纹	(1)局部接触应力集中油膜破坏; (2)降低使用寿命,噪声	降低使用寿命,增加噪声

2. 齿轮故障的原因

产生上述齿轮故障的原因较多,但从大量故障的分析统计结果来看,主要原因有以下几个方面。

1) 制造误差

制造齿轮时通常会产生偏心、齿距偏差、齿形误差、周节误差、基节误差、齿形误差等几种典型误差。

齿轮偏心是指齿轮基圆或分度圆中心与齿轮旋转轴的中心不重合,如图2-1中的小轮。齿轮偏差是指齿轮的实际齿距与公称齿距之间的误差,如图2-1中的大齿轮。齿形误差是指在轮齿工作部分内,容纳实际齿形的两个理论渐开线齿型间的距离。当齿轮的这些误差较严重时,会引起齿轮传动中忽快忽慢的转动,啮合时产生冲击、引起较大噪声等,如图2-1和图2-2所示。周节误差是指齿轮同一圆周上任意两个周节之差。基节误差指齿轮上相邻两个同名齿形的两条相互平行的切线间,实际是齿距与公称齿距之差。

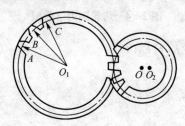

图2-1 齿轮偏心和齿距误差

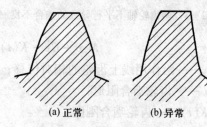

(a)正常　　(b)异常

图2-2 齿形误差

2) 装配误差

由于装配技术和装配方法等原因,通常在装配齿轮时会造成"一端接触"和齿轮轴的直线性偏差(不同轴、不对中)及齿轮的不平衡等异常现象。当一对互相啮合的齿轮轴不平行时,会在齿宽方向只有一端接触,或者出现齿轮的直线性偏差等,使齿轮所承受的负荷在齿宽方向不均匀,不能平稳地传递动扭矩,如图2-3所示,这种情况称为"一端接触",会使齿的局部承受过大的负荷,有可能造成断齿。

3）润滑不良

对于高速重载齿轮,润滑不良会导致齿面局部过热,造成色变、胶合等故障。导致润滑不良的原因是多方面的,除了油路堵塞、喷油孔堵塞外,润滑油中进水、润滑油变质、油温过高等都会造成齿面润滑不良。

4）超载

对于工作负荷不平稳的齿轮驱动装置(例如矿石破碎机、采掘机等),经常会出现过载现象,如果没有适当的保护措施,就会造成轮齿过载断裂,或者长期过载导致大量轮齿根部疲劳裂纹、断裂。

5）操作失误

操作失误通常包括缺油、超载、长期超速等,这些操作性失误都会造成齿轮损伤、损坏。

2.1.2　齿轮的振动与噪声

齿轮及齿轮箱在运行中,其运行状态与故障的特征主要是由齿轮箱的振动和噪声、齿轮传动轴的扭振、齿轮齿根应力分布、润滑油温度等构成。每个振动特征都从各自的角度反映了齿轮箱的状态,但由于目前工业现场测试条件及测试技术的限制,有些特征量对齿轮的状态反映不够敏感。相对来说,齿轮的振动和噪声能够很好地反映齿轮运转状态,它能迅速、真实、全面地反映齿轮故障的性质、范围。因此,研究齿轮及齿轮箱振动的产生机理,分析其振动信号的频率成分,对于齿轮及齿轮箱的故障诊断来说具有重要的意义。

2.1.2.1　齿轮的振动机理分析

齿轮具有一定的质量,轮齿可以看作是弹簧,所以若以一对齿轮作为研究对象,则该齿轮副可以看作一个质量、弹簧、阻尼振动系统。若以一对齿轮作为研究对象,忽略齿面上摩擦力的影响,则其力学模型如图2-4所示,其振动方程为

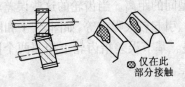

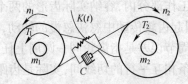

图2-3　两齿轮轴不平行导致的啮合不良　　　　　图2-4　齿轮副力学模型

$$M_r \ddot{x} + C \dot{x} + K(t)x = K(t)E_1 + K(t)E_2(t) \qquad (2-1)$$

式中　x——沿作用线上齿轮的相对位移;

　　　　C——齿轮啮合阻尼;

　　　　$K(t)$——齿轮啮合刚度;

　　　　M_r——齿轮副的等效质量,$M_r = m_1 \cdot m_2 / (m_1 + m_2)$;

　　　　E_1——齿轮受载后的平均静弹性变形;

　　　　$E_2(t)$——齿轮的误差和异常造成的两个齿轮见的相对位移(亦称故障函数)。

由式(2-1)可见,齿轮在无异常的理想情况下亦存在振动,且其振源来自两部分:一部分为$K(t)E_1$,它与齿轮的误差和故障无关,称为常规啮合振动;另一部分为$K(t)E_2(t)$,它取决于

齿轮的啮合刚度 $K(t)$ 和故障函数 $E_2(t)$。啮合刚度 $K(t)$ 为周期性的变量,可以说齿轮的振动主要是由 $K(t)$ 的这种周期变化引起的。$K(t)$ 的变化可用两点来说明,一是随着啮合点位置的变化,参加啮合的单一齿轮的刚度发生了变化;二是随参加啮合的齿数在变化。

每当一个轮齿开始进入啮合到下一个轮齿进入啮合,齿轮的啮合刚度就变化一次,变化曲线如图所示,可见直齿轮刚度变化较为陡峭,斜齿轮或人字齿轮刚度变化较为平缓。

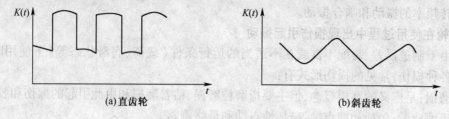

(a)直齿轮　　　　　　　　　(b)斜齿轮

图 2-5　啮合刚度变化曲线

若齿轮副主动轮转速为 n_1,齿数为 z_1,从动轮相应为 n_2,则齿轮啮合刚度的变化频率(啮合频率)及它们的谐频谱为

$$f_c = Nf_{r_1}z_1 = Nf_{r_2}z_2 = N\frac{n_1}{60} \cdot z_1 = N\frac{n_2}{60} \cdot z_2 \quad (N = 1,2,3\cdots) \quad (2-2)$$

式中　f_{r_1}、f_{r_2}——齿轮对应的转频(Hz)。

齿轮处于正常或异常状态下,啮合频率振动成分及其谐波总是存在的,但两种状态下的振动水平是有差异的。从此意义上讲,根据齿轮振动信号啮合频率及其谐波成分诊断故障是可行的。

下面首先讨论齿轮产生的集中振动机理。

1. 轮齿的啮合振动

众所周知,在齿轮传动过程中,每个轮齿周期地进入和退出啮合。对于直齿圆柱齿轮,其啮合区分为单齿啮合区和双齿啮合区,在单齿啮合区内,全部载荷由一对齿副承担;当一旦进入双齿啮合区,则载荷分别由两对齿副按其啮合刚度的大小分别承担(啮合刚度是指啮合齿副在其啮合点处抵抗挠曲变形和接触变形的能力)。很显然,在单、双齿啮合区的交变位置,每对齿副所承受的载荷将发生突变,这必将激发齿轮的振动;同时,在传动过程中,每个轮齿的啮合点均从齿根向齿顶(主动齿轮)或从齿顶向齿根(从动齿轮)逐渐移动,由于啮合点沿齿高方向的不断变化,各啮合点处齿副的啮合刚度也随之改变,相当于变为刚度弹簧,这也是齿轮产生振动的一个原因。此外,由于轮齿的受载变形,其基节发生变化,在轮齿进入啮合和退出啮合时,将产生啮入冲击和啮出冲击,这更加剧了齿轮的振动。综上所述,在齿轮啮合过程中,由于单、双齿啮合区的交替变换、轮齿啮合刚度的周期性变化,以及啮入、啮出冲击。即使齿轮系统制造得绝对准确,也会产生振动,这种振动是以每齿啮合为基本频率进行的,该频率称为啮合频率 f_m,其计算公式如下:

$$f_m = N\frac{Z_1 N_1}{60} = N\frac{Z_2 N_2}{60} \quad (2-3)$$

式中　Z_1、Z_2——主、从动齿轮的齿数;

　　　N_1、N_2——主、从动齿轮的转速(r/min)。

对于斜齿圆柱齿轮,产生啮合振动的原因与直齿圆柱齿轮基本相同,但由于同时啮合的齿数较多,传动较平稳,所产生的啮合振动的幅值相对较低。

2. 齿轮的制造和装配误差引起振动

齿轮在制造过程中,由于机床、刀具、夹具、齿坯等方面的误差,以及操作不当、工艺不良等原因,均会使齿轮产生各种加工误差,如齿距累积误差、基节偏差、齿形误差、齿向误差等;在装配过程中,由于箱体、轴等零件的加工误差、装配不当等因素,也会使齿轮传动精度恶化。上述误差将对齿轮的运动准确性、传动平稳性和载荷分布的均匀性产生影响,引起齿轮在传动过程中产生旋转频率的振动和啮合振动。

3. 齿轮在使用过程中出现损伤引起振动

齿轮由于制造误差、装配不良或在不适当的运行条件(载荷、润滑状态等)下使用时,会使齿轮产生各种损伤,常见的损伤形式有:

(1) 磨损:是广义的磨损概念,但主要指磨粒磨损、粘着磨损和由此引起的擦伤和胶合。

(2) 表面疲劳:包括初期点蚀、破坏性点蚀和最终剥落。

(3) 塑性变形:包括压痕、起皱、隆起和犁沟等。

(4) 断裂:齿轮最严重的损伤形式,常常因此而造成停机。据其原因,可将断裂分为疲劳折断、磨损折断、过载折断等,其中疲劳折断最为常见,它是由于承受超过材料疲劳极限的反复弯曲应力而发生的。通常首先沿受力侧齿根角内部产生裂纹,此后逐渐沿齿根或向斜上方发展而致折断。折断的断面一般呈成串的贝壳状轮廓线,其中可以见到比较光滑部分的汇聚点。有的淬火裂纹和磨削裂纹也会成为疲劳折断的起因。

(5) 气蚀:主要由于润滑油中析出的气泡被压溃破裂,产生瞬时冲击力和高温,使齿面产生冲蚀麻点。

(6) 电蚀:由于电气设备传导至啮合齿廓的漏电流,产生火花放电,侵蚀齿面,产生电弧坑点。

4. 冲击载荷引起的自由衰减振动

上述各种因素在引起齿轮强迫振动的同时,还经常产生周期的冲击载荷:由于冲击脉冲具有较宽的频谱,容易激发起齿轮系统按其相关的固有频率作自由衰减振动,这也是研究齿轮振动应该考虑的一个重要问题。

2.1.2.2 齿轮故障的振动信号特征

齿轮故障比较复杂,在实际工作中,通常是先利用常规的时域分析、频谱方法对齿轮故障做出诊断,这时我们就需要对故障齿轮的信号特征有一定的了解。

1. 正常齿轮的振动信号特征

正常运转而没有缺陷的齿轮由于自身刚度等原因在传动过程中也会产生振动。

1) 时域特征

正常齿轮由于刚度的影响,其波形为周期性的衰减波形,其低频信号具有近似正弦波的啮合波形,如图 2-6 所示。

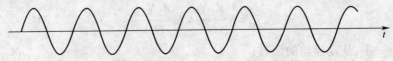

图 2-6　正常齿轮的低频振动波形

2) 频域特征

正常齿轮的信号反映在功率谱上,有啮合频率及其谐波分量,既有 nf_c($n=1,2\cdots$),且以啮合频率成分为主,其高次谐波依次减小;同时,在低频处有齿轮轴旋转频率及其高次谐波 mf_r ($m=1,2\cdots$),其频谱如图2-7所示。

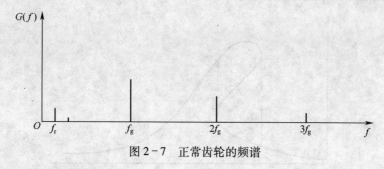

图2-7 正常齿轮的频谱

2. 故障齿轮的振动信号特征

1) 均匀磨损

齿轮均匀磨损是指由于齿轮的材料、润滑等方面的原因或者长期在高负荷下工作造成的齿面大部分磨损。

(1) 时域特征:齿轮发生均匀磨损时,导致齿侧间隙增大,通常会使其正弦波式的啮合波形遭到破坏,图2-8和图2-9所示的是齿轮发生磨损后引起的高频及低频振动。在此情况下发生的冲击振动频率为1kHz以上的高频,于此同时,正弦波中低频啮合的频率成分也增大。

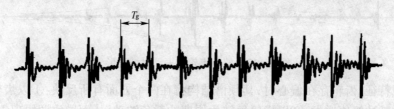

图2-8 磨损齿轮的高频振动

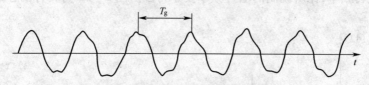

图2-9 磨损齿轮的低频振动

(2) 频域特征:齿面均匀磨损时,啮合频率及其谐波分量 nf_c ($n=1,2\cdots$) 在频谱图上的位置保持不变,但其幅值大小发生改变,而且高次谐波幅值相对增大较多。分析时,要分析3个以上谐波的幅值变化才能从频谱上检测出这种特征。图2-10所示反映了磨损后齿轮的啮合频率及谐波值的变化。

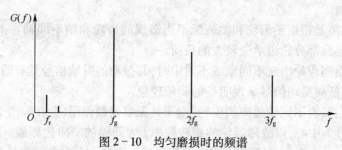

图2-10 均匀磨损时的频谱

随着磨损的加剧,还有可能产生 $1/k(k=1,2\cdots)$ 的分数谐波,有时在升降过程中还会出现如图 2-11 所示的呈非线性振动的跳跃现象。

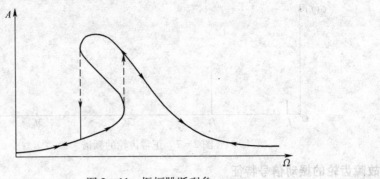

图 2-11　振幅跳跃现象

2)齿轮偏心

齿轮偏心往往是由于加工造成的。

(1)时域特征:当一对互相啮合的齿轮中有一个齿轮存在偏心时,其振动波形由于偏心的影响被调制,产生调幅振动,图 2-12 为齿轮有偏心时的振动波形。

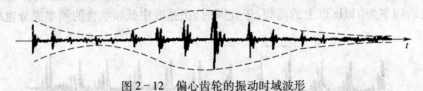

图 2-12　偏心齿轮的振动时域波形

(2)频域特征:齿轮存在偏心时,其频谱结构将在两个方面有所反映:①以齿轮的旋转频率为特征的附加脉冲幅值增大;②以齿轮每转为周期的载荷波动,从而导致调幅现象,这时的调制频率为齿轮的旋转频率,比所调制的啮合频率要小得多。图 2-13 为具有偏心的齿轮的典型频谱特征。

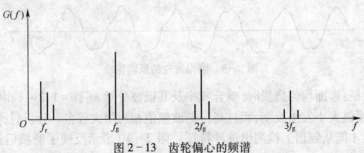

图 2-13　齿轮偏心的频谱

3)齿轮不同轴

齿轮不同轴故障是指由于齿轮和轴装配不当造成的齿轮和轴不同轴。不同轴故障会使齿轮产生局部接触,导致部分轮齿承受较大的负荷。

(1)时域特征:当齿轮出现不同轴或不对中时,其振动的时域信号具有明显的调幅现象,如图 2-14 所示为其低频振动信号呈现明显的调幅现象。

(2)频域特征:具有不同轴故障的齿轮,由于其振幅调制作用,会在频谱上产生以各阶啮合频率 nf_c($n=1,2\cdots$)为中心,以故障齿轮的旋转频率 f_r 为间隔的一阶边频族。同时,故障齿轮的旋转特征频率 mf_r($m=1,2\cdots$)在频谱上也有一定反映。图 2-15 为典型的具有不同轴故障齿轮

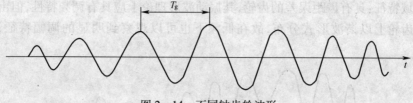

图 2 - 14　不同轴齿轮波形

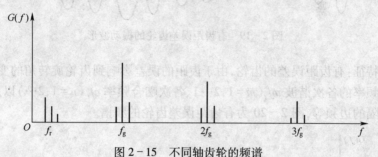

图 2 - 15　不同轴齿轮的频谱

的特征频谱。

4）齿轮局部异常

齿轮的局部异常（图 2 - 16）包括齿根部有较大裂纹 1、局部齿面磨损 2、轮齿折断 4、局部齿形误差 3 等。

局部异常齿轮的振动波形是典型的以齿轮旋转频率为周期的冲击脉冲，如图 2 - 17 所示。具有局部异常故障的齿轮，由于裂纹、断齿或齿形误差的影响，将以旋转频率为主要频域特征，即 $mf_r(m=1,2\cdots)$，如图 2 - 18 所示。

图 2 - 16　齿轮的局部异常　　　　图 2 - 17　局部异常齿轮的振动波形

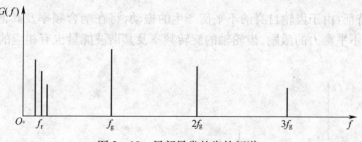

图 2 - 18　局部异常的齿轮频谱

5）齿距误差

齿距误差是指一个齿轮的各个齿距不相等，存在误差。齿距误差是由齿形误差造成的，几乎所有的齿轮都有微小的齿距误差。

（1）时域特征：具有齿距误差的齿轮，其振动波形理论上应具有调频特性，但由于齿距误差一般在整个齿轮上以谐波形式分布，故在低频下也可以观察到明显的调幅特征，如图2-19所示。

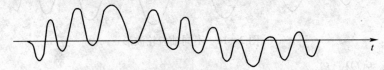

图2-19　有齿距误差齿轮的振动波形

（2）频域特征：有齿距误差的齿轮，由于齿距的误差影响到齿轮旋转角的变化，在频谱域表现为包含旋转频率的各次谐波 $mf_r(m=1,2\cdots)$、各次啮合频率 $nf_c(n=1,2\cdots)$ 以及以故障齿轮的旋转频率为间隔的边频等，图2-20为有齿距误差齿轮的频谱。

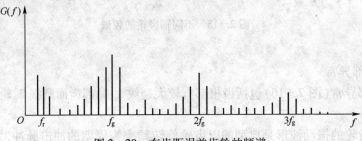

图2-20　有齿距误差齿轮的频谱

6）齿轮不平衡

齿轮的不平衡是指齿轮的质心和旋转中心不重合，从而导致齿轮副的不稳定运行和振动。

（1）时域特征：具有不平衡质量的齿轮在不平衡力的激励下会产生以调幅为主、调频为辅的振动，其振动波形如图2-21所示。

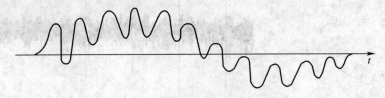

图2-21　不平衡齿轮的振动波形

（2）频域特征：由于齿轮自身的不平衡产生的振动，将在啮合频率及其谐波两侧产生的边频族。同时，受不平衡力的激励，齿轮轴的旋转频率及其谐波能量也有相应的增加，如图2-22所示。

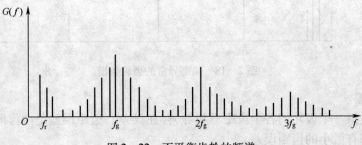

图2-22　不平衡齿轮的频谱

2.1.2.3 齿轮的噪声机理分析

一般来说,齿轮系统噪声的声源主要有:齿轮系统本身轮齿啮合的动态激励、原动机(发动机、电动机等)的振动以及工作机构的振动和负载变化等。在齿轮系统动力学中,主要研究由齿轮啮合的动态激励产生的噪声。

在齿轮系统中,根据其不同的振动状态,可能产生两种噪声:拍击噪声(Gear Tattle Noise)和白噪声(Gear White Noise)。拍击噪声主要是由于轮齿的拍击引起的瞬态噪声。轮齿拍击是一种强非线性的冲击现象,一般发生在轻载条件下。白噪声是一种稳态噪声,是由齿轮啮合过程的动态激励引起的。此外,根据机理不同,可将噪声分成加速度噪声(Air - Borne Noise)和自鸣噪声(Structured - Borne Noise)两种。一般来说,在拍击振动中轮齿间会产生冲击,齿轮会产生很大加速度,引起周围介质扰动,由于这种轮齿的冲击,齿轮会产生很大的加速度,引起周围介质扰动,由于这种扰动产生的声辐射称为齿轮的加速度噪声。齿轮的啮合冲击主要发生在平行于轴线的方向,因此一般将由啮合的两齿轮冲击产生的加速度噪声堪称是两个变曲率半径的柱体冲击所产生的加速度噪声。另外,在齿轮动态啮合力作用下,系统的各零件会产生振动,这些振动所产生的声辐射称为自鸣噪声。

对于开式齿轮传动,加速度噪声由轮齿冲击处直接辐射出来,自鸣噪声则由轮体、传动轴等处辐射出来。对于闭式齿轮传动,加速度噪声先辐射到齿轮箱内的空气和润滑油中,再通过齿轮箱辐射出来。自鸣噪声则是由齿轮体的振动,通过传动轴引起支座振动,从而通过齿轮箱箱壁的振动面辐射出来。一般来说,自鸣噪声是闭式齿轮传动的主要声源。

一般来说,轮齿啮合刚度的时变性、齿轮传递误差、啮入啮出冲击及传动系统输入力矩和负载力矩的变化均会产生动态啮合力。由于动态啮合力的激励,使齿轮系统产生振动,从而引起齿轮系统的振动噪声,因此,齿轮系统的噪声强度不仅与齿轮轮齿啮合的动态激励力有关,而且还与轮体、传动轴、轴承及箱体等的结构形式、动态特性以及动态啮合力在它们之间的传递特性有关。具体说来,齿轮系统振动噪声的产生及传播机理一般涉及以下几个问题:

(1)工作条件、齿轮种类、设计参数、加工装配精度与误差等状况对动态啮合力的影响;

(2)根据齿轮的类型,建立齿轮系统的动力学方程,分析在动态激励力作用下系统的振动形式;

(3)齿轮系统中各零部件的振动状态,振动由啮合轮齿至箱体表面的传播过程和传播特性;

(4)对于加速度噪声则必须讨论它们是如何透过箱体传至外部的。

2.1.2.4 影响齿轮噪声的主要因素

影响齿轮噪声的因素有很多,例如,齿轮的设计参数、加工精度、装配精度、工作参数等都将影响啮合齿轮的节线冲击和啮合冲击。

(1)齿轮的类型:齿轮轮齿的啮合状态与齿轮类型有关,如果不存在齿向误差时,直齿轮的轮齿在接触瞬间是整个齿宽的接触线。而斜齿轮虽然也为线接触,但它是由齿顶的一端渐渐地进入啮合,其接触线开始时逐渐由短变长,之后又逐渐缩短,直到脱开啮合为止。另外,斜齿轮传动的实际啮合线较直齿轮传动要大些,所以斜齿轮无论从传动的平稳性还是从承载能力的大小来说一般都比直齿轮高。

(2)齿轮的模数:齿轮的模数 m,是设计齿轮的一个基本参数。模数大,即轮齿尺寸大,所能承受载荷也就大,轮齿的弯曲变形和模数成反比,所以增大模数也即提高了轮齿的刚度,也就是啮合传动时轮齿弹性变形小,降低了轮齿产生的冲击力,从而降低了噪声。从这意义上来说模数宜取大,但齿轮的加工误差也和模数有很大关系,模数越大,则齿距误差与齿形误差也就增大,导致齿轮啮合时产生较大的噪声。

(3)齿轮的齿数和直径:在模数已定的条件下,改变齿轮齿数也就改变了齿轮的分度圆直径 d,这也将引起轮齿的弹性刚度及弯曲量的变化。虽然改变齿轮直径对齿轮的加工精度影响不大,但随着齿轮直径的增大轮齿噪声辐射的表面积亦增加。如果将齿轮近似地看成为一个圆板,则在激励力恒定时,辐射的声功率大体与圆板半径的平方成正比。

(4)齿宽:齿轮的宽度与齿轮的弯曲变形成反比,即齿宽增加一倍,齿的弯曲变形量可减少一半。实验表明,噪声随齿宽的增大而减小,所以从降低噪声的观点出发,设计齿轮时宜取小的直径,对于强度可用增大宽度的办法来弥补。另外,根据实验,不同截面形状的齿轮对齿轮噪声也有不同的影响。

(5)啮合系数:齿轮在啮合过程中一般的啮合系数都在 $1\sim2$ 范围内,即齿轮在开始啮合和终了啮合时为两对齿啮合。而啮合中在节点附近,只有一对齿参与啮合。轮齿本身相当于一个刚性较强的弹簧,当承受负荷的齿数发生变化时啮合轮齿的负荷随之改变,轮齿的弯曲量也随之而变,造成啮合过程中轮齿的相互碰撞,引起齿轮产生频率为啮合频率的振动和噪声。为了使齿轮啮合平稳,应尽可能增大啮合系数。

(6)齿距误差:一对齿轮啮合运转时,由于存在着齿距误差,使轮齿产生啮合冲击及角速度的急剧变化,引起整个轮齿轴系的振动而发生噪声。这在齿轮高速运转时影响更大,从齿轮啮合过程来看,从动齿轮的轮齿在开始啮合时弯曲量最大。再加上齿距误差的存在,就使各轮齿发生时大时小的振动,而从动齿轮的轮齿在啮合中点处弯曲最大,所以,齿距误差对主动轮齿的振动影响较小。

(7)齿形误差。由于齿形误差的存在会导致瞬时传动比的迅速变化,破坏了传动的平稳性而产生振动和噪声。因为齿形误差形成了非理想的渐开线齿形,所以齿轮在啮合传动过程中转过一个齿距角所产生的冲击次数较多,高速运转时发出的声音往往还伴有尖叫声。齿形误差对噪声的影响不仅与误差大小有关,而且还与齿形误差造成的形状有关。例如,中凸形齿轮对降低噪声有明显的效果,所以齿形要以中凸为宜。

2.1.3 齿轮的故障诊断方法与实例

振动和噪声信号是齿轮故障特征信息,目前能够通过各种信号传感器、放大器和其他测量仪器,很方便地测量出齿轮箱的振动和噪声信号,通过各种分析和处理,提取其故障特征信息,从而诊断出齿轮的故障。

2.1.3.1 齿轮的故障诊断方法

下面主要介绍频域分析方法和时域分析方法。

1. 频域分析

1)频谱分析

振动信号的频谱分析是齿轮故障信息的最基本的研究方法。因为伴随着故障的发生、发展、往往会引起信号频率结构的变化。频谱分析的目的是把复杂的时间历程波形经傅里叶变换分解成若干单一的谐波分量来研究,从而获得信号的频率结构以及各谐波的幅值和相位信息。

齿轮故障频域诊断方法就是将时间变量变换成频率变量,揭示了信号内在的频率特性以及信号时间特性与其频率特性之间的密切关系。

齿轮的制造与安装误差、剥落和裂纹等故障会直接成为振动的激励源,这些激励源以齿轮轴的旋转为周期,齿轮振动信号中含有轴的旋转频率及其倍频。故障齿轮的振动信号往往表现为旋转频率对啮合频率及其倍频的调制,在谱图上形成以啮合频率为中心,两个等间隔分布的边频带。由于调频和调幅的共同作用,最后形成的频谱表现为啮合频率及其各次谐波为中心的一系列边频带群,边频带反映了故障源的信息,边频带的间隔反映了故障源的频率,幅值的变化反映了故障的程度。因此,齿轮故障诊断实质上是对边频带的识别。

齿轮振动的各调制边频可以用下式表示:

$$f = pf_c \pm mf_{r_1} \pm nf_{r_2} \tag{2-4}$$

式中　　f_c——齿轮副的啮合频率;

　　　　f_{r_1}、f_{r_2}——主动齿轮和被动齿轮的转动频率;

　　　　p——啮合频率的各阶谐频的序数;

　　　　m、n——主、被动齿轮传动频率的各阶谐频的序数。

齿轮的振动频谱图的谱线一般有齿轮的转动频率及其各阶谐频、齿轮的啮合频率及其倍频、啮合频率的边频带和齿轮副的各阶固有频率等。其中,齿轮副的固有频率是由于齿轮啮合时齿间撞击而引起的齿轮自由衰减振动,它们位于高频区且振幅较小,易被噪声信号淹没。

2)功率谱啮合频率及其倍频分量分析

齿轮均匀磨损产生的作用与齿轮小周期误差相同,使常规振动的幅值受到调制,在谱图上产生边频,但边频成分与常规振动的啮合频率及其各次倍频成分重合,故使啮合频率及其各次倍频成分的幅值增加,而且高次成分增加较多。因此,根据啮合频率及其高次倍频成分的振幅变化(至少取高、中、低三个频率成分)可以诊断齿轮的磨损程度。图2-23是齿轮磨损前后幅值的变化情况,实线是磨损前的振动分量,虚线是磨损后的增量。

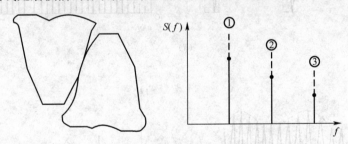

图2-23　齿轮均匀磨损功率变化

3)功率谱边频带分析

功率谱与自相关函数是一个傅氏变换对。功率谱具有单位频率的平均功率量纲,所以标准叫法是功率谱密度。通过功率谱密度函数,可以看出随机信号的能量随着频率的分布情况。

啮合频率振动分析主要用来诊断齿轮的故障分布(如轮齿的均匀磨损),对齿轮早期局部损失不敏感,应用面窄。大部分齿轮故障是局部故障,它使常规振动受到调制,呈现明显的边频带。根据边频带的形状和谱线的间隔可以得到许多故障信息,所以功率谱边频带分析是普遍采用的诊断方法。根据边频成分呈现出来的形式和频率间隔,可以获得下列一些特征信息:

(1)当齿轮偏心,齿距的缓慢周期变化,载荷的周期波动等缺陷存在时,齿轮每旋转一周,这些缺陷就重复作用一次,即这些缺陷的重复频率与对应齿轮的旋转频率 f_r 一致。因此根据调制原理,在啮合频率及其谐频的两侧将产生 $mf_z \pm nf_r (m, n = 1, 2 \cdots)$ 的边频带。

(2)由于转轴上的联轴器或齿轮本身的不平衡而引起的振动,则会在啮合频率及其谐频两侧产生 $mf_z \pm 2nf_r (m, n = 1, 2 \cdots)$ 的边频带。

(3)当齿轮出现点蚀等分布均匀的故障时,会在频谱上形成类似边频带,但在该情况下其边频带阶数少而且集中在啮合频率及谐频的两侧附近。

(4)当齿轮出现剥落、齿根裂纹及部分断齿等局部故障时,会在频谱上产生特有的瞬态调制,并且在啮合频率及其谐频两侧产生一系列边频带。其特点是边频带的阶数多而且谱线分散,由于高阶边频成分的互相叠加而使边频族的形态各异。严重的局部故障还会导致旋转频率 f_r 及其谐频成分增高。

图 2-24(a)为齿轮上的一个轮齿有剥落、压痕或断裂等局部损伤时,齿轮的振动波形及其频谱图。波形图是一个齿轮的常规振动,受一个冲击脉冲(每转重复一次)调制产生的调幅波。由于冲击脉冲的频谱在较宽范围内具有相等且较小的幅值,所以,频谱图上边频带的特点是范围较宽、复制较小、变化比较平缓,边频的间隔等于齿轮的转频。

图 2-24(b)是齿轮有分布比较均匀的损伤时齿轮的振动波形及其频谱图。波形图是一个齿轮的常规振动,受到一个变化比较平缓的宽脉冲调制产生的调幅波。由于宽脉冲的频率范围窄,高频成分很少,所以在频谱图上边频带范围比较窄,幅值较大,衰减较快。损伤分布越均匀,边频带就越高、越窄。边频的间隔仍然等于齿轮的转频。

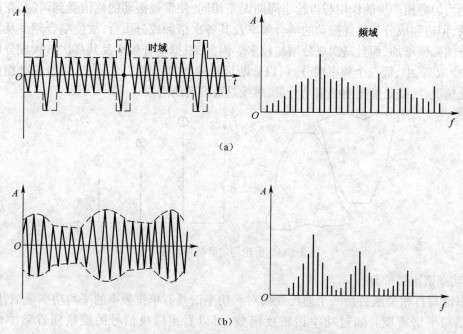

图 2-24 齿轮缺陷对边频带的影响

需要指出的是,由于边频成分往往具有不稳定性,在实际工作环境下,尤其是当几种故障并存时,边频的变化将呈现出综合效果,其变化规律很难用上某一种典型情况来描述。但是,边频成分的总体水平是随着故障的加剧而上升的。

4)高频分析法

齿轮齿面有局部损伤时,在啮合过程中就要产生碰撞,激发齿轮以其固有频率做高频自由衰减振动。采用固有频率振动为分析对象,诊断齿轮状态的方法叫高频分析法。这种方法的主要过程是先用电谐振器从振动信号中排除干扰,分离并放大与谐振频率相同的高频成分,经检波器进行包络检波得到低频包络信号后,进行频谱分析就可得到频谱图。在频谱图上,基频谱线的频率就是故障冲击的重复频率,根据此频率值即可诊断出有故障的齿轮及故障的严重程度。这种方法虽然与滚动轴承的高频包络分析原理一致,但难度要大得多,因为齿轮的高频振动信息在传感器的测点处异常微弱,需要使用非常精密的仪器与先进的技术。

在图 2-25 中图(a)是齿轮振动的原始波形,图(b)是原始波形经过谐振器滤波后提取的高频成分,图(c)是高频成分经过包络检波后得到的低频包络波形,由于它近似周期信号,所以在它的频谱图上有较明显的尖峰,如图 2-25(d)所示,这对故障分析十分有利。

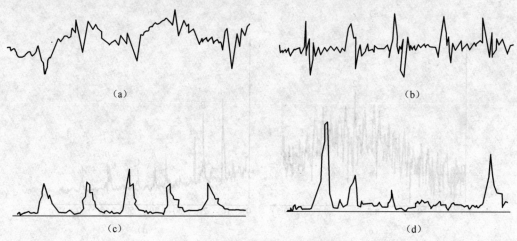

图 2-25 齿轮振动波形及其频谱图

5) 倒频谱分析法

有一对齿轮啮合的齿轮箱,在振动频谱图上,啮合频率分量及其倍频分量两侧有两个系列边频谱线,一个是边频谱线的相互间隔为主动齿轮的转频,另一个是边频谱线的相互间隔为被动齿轮的转频。如果两齿轮的转频相差不多,这两个系列的边频谱线就十分靠近,即便采用频率细化技术也很难加以区别。有数对齿轮啮合的齿轮箱,在振动频谱图上,边频带的数量就更多,分布更加复杂,要识别它们就更加困难了。比较好的识别方法是倒频谱分析法,因为边频带具有明显的周期性,倒频谱分析法能将谱图上同一系列的边频谱线简化为倒频谱图上的单根或几根谱线,谱线的位置是原谱图上边频的频率间隔,谱线的高度反映了这一系列边频成分的强度,因此使监测者便于识别有故障的是哪个齿轮及故障的严重程度。

图 2-26(a)是某齿轮箱振动信号的功率谱,频率范围是 0~20kHz,频率间隔是 50Hz,在谱图上能观察到啮合频率(4.3kHz)及其二次、三次倍频,但不能分辨出边频带。图 2-26(b)是2000 细分谱线功率谱,频率范围为 3.5~13.5kHz,频率间隔为 5Hz,在图上能观察到很多边频谱线,但很难加以区分。进一步对范围 7.5~9.5kHz 进行频率细化,间隔不变,得图 2-26(c)所示谱图,边频谱线虽更明显,但区分仍然困难。若进行倒频谱分析则可得图 2-26(d)所示,它清楚地表明了对应于两周转频(85Hz 和 50Hz)的两个倒频分量(A_1 和 B_1),即频谱图上以两个转频为周期的两个系列边频带。

此外倒频谱分析还能排除传感器测点位置和信号传输途径带来的影响,这对齿轮监测工作的实施也是十分有利的。

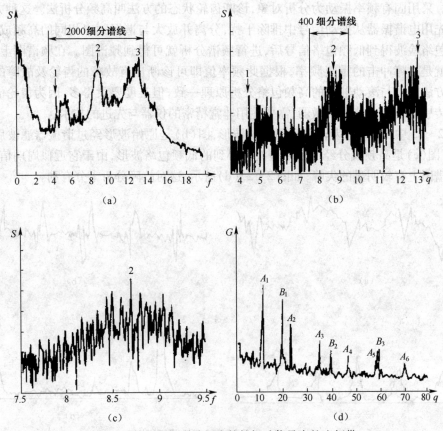

图 2-26　用倒频谱分析齿轮箱振动信号中的边频带

6）瀑布图法

在频域故障诊断中，除上述几种方法外，瀑布图法也可用于齿轮箱的故障诊断。改变齿轮箱输入轴的转速并作出响应的振动功率谱，就可以得到瀑布图。在瀑布图上可以发现，有些谱峰位置随输入轴转速的变化而偏移，这一般是由齿轮强迫振动所引起的。相反，有些峰的位置始终不变，这种峰由于共振引起。通过增加系统阻尼，就可使上述问题得到解决。

2. 时域分析

1）时域同步平均法

在故障诊断领域，许多方法是以特征信息提取为基础的，当机组出现故障或异常的状态时，在信号中往往伴有响应的特征成分，因此检测信号中这些成分的有无，就成为故障诊断中的重要内容。在齿轮的故障诊断中，周期脉冲成分的出现，在一定程度上预示着故障的发生。大多数振动信号都是在齿轮箱体上测得，受噪声、结构振动及传递通道干扰严重。在对齿轮振动信号进行分析之前须进行降噪处理。时域同步平均技术广泛地应用于振动信号的降噪处理。同步平均相当于使信号通过梳状滤波器，使得与监测对象周期不同的振动信号强度减弱。

同时，应用时域同步平均法可从复杂的振动信号中分离出与参考脉冲频率相等的最低周期成分以及它的各阶谐波成分。此法应用于齿轮箱的故障诊断时，可从总的振动信号中提取感兴趣的那对啮合齿轮的振动信号，而把其他部件的振动信号及噪声都一律去除，从而大大提高了信号的信噪比。由于滚动轴承的内环、外环或滚动体有损伤时，其振动信号故障特征频率与轴的转动频率不同，因此，时域同步平均法也可将齿轮箱中齿轮故障引起的振动与轴承故障引起的振动区分开来。如果想要得到另一对啮合齿轮的振动信号，则只需使参考脉冲的频率等于其齿轮轴的转速即可。根据时域同步平均法得到的时域信号曲线，可直观地分析出齿轮的某些故障，如齿面剥落、断齿等，也可对时域平均后的时域信号进一步作频谱分析。时域波形对故障反映直观、敏感，特别是局部损伤最为明显，因为局部损伤在时域中为短促陡峭的幅值变化，容易识别。但是在频域中由于能量十分分散、幅值变化很小，的确不易识别。因此，时域同步平均诊断法，近年来有很多发展。用时域同步平均法诊断首先要采用时域平均技术，排除各种干扰，分离出所需齿轮的振动信号，然后才可根据分离出来的信号直接观察波形，确定齿轮的损伤。

图 2-27 是时域同步平均法对不同状态下的齿轮检测所得到的信号。图 2-27(a) 是正常齿轮的时域同步平均信号，信号由均匀的啮合频率分量组成，没有明显的高次谐波。整个信号长度想当于齿轮一转的时间。而图 2-27(b) 是齿轮安装错位的情况，信号的啮合频率分量受到幅值调制，调制信号的频率比较低，相当于齿轮转速及其倍频。图 2-27(c) 是齿轮的齿面严重磨损情况，啮合频率分量出现较大的高次谐波分量，但由图中可见，磨损仍然是均匀磨损。而图 2-27(d) 的情况不同前三种，在齿轮一转的信号中，有突跳现象，这种情况是在个别齿断裂时出现的。

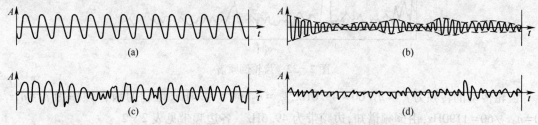

图 2-27　齿轮在各种状态下的时域平均波形

应当指出，观察经过时域平均后的齿轮振动波形对于识别故障类型是很有益的，即使是一时难于给出明确的结论，对后续分析和判断也会是有帮助的。

与常规的功率谱分析方法相比较，可以发现，功率谱不能消除输入信号中的任何成分，因此待检的齿轮信号很可能被淹没在噪声之中；而时域同步平均法则能够有效地消除与待检齿轮无关的分量，从而提高了信噪比。

2.1.3.2　诊断实例

【例一】　某机器的齿轮箱如图 2-28 所示，由一对齿轮组成，$z_1 = 24$，$z_2 = 16$，电动机的工作转速 $n_1 = 2975 r/min$，齿轮箱发生了异常振动，噪声很大。将采集的振动信号进行数据处理后，其时域波形及频谱图分别如图 2-29 和图 2-30 所示。

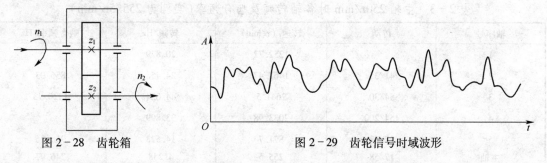

图 2-28　齿轮箱　　　　　　　　　　图 2-29　齿轮信号时域波形

为了提高功率谱的分辨率,将分析频率范围缩小为2000Hz时的功率谱,见图2-31。为了确定损坏的齿轮,进一步用倒频谱分析,其频谱图见图2-32。

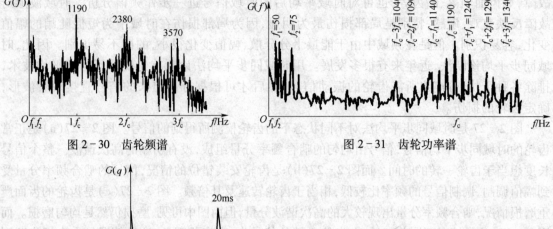

图 2-30 齿轮频谱　　　　　　　　　　图 2-31 齿轮功率谱

图 2-32 齿轮倒频谱

齿轮传动的转频为 $f_{r_1}=n_1/60=49.6\text{Hz}$,$f_{r_2}=n_2/60=74.4\text{Hz}$,齿轮的啮合频率为 $f_c=n_1z_1/60=n_2z_2/60=1190\text{Hz}$,由倒频谱知,边频带为49.6Hz。各边频带见表2-2。

表 2-2 上下边频带频率

序号	边带名称	$(f_c+nf_{r_1})/\text{Hz}$	边带名称	$(f_c-nf_{r_1})/\text{Hz}$
1	一次上边带	1190+49.6=1239.6	一次下边带	1190-49.6=1140.4
2	二次上边带	1190+2×49.6=1289.2	一次下边带	1190-2×49.6=1090.8
3	三次上边带	1190+3×49.6=1338.8	一次下边带	1190-3×49.6=1041.2

诊断意见:由于边带频率为49.6Hz,根据其时域波形和振动特征知,该齿轮箱所发生的异常振动是由齿轮1激励产生的,而且该齿轮的齿面已全部磨损。

生产验证:该齿轮箱经解体检验知,齿轮1的齿面已全部损坏,更换新齿轮后运行正常。

【例二】 某厂新造一台车床噪声较大,甚至在较低的转速挡250r/min,其噪声仍高达87dB,已超过了三级车床允许的范围(83dB),表2-3是主轴250r/min时各轴转速,转频及啮合频率。

表 2-3 主轴250r/min时各轴转频及啮合频率(实测为255.5r/min)

轴序号	传动	转速/(r/min)	转频/Hz	啮合频率/Hz
1		1252.72	20.879	
2	41/35	1467.47	24.458	856.03
3	54/30	2641.5	44.024	1320.73
4	154/200	2033.98	33.899	
5	27/63	871.7	14.528	915.26
主轴	17/58	255.5	4.258	246.97

图 2-33 是某测试点振动速度的频谱、细化频和解调谱。从图 2-33(a)可看出,存在以 4 轴与 5 轴之间 27/63 齿的啮合频率 917.9Hz(计算 915.3Hz)及其以倍频 1831Hz 为载波频率的调制边频带,同样图 2-33(b)是振动速度细化频,图 2-33(c)是解调谱,显然在上述啮合频率附近存在带宽为 14.48Hz 的调制频率。由表 2-3 可知,当主轴转速为 250r/min 时,5 轴转频为 14.53Hz,即为图 2-33(b)和(c)所示的调制频率,5 轴上由花键连接的是倍轮机构,其 63 齿齿轮的啮合频率为 915.3Hz,即为图 2-33(a)和(b)所示的载波频率,由此可诊断为:5 轴上的 63 齿齿轮故障(齿形误差或安装不好),产生强烈的周期轰鸣噪声。当现场技术人员根据诊断结果更换该倍轮之后,周期的强烈轰鸣噪声即消失,噪声声压级由 87dB 降至 83.5dB。

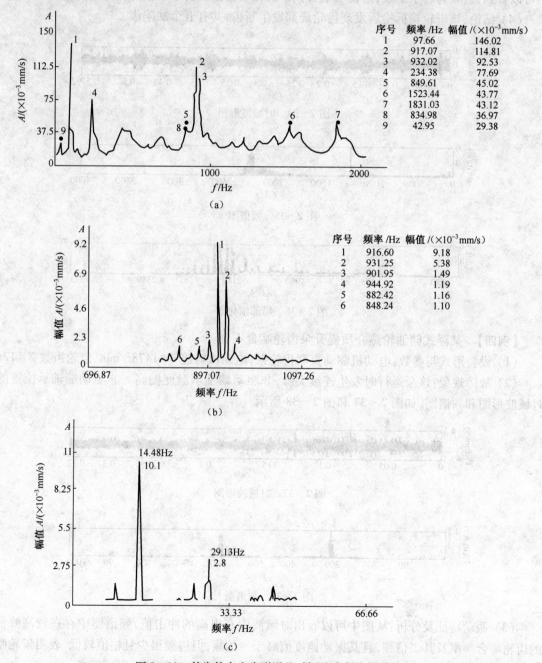

图 2-33 某齿轮产生齿形误差时振动速度的频谱图

【例三】 某采油平台原油外输泵(螺杆泵)传动齿轮局部断齿。

（1）设备形式及参数,电动机驱动直联双螺杆泵,螺杆之间以同步齿轮传动,齿轮齿数 $Z=67$,电动机转速 $n=995r/min$(16.57Hz）。

（2）故障现象,泵的非驱动端(同步齿轮安装在此侧)振动速度值增加,图 2-34、图 2-35是振动信号时域波形及频谱图。图 2-36 是图 2-35 的局部细化谱。

（3）振动特性及分析,在时域波形图中出现明显的冲击峰值,如图 2-34 所示,表明齿轮可能存在局部缺陷;频谱图中有齿轮啮合频率及二倍谐频,如图 2-35 所示,边频丰富,从图 2-36中可以看到,边频为转子工频,这说明啮合频率的振动幅值被转子工频冲击振动调制。

（4）结论,该齿轮箱拆检后发现齿轮局部发生断齿,共有五个缺陷齿。

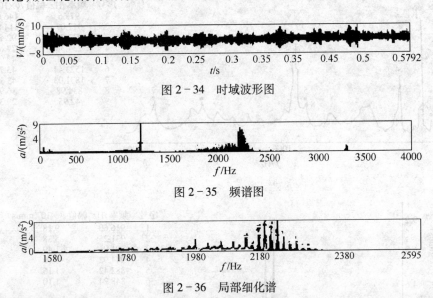

图 2-34　时域波形图

图 2-35　频谱图

图 2-36　局部细化谱

【例四】 某浮式储油轮热介质提升泵齿轮啮合不良。

（1）设备形式与参数:电动机驱动直联齿轮泵,电动机转速 $n=1478r/min$、齿轮齿数 $Z=12$。

（2）故障现象:该泵运行时发生连续尖啸,非驱动端轴承温度偏高。非驱动端轴承位置的时域波形图和频谱图,如图 2-37 和图 2-38 所示。

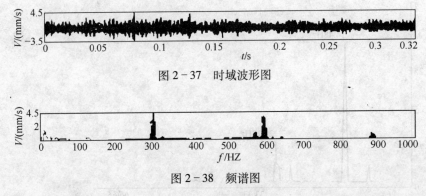

图 2-37　时域波形图

图 2-38　频谱图

（3）振动特征及分析:从图中可以看出时域波中有很高的冲击值,频谱图中存在较高峰值的齿轮啮合频率及其二倍频,且其振动速度值高于一倍频,但边频很少且幅值较低,表明齿轮啮合频率的振动并不是由于齿轮本身缺陷造成,并且齿轮泵非驱动端轴承温度偏高。

（4）诊断结论：该齿轮泵齿轮啮合严重不良，主要原因是两齿轮轴平行度超差。拆检后发现齿轮泵非驱动端的滑动轴承发生偏磨，造成两齿轮中心线不平行，导致齿轮啮合故障。更换轴瓦后，设备运行正常。

2.2 轴承的故障诊断理论与应用

轴承是旋转机械中应用最为广泛地机械零件，也是最易破坏的元件之一。旋转机械的许多故障都与轴承有关，轴承的工作好坏对机械的工作状态有很大影响，其缺陷会导致设备产生异常振动和噪声，甚至造成设备破坏。

2.2.1 轴承故障的形式与原因

轴承在运行过程中由于装配不当、润滑不良、水分和异物侵入、腐蚀和过载等都可能使轴承过早破坏。即使不出现上述情况，经过一段时间运转，轴承也会出现疲劳损伤而不能正常工作。

1. 滚动轴承故障的主要失效形式和原因

1）疲劳剥落

滚动轴承的内外滚道和滚动体表面既承受载荷又相对滚动，由于交变载荷的作用，首先在表面下一定深度处（最大剪应力处）形成裂纹，继而扩展到接触表面使表层发生剥落坑，最后发展到大片剥落，这种现象就是疲劳剥落。疲劳剥落会造成运转时的冲击载荷、振动和噪声加剧。通常情况下，疲劳剥落往往是滚动轴承失效的主要原因，一般所说的轴承寿命就是指轴承的疲劳寿命，轴承的寿命试验就是疲劳试验。试验规程规定，在滚道或滚动体上出现面积为 $0.5mm^2$ 的疲劳剥落坑就认为轴承寿命终结。滚动轴承的疲劳寿命分散性很大，同一批轴承中，其最高寿命与最低寿命可以相差几十倍乃至上百倍，这从另一角度说明了滚动轴承故障监测的重要性。

2）磨损

由于尘埃、异物的侵入，滚道和滚动体相对运动时会引起表面磨损，润滑不良也会加剧磨损，磨损的结果使轴承游隙增大，表面粗糙度增加，降低了轴承运转精度，因而也降低了机器的运行精度，振动及噪声也随之增大。对于精密机械轴承，往往是磨损量限制了轴承的寿命。

此外，还有一种微振磨损。在轴承不旋转的情况下，由于振动的作用，滚动体和滚道接触面间有微小的、反复的相对滑动而产生磨损，在滚道表面上形成振纹状的磨痕。

3）塑性变形

当轴承受到过大的冲击载荷或静载荷时，或因热变形引起额外的载荷，或有硬度很高的异物侵入时都会在滚道表面上形成凹痕或划痕。这将使轴承在运转过程中产生剧烈的振动和噪声。而且一旦有了压痕，压痕引起的冲击载荷会进一步引起附近表面的剥落。

4）锈蚀

锈蚀是滚动轴承最严重的问题之一，高精度轴承可能会由于表面锈蚀导致精度丧失而不能继续工作。水分或酸、碱性物质直接侵入会引起轴承锈蚀。当轴承停止工作后，轴承温度下降达到露点，空气中水分凝结成水滴附在轴承表面上也会引起锈蚀。此外，当轴承内部有电流通过时，电流有可能通过滚道和滚动体上的接触点处，很薄的油膜引起电火花而产生电蚀，在表面上形成搓板状的凹凸不平。

5）断裂

过高的载荷会可能引起轴承零件断裂。磨削、热处理和装配不当都会引起残余应力，工作时热应力过大也会引起轴承零件断裂。另外，装配方法、装配工艺不当，也可能造成轴承套圈挡边和滚子倒角处掉块。

6）胶合

在润滑不良、高速重载情况下工作时，由于摩擦发热，轴承零件可以在极短时间内达到很高的温度，导致表面烧伤及胶合。

7）保持架损坏

由于装配或使用不当可能会引起保持架发生变形，增加它与滚动体之间的摩擦，甚至使某些滚动体卡死不能滚动，也有可能造成保持架与内外圈发生摩擦等。这一损伤会进一步使振动、噪声与发热加剧，导致轴承损坏。

2. 滑动轴承的故障形式和原因

由于滑动轴承与滚动轴承的结构差异致使滑动轴承的失效形式除了正常磨损、擦伤、胶合、疲劳破坏以及腐蚀破坏外还多了以下失效形式：

1）烧瓦

烧瓦是滑动轴承的恶性损伤，轴瓦与轴颈材料发生热膨胀，轴承间隙消失，金属之间直接接触，致使润滑油燃烧，在高温下，轴承和轴颈表面的合金发生局部熔化。严重时，轴瓦与轴一起旋转或者咬死，此时轴承减摩材料严重变形，并被撕裂。原因是轴承长时间在无润滑油环境下旋转，轴瓦温度急速上升。

2）气蚀

发电机组的滑动轴承在重载高速运转的情况下，润滑油中会形成小的油蒸气气泡，气泡运动到高压区域或润滑油压力升高时，气泡就会炸裂，周围的润滑油迅速补充原气泡所占的空间，从而形成一个个强劲的压力冲击波，使轴承表面受到强烈冲击，发生表面塑性变形，形成较大的应力，最终导致轴承表面局部剥落。

3）油膜涡动和油膜振荡

涡动是转子绕自身轴线旋转的同时，其轴心又绕轴承中心连线旋转的一种运动形式。油膜涡动是由油膜力产生的一种涡动。

当转子轴颈在动压轴承中稳定运转时油膜压力的合理和载荷力时相互平衡的，轴颈中心处在一定的位置上，此位置即静平衡点。静平衡点随轴或载荷的不同而不同，其移动轨迹即是轴颈中心的静平衡曲线。假若转子运转中受到某种干扰作用，使轴颈偏离其平衡位置，则油膜力将产生相应的变化。一般地说，油膜压力与扰动之间的关系式非线性的，油膜是各向异性的，轴颈中心的偏角并不沿着载荷的方向，因此油膜力便不再与载荷处于同一直线上，大小也不再相等。两者的合力可分解为径向分量和切向分量，径向分量力图将轴心偏移恢复为原平衡位置，是一种弹性恢复力，而切向分量和位移方向垂直，是轴颈中心绕平衡点旋转的趋势，此即引起转子涡动的原因。

油膜振荡是一种自激振动，是当转子在 2 倍第一临界转速附近工作时，由于涡动转速和第一临界转速重合，转子系统将发生强烈的共振，此时，轴心轨迹突然变成扩展的不规则的曲线，谱图中的半频谐波振幅增加到接近或超过基频振幅，轴在轴承中就像一艘船被水波推动一样振动，轴颈与轴承表面接触、撞击，油膜破裂。一旦发生，油膜振荡就在较宽转速范围内继续存在，提高转速，振荡现象不会消减，对于转速在 2 倍临界转速以上发生的油膜振荡，转速必须降到 2

倍临界转速或更低,振荡才会消失。油膜振荡是一种危险的振动,使转子更加偏离轴承中心,增加了转子的不稳定因素;振荡引起交变的应力而导致滑动轴承疲劳失效,造成十分严重的后果。

2.2.2 轴承的振动和噪声

轴承在运转时由于各种原因会产生振动,并通过空气传播成为声音,声音中包含着轴承状态的信息。但是声音的成分除了包含了反映轴承工作正常与异常振动声外还夹杂着尘埃、其他工作件振动声等,因此轴承的工作声音成分十分复杂。

1. 滚动轴承故障振动信号特点

滚动轴承在运行过程中,轴承元件工作表面的损伤反复撞击与之相接触的其他元件表面而产生周期性冲击振动成分,冲击振动的频率一般在 1kHz 以下,该频率称为轴承故障特征频率。对于外圈固定,内圈旋转轴承,特征频率可用以下公式计算:

内圈故障频率 $\quad f_{ic} = \dfrac{1}{2}N\left(1 + \dfrac{d}{D}\cos\alpha\right)f_r$

外圈故障频率 $\quad f_{oc} = \dfrac{1}{2}N\left(1 - \dfrac{d}{D}\cos\alpha\right)f_r$

滚动体故障频率 $\quad f_{bc} = \dfrac{D}{d}\left(1 - \left(\dfrac{d}{D}\cos\alpha\right)^2\right)f_r$

保持架故障频率 $\quad f_{ce} = \dfrac{1}{2}\left(1 - \dfrac{d}{D}\cos\alpha\right)f_r$

式中　f_r——轴旋转频率(Hz);

　　　N——滚子个数;

　　　d——滚子直径(mm);

　　　D——轴承节径(mm);

　　　α——轴承压力角(°)。

滚动轴承的典型结构如图 2-39 所示。

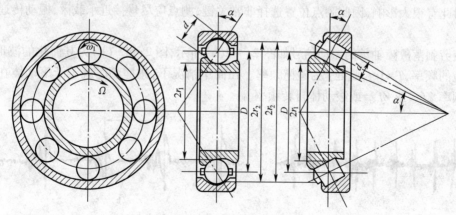

图 2-39　滚动轴承的典型结构

轴承故障诊断的关键就是获取这些特征信息,根据这些频率值确定故障元件,再根据各频率处的幅值大小确定异常程度。如果无法得到所测轴承的几何尺寸,可按轴承的滚子数 N 来估计其内、外圈的故障频率。其中内圈故障特征频率约为 $0.6N×f_r$,外圈故障特征频率约为 $0.4N×f_r$。

对于轴承发生故障后,除了出现相应的振动频率以外其振动特征会有明显的变化,主要有以下几方面。

1) 疲劳剥落损伤

当轴承零件上产生了疲劳剥落坑后(图2-40以夸大的方式画出了疲劳剥落坑),在轴承运转中会因为碰撞而产生冲击脉冲。图2-41给出了钢球落下产生的冲击过程的示意图。

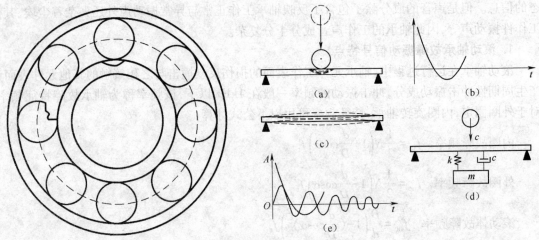

图2-40 轴承零件上的疲劳剥落坑　　　　图2-41 冲击过程示意图

在冲击的第一阶段,在碰撞点产生很大的冲击加速度,见图2-41(a)和(b),它的大小和冲击速度成正比(在轴承中与疲劳损伤的大小成正比)。第二阶段,构件变形产生衰减自由振动,见图2-41(c),振动频率取决于系统的结构,为其固有频率,见图2-41(d)。振幅的增加量 A 也与冲击速度,成正比,见图2-41(e)。

在滚动轴承剥落坑处碰撞产生的冲击力的脉冲宽度一般都很小,大致为微秒级。因冲击力的频谱宽度与脉冲持续时间成反比,所以其频谱可从直流延展到 $100 \sim 500 kHz$。疲劳剥落损伤可以在很宽的频率范围内激发起轴承—传感器系统的振动。由于从冲击发生处到测量点的传递特性对此有很大影响,因此测点位置选择非常关键,测点应尽量接近承载区,振动传递界面越少越好。

有疲劳剥落故障轴承的振动信号如图2-42(a)所示,图2-42 (b)为其简化的波形。T 取决于碰撞的频率,$T = 1/f$,此处 f 为碰撞频率。在简单情况下,碰撞频率就等于滚动体在滚道上的通过频率 Zf_{ic} 或 Zf_{oc},或滚动体自转频率 f_{bc}。

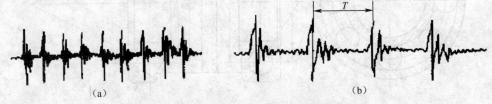

图2-42 有疲劳剥落故障轴承的振动信号

2) 磨损

随着磨损的进行,振动加速度峰值和 RMS 值缓慢上升,振动信号呈现较强的随机性,峰值与 RMS 值的比值从5左右逐渐增加到5.5~6如果不发生疲劳剥落,最后振动幅值可比最初增大很多倍,变化情况见图2-43。

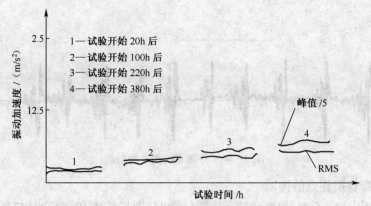

图 2-43 轴承磨损时的振动加速度

3）胶合

图 2-44 为一个运转过程中发生胶合的滚动轴承的振动加速度及外圈温度的变化情形。在 A 点以前，振动加速度略微下降，温度缓慢上升。A 点之后振动值急剧上升，而温度却还有些下降，这一段轴承表面状态已恶化。在 B 点以后振动值第二次急剧上升，以致超过了仪器的测量范围，同时温度也急剧上升。在 B 点之前，轴承中已有明显的金属与金属的直接接触和短暂的滑动，B 点之后有更频繁的金属之间直接接触及滑动，润滑剂恶化甚至发生炭化，直至发生胶合。从图中可以看出，振动值比温度能更早地预报胶合的发生，由此可见轴承振动是一个比较敏感的故障参数。

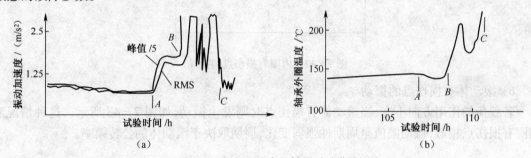

图 2-44 发生胶合的轴承试验曲线

从时域波形上，可以进一步分析有故障滚动轴承的波形特点。

正常轴承的时域振动波形如图 2-45 所示。没有冲击尖峰，没有高频率的变化，杂乱无章，没有规律。

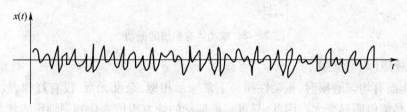

图 2-45 正常轴承的振动

4）固定外圈有损伤点的振动

若载荷的作用方向不变，则损伤点和载荷的相对位置关系固定不变，每次碰撞有相同的强度，振动波形如图 2-46 所示。

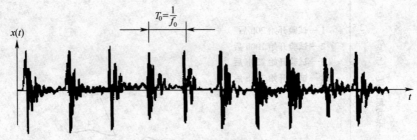

图 2 - 46　外圈有损伤点的振动

5) 转动内圈有损伤点的振动

若载荷的作用方向不变,当滚动轴承内圈转动时,则损伤点和载荷的相对位置关系呈周期变化。每次碰撞有不同的强度,振动幅值发生周期性的强弱变化,呈现调幅现象,周期取决于内圈的转频,如图 2 - 47 所示。

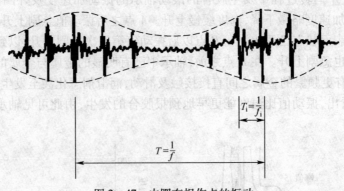

图 2 - 47　内圈有损伤点的振动

6) 滚动体有损伤点的振动

若载荷的作用方向不变,当滚动体有损伤点时则发生振动,如图 2 - 48 所示。这种情况和内圈有损伤点相似,振动幅值呈周期性强弱变化,周期取决于滚动体的公转频率。

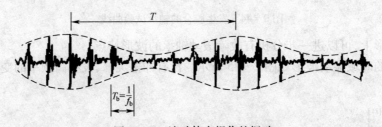

图 2 - 48　滚动体有损伤的振动

7) 分布故障(均匀磨损)

轴承工作面有均匀磨损时,振动性质与正常轴承相似,杂乱无章、没有规律,故障的特征频率不明显,只是幅值明显变大。因此,只可根据振动的均方根值变化判别轴承的状态。

2. 滑动轴承油膜涡动和油膜振荡故障的振动特性

在一般情况下涡动频率为转子一阶自振频率以下,此时半速涡动是一种比较平静地转子涡动运动,由于油膜具有非线性特性(即轴颈涡动幅度增加时,油膜的刚度和阻尼较线性关系增加得更快,从而抑制了转子的涡动幅度),轴心轨迹为宜稳定的封闭图形,如图 2 - 49(a)所示,转子仍能稳定地工作。

随着工作转速的升高,半速涡动频率也不断升高,频谱中半频谐波的振幅不断增大,使转子振动加剧。如果转子的转速升高到第一临界转速的 2 倍以上时,半速涡动频率有可能达到第一临界转速,此时会发生共振,造成振幅突然骤增,振动非常强烈。同时轴心轨迹突然变长扩散的不规则曲线,频谱图中的半频谐波振幅增大到接近或超过基频振幅,频谱会呈现组合频率的特征。若继续提高转速,则转子的涡动频率保持不变,始终等于转子的一阶临界转速,即 $\Omega=\omega_{\mathrm{cr1}}$,这种现象称为油膜振荡,如图 2-49 所示。

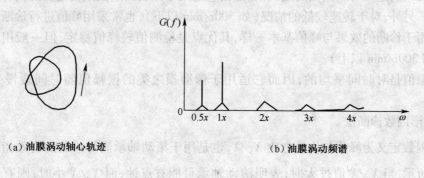

（a）油膜涡动轴心轨迹　　　　　　　　　　（b）油膜涡动频谱

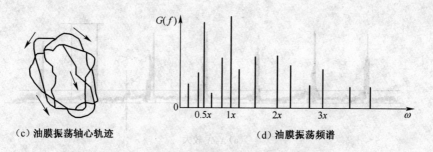

（c）油膜振荡轴心轨迹　　　　　　　　　　（d）油膜振荡频谱

图 2-49　油膜涡动与油膜振荡的频谱及轴心轨迹

油膜振荡还具有以下特征:

（1）油膜振荡在一阶临界转速的 2 倍以上时发生。一旦发生振荡,振幅急剧加大,即使再提高转速,振幅也不会下降;

（2）油膜振荡时,轴颈中心的涡动频率为转子一阶固有频率;

（3）油膜振荡具有惯性效应,升速时产生油膜振荡的转速和降速时油膜振荡消失时的转速不同;

（4）油膜振荡为正进动,即轴心涡动的方向和转子旋转方向相同。

2.2.3　轴承的故障诊断方法与实例

2.2.3.1　常用故障诊断方法

利用滚动轴承的振动信号分析故障诊断的方法可分为简易诊断法和精密诊断法两种。简易诊断的目的是为了初步判断被列为诊断对象的滚动轴承是否出现了故障;精密诊断的目的是要判断在简易诊断中被认为出现了故障的轴承的故障类别及原因。

1. 滚动轴承的简易诊断

1) 振幅值诊断法

这里所说的振幅值指峰值 X_p、均值 $\overline{X}$（对于简谐振动为半个周期内的平均值,对于轴承冲击振动为经绝对值处理后的平均值）以及均方根值(有效值) X_{rms}。

这是一种最简单、最常用的诊断法,它是通过将实测的振幅值与判定标准中给定的值进行比较来诊断的。

峰值反映的是某时刻振幅的最大值,因而它适用于像表面点蚀损伤之类的具有瞬时冲击的故障诊断。另外,对于转速较低的情况(如 300r/min 以下),也常采用峰值进行诊断。

均值用于诊断的效果与峰值基本一样,其优点是检测值较峰值稳定,但一般用于转速较高的情况(如 300r/min 以上)。

均方根值是对时间平均的,因而它适用于像磨损之类的振幅值随时间缓慢变化的故障诊断。

2) 波形因数诊断法

波形因数定义为峰值与均值之比 $X_p/\overline{X}$,也是用于滚动轴承简易诊断的有效指标之一。如图 2-50 所示,当 $X_p/\overline{X}$ 值过大时,表明滚动轴承可能有点蚀;而 $X_p/\overline{X}$ 小时,则有可能发生了磨损。

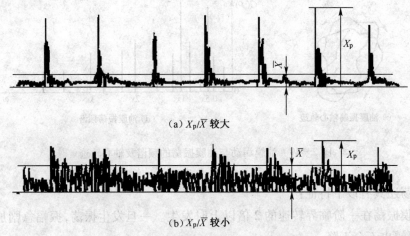

(a) $X_p/\overline{X}$ 较大

(b) $X_p/\overline{X}$ 较小

图 2-50　滚动轴承冲击振动的波形因数

3) 波峰因数诊断法

波峰因数定义为峰值与均方根值之比 X_p/X_{rms},用于滚动轴承简易诊断的优点在于它不受轴承尺寸、转速及载荷的影响,也不受传感器、放大器等一、二次仪表灵敏度变化的影响。该值适用于点蚀类故障的诊断。通过对 X_p/X_{rms} 值随时间变化趋势的监测,可以有效地对滚动轴承故障进行早期预报,并能反映故障的发展变化趋势。当滚动轴承无故障时, X_p/X_{rms} 为一较小的稳定值;一旦轴承出现了损伤,则会产生冲击信号,振动峰值明显增大,但此时均方根值尚无明显的增大,故 X_p/X_{rms} 增大;当故障不断扩展,峰值逐步达到极限值后,均方根值则开始增大, X_p/X_{rms} 逐步减小,直至恢复到无故障时的大小。

4) 概率密度诊断法

无故障滚动轴承振幅的概率密度曲线是典型的正态分布曲线;而一旦出现故障,则概率密度曲线可能出现偏斜或分散的现象,如图 2-51 所示。

40

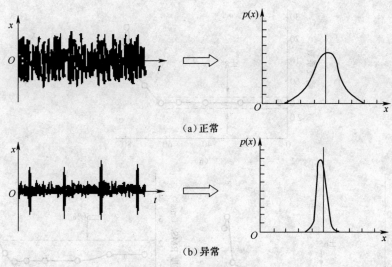

(a)正常

(b)异常

图2-51　滚动轴承的损伤

5）峭度系数诊断法

峭度（Kurtosis）β 定义为4阶中心矩,

即

$$\beta = \frac{\int_{-\infty}^{+\infty}(x-\overline{x})^4 p(x)\mathrm{d}x}{\sigma^4}$$

式中　x——瞬时振幅;

　　　$\overline{x}$——振幅均值;

　　　$p(x)$——概率密度;

　　　σ——标准差。

振幅满足正态分布规律的无故障轴承,其峭度值约为3。随着故障的出现和发展,峭度值具有与波峰因数类似的变化趋势。此方法的优点在于与轴承的转速、尺寸和载荷无关,主要适用于点蚀类故障的诊断。

英国钢铁公司研制的峭度仪在滚动轴承故障的监测诊断方面取得了很好的效果。利用快装接头,仪器的加速度传感器探头直接接触轴承外圈,可以测量峭度系数、加速度峰值和RMS值。图2-52为用该仪器监测同一轴承疲劳试验的结果。试验中第74h轴承发生了疲劳破坏,峭度系数由3上升到6,见图2-52(a),而此时峰值见图2-52(b),双月份值尚无明显增大。故障进一步明显恶化后,峰值、RMS值才有所反映。

图中虚线表示在不同转速(800~2700r/min)和不同载荷(0~11kN)下进行试验时上述各值的变动范围。很明显,峭度系数的变化范围最小,约为±8%。轴承的工作条件对它的影响最小,即可靠性及一致性较高。

有统计资料表明,使用峭度系数和RMS值共同来监测滚动轴承振动情况,故障诊断成功率可达到96%以上。

2. 滚动轴承的精密诊断

常用的精密诊断方法有:

（1）低频信号分析法:低频信号是指频率低于1kHz的振动。一般测量滚动轴承振动时都采用加速度传感器,但对低频信号需分析振动速度,因此,加速度信号要经过电荷放大器后由积

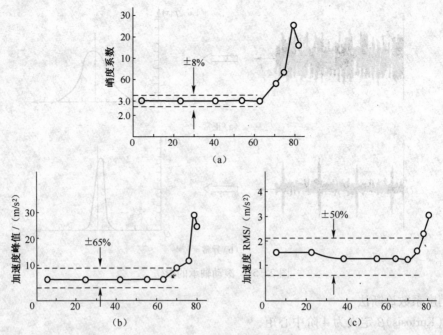

图 2－52 轴承疲劳试验过程

分器转换成速度信号,然后再经过上限截止频率为 1kHz 的低通滤波器去除高频信号,最后对其进行频率分析,以找出信号的特征频率,进行诊断。由于在这个频率范围内易受机械及电源干扰,并且在故障初期反映的故障频率能量很小,信噪比低,故障检测灵敏度差,因此目前已很少使用。

(2) 中、高频信号绝对值分析法:中频信号的频率范围为 1~20kHz,高频信号的频率范围为 20~80kHz。由于对高频信号可直接分析加速度,因而由加速度传感器获得的加速度信号经过电荷放大器后,可直接通过下限截止频率为 1kHz 的高通滤波器去除低频信号,然后对其进行绝对值处理,最后进行频率分析,以找出信号的特征频率。

3. 滑动轴承的诊断方法

(1) 时域幅值诊断法:该方法主要计算滑动轴承振动信号指标中的均方根幅值,当均方根值大于某一界限值时,将被检轴承判为有故障,此法简单易行,常用于简易诊断中。

(2) 时域波形诊断法:该方法主要是对滑动轴承振动信号的通频幅值随转速变化的规律进行分析,从而区别被检轴承的振动究竟是受迫振动(包括共振)还是自激振动。

(3) 频域诊断法:对滑动轴承振动信号进行频谱分析,根据此频谱(待检谱)和滑动轴承正常工作时的振动频谱(标准谱)之间的差异,以及差异处的频率成分与振源频率之间的对应关系能确定故障的有无、程度、类别和原因。这是一种较为精密和可靠的振动诊断方法。诊断的特征频率一般为轴转频、轴转频一半、轴转频的倍频等。

(4) 轴心轨迹诊断法:由于轴承中自然间隙的存在,所以通过轴心的轨迹观察,可以了解轴系的工作情况。轴心轨迹的测量一般采用两个互成 90° 安装的涡流式振动位移传感器,在各自的方向上测量轴的振动,然后通过绘图得到轴心轨迹。

2.2.3.2 诊断实例

【例一】 某单位有一台变频机组,主轴转速 2996r/min(轴频 50Hz),设备结构如图 2－53

所示,通过计算,机器上端轴承各特征频率分别为:内圈 $f_i = 390Hz$,外圈 $f_o = 260Hz$,滚动体 $f_b = 117Hz$,保持架 $f_c = 20Hz$。

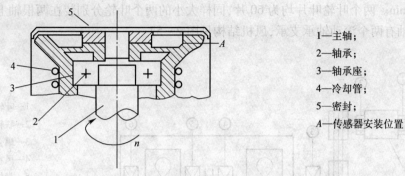

图 2-53　变频机主抽结构

1—主轴;
2—轴承;
3—轴承座;
4—冷却管;
5—密封;
A—传感器安装位置

　　在一个月的时间内,变频机运行不正常。对 A 处的速度信号作频率分析。频谱图中 20Hz 的频率峰值最突出,呈保持架的特征频率。此外转速频率及分数倍低次谐波,说明有非线性问题存在,频率结构如图 2-54 所示。

　　从时域波形图上可见,其振动波形上下不对称,下边呈"截头"状,上边尖锐,呈摩擦特征,见图 2-55。拆机检查发现,轴承座孔有滑动摩擦痕迹,孔径呈不均匀磨损,保持架破裂。经查明,引起故障原因,主要在于安装不良,对中性不好所致。

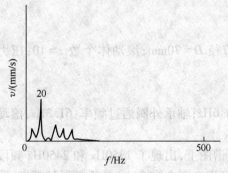

图 2-54　变频机上端轴承速度信号频谱图

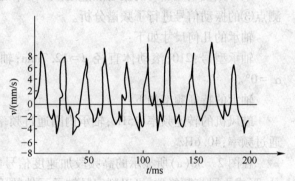

图 2-55　变频机上端轴承速度信号波形

　　【例二】　某机器的 204 滚动轴承($d = 7.94mm, D = 33.9mm, Z = 8$)轴的转速 $n = 1580$ r/min,机器在运行过程中出现了异常振动。经计算该轴承的频率为:轴转动频率 $f_r = 26.35Hz$,内圈转动的通过频率为 $f_i = 130.06Hz$,滚动体的通过频率 $f_b = 106.35Hz$,外圈的通过频率为 $f_b = 80.7Hz$。将轴承的振动信号进行处理,其时域波形、功率谱及倒谱见图 2-56。

　　从频谱图和倒频谱图中可以看出,106Hz 较为突出,并伴有 26.35Hz 的边频,说明滚动体有故障,轴承不合格,还存在不平衡故障。经过拆机检查,滚动体已经损坏,更换合格轴承后,机

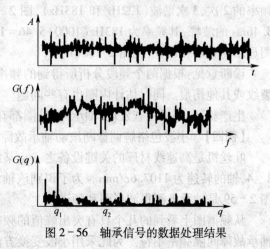

图 2-56　轴承信号的数据处理结果

器运行正常。

【例三】 一台单级并流式鼓风机,电动机功率 30kW,电动机转速 1480r/min,经减速后风机转速 900r/min。两个叶轮叶片均为 60 片,同样大小的两个叶轮分别装在两根轴上,中间用联轴器连接,每轴有两个滚动轴承支承,风机结构见图 2-57。

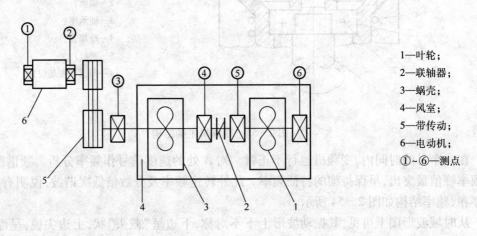

1—叶轮;
2—联轴器;
3—蜗壳;
4—风室;
5—带传动;
6—电动机;
①~⑥—测点

图 2-57 鼓风机结构

某日该机组测点③的振动加速度从 0.07g 逐渐上升,10 天后达到 0.68g。为查明原因,对测点③的振动信号进行了频谱分析。

轴承的几何尺寸如下:

轴承型号:210;滚动体直径 $d = 12.7$mm;轴承节径 $D = 70$mm;滚动体个数 $z = 10$;压力角 $\alpha = 0°$。

轴承的特征频率如下:

鼓风机的转速频率:15Hz;轴承内圈通过频率:88.6Hz;轴承外圈通过频率:61.3Hz;滚动体通过频率:40.6Hz。

在图 2-58(a)所显示的高频段加速度信号的频谱图上,出现了 1350Hz 和 2450Hz 频段成分,形成小段高频峰群,可以判定是轴承元件的固有频率。图 2-58(b)是低频段的频谱,图中清晰地显示出转速频率 f_r(15Hz),外圈通过频率 f_o(61Hz),内圈通过频率 f_i(88Hz)及外圈通过频率的 2 次,3 次谐波(122Hz 和 183Hz),图 2-58(c)是加速度时域波形,图上显示出间隔为 5.46ms 的波峰,其频率为 183Hz(1000÷5.46 = 183Hz),亦为外圈通过频率的 3 次谐波,与频谱图显示的频率相印证,见图 2-58(b)。

诊断意见:根据两个频段分析所得到的频率信息,判断轴承外圈存在的故障,如滚道剥落,裂纹或其他伤痕。同时估计内圈也有些问题。

生产验证:停机检查发现,轴承内,外圈都有很长的轴向裂纹,与诊断结论一致。

【例四】 小波包络解调诊断滚动轴承故障。

吐丝机是高速线材厂的关键设备之一。某线材生产公司吐丝机齿轮箱上的轴承参数见表 2-4,轴的转速为 1107.6r/min。为了识别该轴承故障,采用了小波包络解调的信号处理方法。图 2-59 是轴上测得波形图和频谱图。

从频谱图上看到的几个具有突出峰值的频率成分及其倍频成分,这些频率成分与计算得到轴承故障间隔频率不符。为此采用小波变换方法对高频段和低频段进行分离。

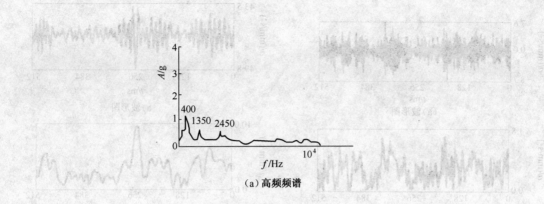

（a）高频频谱

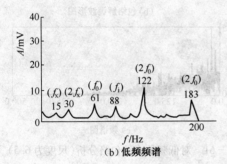

（b）低频频谱

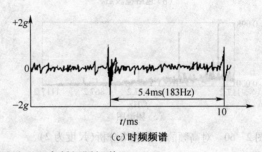

（c）时频频谱

图 2-58　测点的时域波形和高低间隔频谱

表 2-4　轴承参数和间隔频率

参数名	节圆直径	滚珠直径	滚珠个数	接触角度
参数值/mm	450	16	24	0°
轴承元件	外圈	内圈	滚珠	保持架
间隔频率值/Hz	214	230	249	8.9

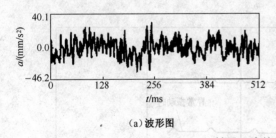

（a）波形图

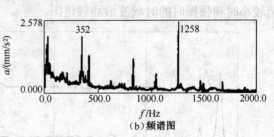

（b）频谱图

图 2-59　轴承上直接检测到的波形图和频谱图

　　图 2-60 是对图 2-59 中 1258Hz 的高频及其边频进行分离,在高频段取较小的尺度(尺度为 2),使之在时域的局部性增强,其波形如图 2-60(a)所示,图 2-60(b)是经过包络检波后的波形,再经频率分析得到图 2-60(c)的频率图。图中出现的主要频率成分是 211Hz 及其 2 倍频和 3 倍频,这是轴承外圈的间隔频率,说明外圈存在局部性故障。另外,图 2-59 中还存在 352Hz 明显峰值的频率成分,为了分析该频段的故障信息,采用的小波变换尺度为 6.5,使之具有较高的频率分辨率,其波形图如图 2-61(a)所示。图 2-61(b)是其包络解调波形,对它进行频率分析,得到 2-61(c)的频率图。从频谱图上可以看到最高峰值的频率成分是 8.8Hz,还出现它的 2 倍频和 3 倍频成分。8.8Hz 正是保持架的故障间隙频率,说明保持架也存在局部性故障。

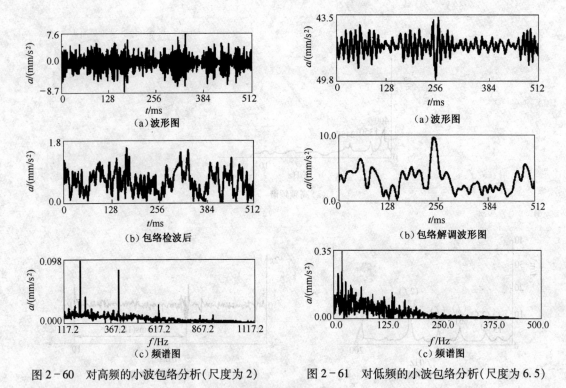

图 2-60 对高频的小波包络分析(尺度为 2)　　　图 2-61 对低频的小波包络分析(尺度为 6.5)

(a)波形图　　　(b)包络检波后　　　(c)频谱图

(a)波形图　　　(b)包络解调波形图　　　(c)频谱图

最后在停车检修时发现,轴承外圈有一个比较大的剥落凹坑,同时有磨损现象,保持架也出现剥落凹坑并伴有重度磨损。

【例五】 圆筒瓦油膜振荡故障的诊断。

某气体压缩机运行期间,状态一直不稳定,大部分时间振动值较小,但蒸汽涡轮时常有短时强振发生,有时涡轮前后两端测点在一周内发生了 20 余次振动报警现象,时间长者达半小时,短者仅 1min 左右。图 2-62 是涡轮 1#轴承的频谱趋势,图 2-63、图 2-64 分别是该测点振动值较小时和强振时的时域波形和频谱图。

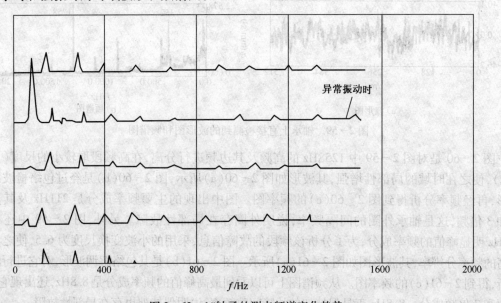

异常振动时

图 2-62 1#轴承的测点频谱变化趋势

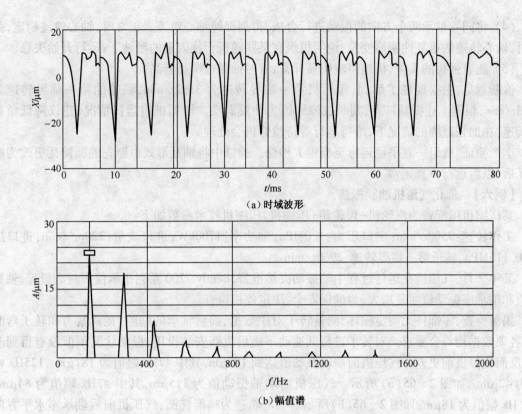

（a）时域波形

（b）幅值谱

图 2-63　测点振动值较小时的波形与频谱

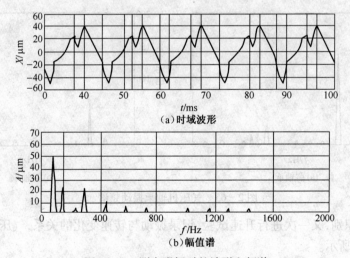

（a）时域波形

（b）幅值谱

图 2-64　测点强振时的波形和频谱

经现场测试、数据分析,发现涡轮振动具有如下特点:

（1）正常时,机组各侧点振动均以工频成分(143.3Hz)幅值最大,同时存在着丰富的低次谐波成分,并有幅值较小但不稳定的 69.8Hz(相当于工频的 0.49 倍)成分存在,时域波形存在单边削顶现象,呈现动静件碰磨的特征。

（2）振动异常时,工频及其他低次谐波的幅值基本保持不变,但涡轮前后两端测点出现很大的 0.49 倍工频成分,其幅度大大超过了工频幅值,其能量占到通频能量的 75%左右。

（3）分频成分随转速的改变而改变,与转速频率保持 0.49 倍工频左右的比例关系。

（4）将同一轴承两个方向的振动进行合成，得到提纯轴心轨迹。正常时，轴心轨迹稳定，强振时，轴心轨迹的重复性明显变差，说明机组在某些随机干扰因素的激励下，运行开始失稳。

（5）随着强振的发生，机组声响明显异常，有时油温也明显升高。

诊断意见：根据现场了解到，压缩机第一临界转速为 3362r/min，涡轮的第一临界转速为 8243r/min，根据上述振动特点，判断故障原因为油膜涡动。根据机组运行情况，建议降低负荷和转速，在加强监测的情况下，维持运行等待检修机会处理。

生产验证：机组一直平稳运行至当年大检修。检修中将轴瓦形式由原先的圆筒瓦更改为椭圆瓦后，以后运行一直正常。

【例六】 催化气压机油膜振荡。

某压缩机组配置为汽轮机+齿轮箱+压缩机，压缩机技术参数如下：

工作转速：7500r/min；出口压力：1.0MPa；轴功率：1700kW；进口流量：220m³/min；进口压力：0.115MPa，转子第一临界转速：2960r/min。

某年 7 月，气压机在运行过程中轴振动突然报警，Bently 7200 系列指示仪表打满量程，轴振动值和轴承座振动值明显增大，为确保安全，决定停机检查。

揭盖检查，零部件无明显损坏，测量转子对中数据、前后轴承的间隙、瓦背紧力和转子弯曲度，各项数据均符合要求。对转子进行低速动平衡后重新安装投用，振动状况不但没有得到改善，反而比停机前更差。气压机前端轴振动值达到 185μm，其中 47Hz 幅值为 181μm，125Hz 幅值为 42μm。如图 2-65(a) 所示。气压机后端轴振动值为 115μm，其中 47Hz 幅值为 84μm，125 Hz 幅值为 18μm，如图 2-65(b) 所示。轴心轨迹为畸形椭圆，气压机前后轴承座水平方向振动剧烈，分别达到 39μm、29μm。

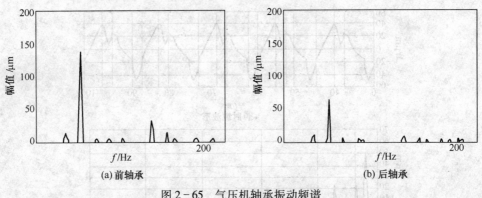

(a) 前轴承　　　　　　　　　　　(b) 后轴承

图 2-65　气压机轴承振动频谱

为进行故障识别，又一次进行升速试验，记录振动与转速变化的关系，气压机升速过程三维谱图，如图 2-66 所示。

前后轴承振动频谱图均发现有 47Hz 低频峰值存在，观察三维谱图可发现，当升速至 4260r/min 时出现半速涡动，随着转速的上升，涡动频率和振幅不断增加，当涡动频率达到 47Hz 时不再随转速而上升，转速提高到 7500r/min 工作转速时，振动频率仍为 47Hz，但振幅非常大，低频分量为 179μm，而工频分量只有 40μm。

诊断意见：对转子—支承系统进行核算，发现转子第一临界转速为 2820r/min（47Hz）。据此进一步分析发现，其振动特征及变化规律与典型的高速轻载转子的油膜振荡故障现象完全吻合。因此可以判定其故障原因为油膜振荡。

由于油膜振荡故障危害极大，可能在短时间内造成机组损坏，所以必须立即停机检修处理。

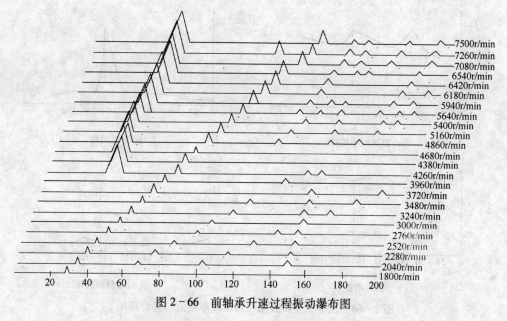

图 2 - 66　前轴承升速过程振动瀑布图

生产验证:停机后解体检查发现,轴瓦巴氏合金表面发黑,上瓦有磨损并伴有大量小气孔,前轴承巴氏合金有部分脱落。更换新的可倾瓦轴承后,再次启动机组,47 Hz 的低频分量不再出现,油膜振荡故障消失。

【例七】 某化肥厂的 CO_2 压缩机组,某年 3 月 10 日开始振动值渐增,至当年 9 月 4 日高压缸振动突然升到报警值。

在故障发生后、对高压缸转子的径向振动做了频谱分析,频谱如图 2 - 67(b)所示,与故障发生前频谱图 2 - 67(a)进行比较发现,发生故障前振动信号中只有转频 f_r 成分,而故障发生后,频谱中除转频外,还有明显的半频成分。

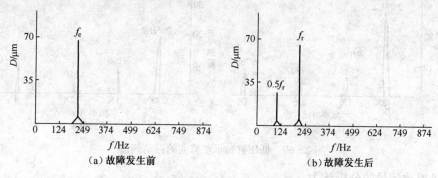

图 2 - 67　压缩机故障发生前后频谱图

工厂已将该机组列入重点管理设备,平时对机组整机振动值和重要的频率成分进行趋势管理,图 2 - 68 是在 190 天内的趋势管理图。

在机器运行了 140 多天后,到 9 月 4 日,半频幅值突增,整机振幅也有所增大,但 1 倍频、2 倍频幅值变化很小,故判断压缩机高压缸轴承存在油膜振荡。之后对工艺参数进行了调整,改善了运行状态,振动值降低,频谱半频成分已经消失,只存在转频成分,说明油膜振荡已消失,但转子还在不平衡状态。

此例利用油膜振荡的标志特征,即近似半频特性,并辅以趋势管理所提供的信息,作出了准

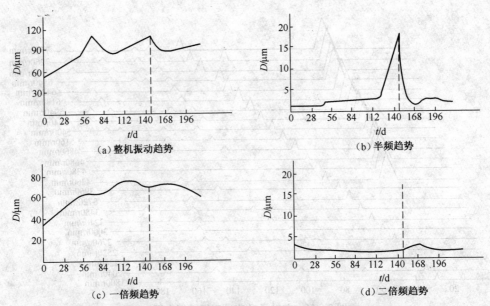

（a）整机振动趋势　　　　　　　　　　（b）半频趋势

（c）一倍频趋势　　　　　　　　　　　（d）二倍频趋势

图 2-68　压缩机整机振动和特征频率幅值趋势管理图

确的故障诊断,说明了频率分析在简易诊断中具有重要意义。

【例八】　轴承油膜不稳定振动的诊断。

某公司一台空气压缩机,由高压缸和低压缸组成。低压缸在一次大修后,转子两端轴振动持续上升,振幅达 $50\sim55\mu m$,大大超过允许值 $33\mu m$,但低压缸前端的增速箱和后端的高压缸振动较小。低压缸前、后轴承上的振动测点信号频谱图如图 2-69 所示,图中主振动频率为 $91.2Hz$,幅值为工频成分 $190Hz$ 的 3 倍多,另外还有 2 倍频和 4 倍频成分。值得注意的是,图中除了非常突出的低频 $91.2Hz$ 之外,4 倍频成分也非常明显。

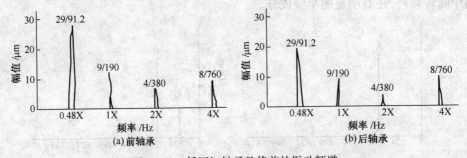

(a) 前轴承　　　　　　　　　　　　　(b) 后轴承

图 2-69　低压缸轴承整修前的振动频谱

对该机振动信号的分析认为:

（1）低频成分突出,它与工频成分的比值为 0.48,可认为是轴承油膜不稳定的半速涡动;

（2）油膜不稳定的起因可能是低压缸两端联轴器的对中不良,改变了轴承上的负荷大小和方向。

大修期间停机检查,发现如下问题:

（1）轴承间隙超过允许值(设计最大允许间隙为 0.18 mm,实测为 0.21mm);

（2）5 块可倾瓦厚度不均匀,同一瓦块最薄与最厚处相差 0.03mm,超过设计允许值,瓦块内表面的预负荷处于负值状态(P_R 值原设计为 0.027,现降为 -0.135),降低了轴承工作稳定性;

50

（3）两端联轴器对中不符合要求，平行对中量超差，角度对中的张口方向相反，使机器运转时产生附加的不对中力，大修期间对上述发现的问题分别作了修正，机器投运后恢复正常，低压缸两端轴承的总振动值下降到 $20\mu m$，检修前原频谱图上反映轴承油膜不稳定的 91.2Hz 低频成分和反映对中不良的 4 倍频成分均已消失，见图 2-70。

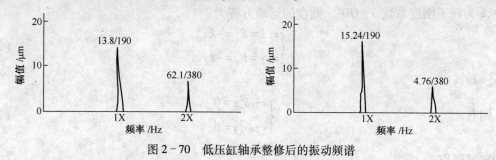

图 2-70　低压缸轴承整修后的振动频谱

2.3　转子系统故障诊断理论与应用

2.3.1　转子振动特性与故障类型

旋转机械的主要功能是由旋转动作完成的，转子是其最主要的部件。旋转机械发生故障的重要特征是机器伴有异常的振动和噪声，其振动信号从幅值域、频率域和时间域实时地反映了机器故障信息。因此，了解和掌握旋转机械在故障状态下的振动机理，对于监测机器的运行状态和提高诊断故障的准确度具有重要的理论意义和实际工程应用价值。

1. 转子振动的基本特性

转子的结构形式多种多样，但对一些简单的旋转机械来说，为分析和计算方便，一般都将转子的力学模型简化为一圆盘装在一无质量的弹性转轴上，转轴两端由刚性的轴承及轴承座支承。该模型称为刚性支承的转子，对它进行分析计算所得到的概念和结论用于简单的旋转机械是足够精确的。由于作了上述简化，若把得到的分析结果用于较为复杂的旋转机械虽然不够精确，但仍能明确、形象地说明转子振动的基本特性。

一般情况下，旋转机械的转子轴心线是水平的，转子的两个支承点在同一水平线上。设转子上的圆盘位于转子两支点的中央，当转子静止时，由于圆盘的质量使转子轴弯曲变形产生静扰度，即静变形，但由于静变形较小，对转子运动的影响不显著，可以忽略不计，即仍认为圆盘的几何 O' 与轴线 AB 上 O 点相重合，如图 2-71 所示。当转子开始转动后，由于离心力惯性力的作用，转子产生动扰度，其向径为 r。此时，转子有两种运动：一种是转子自身的转动，即圆盘绕

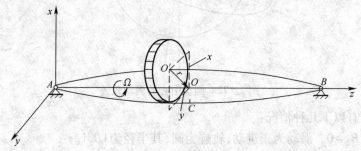

图 2-71　单圆盘转子

其轴线 $AO'B$ 的转动;另一种是弓形转动,即弯曲的轴心线 $AO'B$ 与轴承连线 AOB 组成的平面绕 AB 轴线的转动。

圆盘的质量以 m 表示,它所受的力是转子的弹性恢复力 F:

$$F = -kr \tag{2-5}$$

式中,k 为转子刚度系数,$r = OO'$。圆盘的运动方程为

$$\begin{cases} m\ddot{x} = F_x = -kx \\ m\ddot{y} = F_y = -ky \end{cases} \tag{2-6}$$

令 $\omega_n^2 = k/m$

则有

$$\begin{cases} \ddot{x} + \omega_n^2 x = 0 \\ \ddot{y} + \omega_n^2 y = 0 \end{cases} \tag{2-7}$$

它的解可写作

$$\begin{cases} x = X\cos(\omega_n t + \varphi_x) \\ y = Y\sin(\omega_n t + \varphi_y) \end{cases} \tag{2-8}$$

其中,振幅 X、Y 和初相位 φ_x、φ_y 都与起始的振动状态有关。

由式(2-8)可知,圆盘或转子的中心 O'。在相互垂直的两个方向作频率为 ω_n 的简谐振动。在一般情况下,振幅 X、Y 不相等,O' 点的轨迹为一椭圆。O' 的这种运动是一种"涡动"或称为"进动"。

为分析其进动情况,将式(2-7)改写为复数形式

$$\ddot{z} + \omega_n^2 z = 0 \tag{2-9}$$

式中

$$z = x + iy$$

其解为

$$z = B_1 e^{i\omega_n t} + B_2 e^{-i\omega_n t} \tag{2-10}$$

式中,B_1、B_2 为复振幅,与系统的初始运动有关。圆盘中心 O' 的涡动就是式(2-10)中两种运动的合成。如图 2-72 所示。其中,第一项是半径为 $|B_1|$ 的逆时针方向的运动,与转动角速度 Ω 同向,称为正进动;第二项是半径为 $|B_2|$ 的顺时针方向的运动,与转动角速度 Ω 方向,称为反进动。

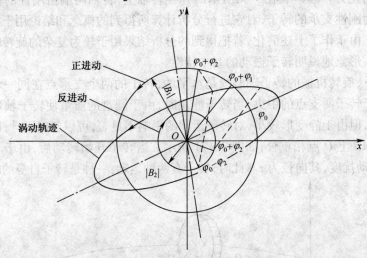

图 2-72 圆盘中心的涡动轨迹

其合成运动有以下几种情况:

(1) $B_1 \neq 0, B_2 = 0$。涡动为正进动,轨迹为圆,其半径为 $|B_1|$。

(2) $B_1 = 0, B_2 \neq 0$。涡动为反进动,轨迹为圆,其半径为 $|B_2|$。

（3）$B_1 = B_2$。轨迹为直线，点 O' 作直线简谐运动。

（4）$B_1 \neq B_2$。轨迹为椭圆。$|B_1| > |B_2|$ 时，O' 作正向涡动；$|B_1| < |B_2|$ 时，O' 作反向涡动。正进动和反进动合成后的运动也可以称为进动。

圆盘或转轴中心的进动或涡动属于自然振动，它的频率就是圆盘没有转动时转轴弯曲振动的自然频率。

当转子以角速度 ω 作正进动时，圆盘相对于弯曲平面的角速度是 $\Omega - \omega$。其中 Ω 及 ω 均以逆时针转向为正，因此对于正进动，只有 $\Omega = \omega$ 时，相对角速度才为零。同理，当圆盘作反进动时，圆盘相对于弯曲平面的角速度仍可用 $\Omega - \omega$ 表示，但此时 ω 是负值，故对于反进动，圆盘的相对角速度与 Ω 同向，且总不为零。

由于圆盘相对于轴线弯曲平面有转动，转轴上的轴向纤维就处于交替的拉伸及压缩状态，材料的内阻将影响转子的运动。只有在 $\Omega = \omega$ 的条件下，即圆盘的进动角速度与自转角速度相等时，圆盘相对于轴线弯曲平面才没有转动，转轴上各轴向纤维始终保持其原来的拉伸或压缩状态，故材料的内阻不起作用。如不计外阻影响，则轴线弯曲平面的进动就可以持久。称 $\omega = \Omega$ 时轴线弯曲平面的进动为同步正向涡动或同步正进动，$\omega = -\Omega$ 时则称为同步反向涡动或同步反进动。

2. 转子故障类型

图 2-73 为转子系统的故障类型。由图可见，转子系统在正常运转过程中所发生的磨损、腐蚀、变形或者负荷过大等，都属于一次性故障类型，这类一次性故障一般都是二次性故障的原因。当转子系统处于二次性故障产生之前的状态时，一次性故障通常是伴随着振动的变化而出现的，而且，这种状态下的振动，是一种与不平衡、不对中、扭转传递以及轴承特征有关的振动，而引起振动的这些原因的发生往往又是由于材料、结构、加工、装备或运转操作不当等原因而造成的。

一次性故障类型	部位	二次性故障类型
原因		现象
振动	转子（回转体）	龟裂破损
腐蚀	轴	烧蚀
磨损	齿轮	性能下降
异物粘附	联轴器	噪声增加
压力变化	轴承	泄露
温度变化	密封件	
负荷过大	冷却器	
	壳体	
	管道	

图 2-73　转子系统的故障类型

转子系统的故障大多是以各种形式的异常振动表现出来的,如果将转子系统产生的异常振动,按频率进行分类,则大致可以分为三个典型的频带区域,低频:不平衡、不对中、轴弯曲、松动、油膜振荡;中频:压力脉动和干扰振动;高频:空穴作用和流体振动。

如果把转子系统的异常振动按其产生的形态来分类,则一般可分为两类,一类是强制振动与共振,而另一类是自激振动与不稳定现象。在振动系统中,当受到外部周期变化的强制外力时,有该外力引起的异常振动,称为强制振动。如果当强制振动的频率和振动系统的固有振动频率一致时,则所产生的相当激烈的振动现象叫做共振。此类振动是由于不平衡产生的离心力,作为一种外力作用于旋转体上而引起的。在一般的转子系统上,从低速到高速经常发生的异常振动中,不平衡、不对中以及非线性振动等是强迫振动具有代表性的例子。

自激振动是指因振动系统本身的固有频率所引起的明显振动现象。这类振动的频率数与旋转速度和外力是无关的,与强制振动相比较,其发生的次数并不多,主要发生在长跨度的高速旋转体上。一般来说,这种异常振动的再现性差,每次都会有不同的数据。其振动波形也不像强制振动波形那样正规,这就是不稳定现象。油膜振荡、高频振动以及干性摩擦振动等自激振动的典型例子。本章介绍几种常见转子故障的诊断理论和方法。

2.3.2 不平衡故障的诊断理论与实例

转子不平衡包括转子系统的质量偏心及转子部件出现缺损。

转子质量偏心是由于转子的制造误差、装配误差、材质不均匀等原因造成的,称为初始不平衡。转子部件缺损是指转子在运行中由于腐蚀、磨损、介质结垢以及转子受疲劳力的作用,使转子的零部件(如叶轮、叶片等)局部损坏、脱落,碎块飞出等,造成的新的转子不平衡。

转子质量偏心及转子部件缺损是两种不同的故障,但其不平衡振动机理却有共同之处。

2.3.2.1 振动机理

设转子的质量为 M,偏心质量为 m,偏心距为 e。转子的质心到两轴承连心线的垂直距离不为零,挠度为 a,如图 2-74 所示。

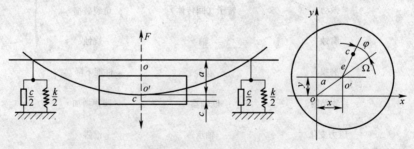

图 2-74 转子力学模型

一具有偏心质量的转子,设其偏心质量集中于 C 点,考虑到其外阻尼的作用,转子以角速度 Ω 转动时,其轴心 O' 的运动微分方程为

$$\begin{cases} M\ddot{x} + c\dot{x} + kx = me\Omega^2 \cos\Omega t \\ M\ddot{y} + c\dot{y} + ky = me\Omega^2 \sin\Omega t \end{cases} \tag{2-11}$$

令 $z = x + iy$,其复数形式的运动方程为

$$\ddot{z} + 2n\dot{z} + \omega_n^2 z = e\Omega^2 e^{i\Omega t} \tag{2-12}$$

设其特解为
$$z = |A| e^{i(\Omega t - \theta)}$$

代入后可得
$$(\omega_n^2 - \Omega^2 + 2n\Omega i) |A| = e\Omega^2 e^{i\theta}$$

因
$$e^{i\theta} = \cos\theta + i\sin\theta$$

故有
$$\begin{cases} (\omega_n^2 - \Omega^2) |A| = e\Omega^2 \cos\theta \\ 2n\Omega|A| = e\Omega^2 \sin\theta \end{cases}$$

解出 $|A|$ 和 θ

$$|A| = \frac{e\Omega/\omega_n^2}{\sqrt{1 - (\Omega/\omega_n)^2 + (2n/\omega_n)^2 (\Omega/\omega_n)^2}} \quad (2-13a)$$

$$\tan\theta = \frac{(2n/\omega_n)(\Omega/\omega_n)}{1 - (\Omega/\omega_n)^2} \quad (2-13b)$$

令 $\lambda = \dfrac{\Omega}{\omega_n}, \omega_n^2 = \dfrac{n}{M}, 2n = \dfrac{c}{M}, \zeta = \dfrac{m}{\omega_n}$

有
$$|A| = \frac{me}{M} \cdot \frac{\lambda^2}{\sqrt{(1-\lambda^2)^2 + 4\zeta^2\lambda^2}} \quad (2-14a)$$

$$\tan\theta = \frac{2\zeta\lambda}{1-\lambda^2} \quad (2-14b)$$

根据式(2-14a)和(2-14b),按不同的频率比 λ 和阻尼系数 ζ 的变化,作出幅频响应图及相频响应图,如图2-75所示。

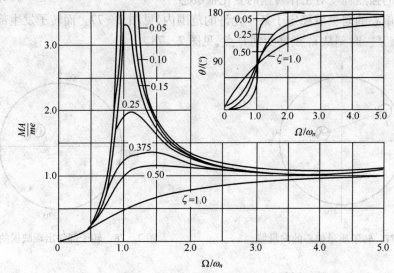

图2-75 幅频响应及相频响应

实际的转子,由于轴的各向弯曲刚度有差别,特别是由支承刚度各向不同,因而转子对不平衡质量的响应,在 x、y 方向不仅振幅不同,而且相位差也不是 $90°$,因而转子的轴心轨迹不是圆而是椭圆,如图2-76所示。

由上述分析知,转子质量偏心及转子部件出现缺损故障的主要振动特征如下:

(1)振动的时域波形为正弦波。

(2)频谱图中,谐波能量集中于基频。

(3)当 $\Omega < \omega_n$ 时,振幅随 Ω 增加而增大;当 $\Omega > \omega_n$ 后,Ω 增加时振幅趋于一个较小的稳定

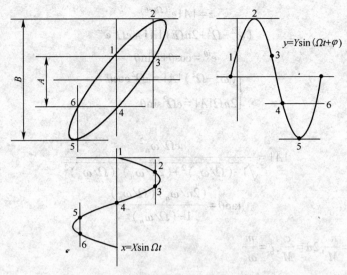

图 2-76 转子不平衡的轴心轨迹

值;当 Ω 接近于 ω_n 时发生共振,振幅具有最大峰值。

（4）当工作转速一定时,相位稳定。

（5）转子的轴心轨迹为椭圆。

（6）转子的进动特征为同步正进动。

（7）振动的强烈程度对工作转速的变化很敏感。

（8）质量偏心的向量域稳定于某一允许的范围内,见图 2-77。而转子发生部件缺损故障时,其向量域在某一时刻从 t_0 点突变到 t_i 点,见图 2-78。

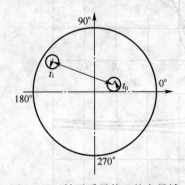

图 2-77 转子质量偏心的向量域

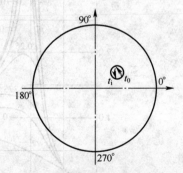

图 2-78 转子部件出现缺损的向量域

2.3.2.2 诊断方法及治理措施

1. 转子质量偏心的诊断方法

（1）振动特性（表 2-5）。

表 2-5 转子质量偏心的振动特性

1	2	3	4	5	6	7	8
特征频率	常伴频率	振动稳定性	振动方向	相位特征	轴心轨迹	进动方向	向量区域
1X		稳定	径向	稳定	椭圆	正进动	不变

(2) 敏感参数(表2-6)。

表2-6 转子质量偏心的敏感参数

1	2	3	4	5	6
振动随转速变化	振动随负荷变化	振动随油温变化	振动随流量变化	振动随压力变化	其他识别方法
明显	不明显	不变	不变	不变	低速时振幅趋于零

2. 转子部件缺损的诊断方法

(1) 振动特性(表2-7)。

表2-7 转子部件缺损的振动特性

1	2	3	4	5	6	7	8
特征频率	常伴频率	振动稳定性	振动方向	相位特征	轴心轨迹	进动方向	向量区域
1X		突发性增大后稳定	径向	突变后稳定	椭圆	正进动	突变后稳定

(2) 敏感参数(表2-8)。

表2-8 转子部件缺损的敏感参数

1	2	3	4	5	6
振动随转速变化	振动随负荷变化	振动随油温变化	振动随流量变化	振动随压力变化	其他识别方法
明显	不明显	不变	不变	不变	振幅突然增加

3. 转子质量偏心的故障原因及治理措施

(1) 故障原因(表2-9)。

表2-9 转子质量偏心的故障原因

故障来源	1	2	3	4
	设计、制造	安装、维修	运行、操作	机器劣化
主要原因	结构不合理,制造误差大,材质不均匀,动平衡精度低	转子上零件安装错位	转子回转体结垢(例如压缩机流道内结垢)	转子上零件配合松动

(2) 治理措施:转子除垢,进行修复,按技术要求对转子进行动平衡。

4. 转子部件缺损的故障原因及治理措施

(1) 故障原因(表2-10)。

表2-10 转子部件缺损的故障原因

故障来源	1	2	3	4
	设计、制造	安装、维修	运行、操作	机器劣化
主要原因	结构不合理,制造误差大,材质不均匀	转子有较大预负载	超速、超负荷运行零件局部损坏脱落	转子受腐蚀疲劳,应力集中

(2) 治理措施:修复转子,重新动平衡,正确操作。

2.3.2.3 诊断实例

【例一】 某大型离心式压缩机,经检修更换转子后,机组运行时发生强烈振动,压缩机两端轴承处径向振幅超过设计允许值 3 倍,机器不能正常运行。主要振动特征如图 2-79 所示。

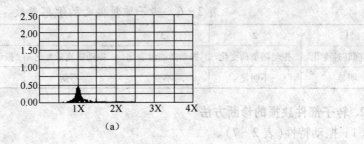

(a)

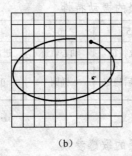 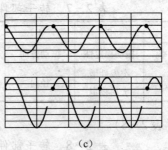

(b) (c)

图 2-79　压缩机振动特性

(1) 振动与工作转速同频,其时域波形如图 2-79(c)所示。

(2) 频谱中能量集中于基频,具有突出的峰值,见图 2-79(a)。

(3) 轴心轨迹为椭圆,见图 2-79(b)。

(4) 转子相位稳定,为同步正进动。

(5) 改变工作转速,振幅有明显变化。

诊断意见:根据图 2-79 所示的振动特征可知,压缩机发生强烈振动的原因是由于转子质量偏心、不平衡造成的,应停机检修或更换转子。

生产验证:按该转子的动平衡技术要求,不平衡质量误差应小于 $1.85\mu m/s$,经拆机检验,转子的实际不平衡量一端为 $6.89\mu m/s$,另一端为 $7.24\mu m/s$,具有严重不平衡质量。将该转子在工作转速下经过高速动平衡,使其达到技术要求。该转子重新安装后,压缩机恢复正常运行。

【例二】　某一锅炉引风机,转速 1480r/min,功率 75kW,结构简图见图 2-80。一次在设备巡查中进行了振动测量,机器各测点的速度有效值见表 2-11,测得结果表明,测点①的水平方向振值严重超差(ISO 2372 标准允差为 7.1mm/s)。为了查明原因,利用振动测量仪,配接简易频率分析仪对测点①、测点②进行了简易频率分析。其主要频率的速度有效值见表 2-12。测点①水平方向振动信号的频谱结构见图 2-81。

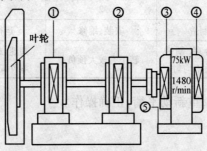

图 2-80　锅炉引风机结构简图

58

表 2－11　锅炉引风机振动速度有效值 v_{rms} 　　　　（mm/s）

方位	①	②	③	④	⑤
H	23.0	4.1	2.5	2.4	—
V	5.5	3.4	1.0	—	—
A	3.5	2.5	1.6	—	—

表 2－12　测点①和测点②主要频率速度有效值

测点方位	频率 f/Hz	转速 v_{rms}/(mm/s)
①-H	26	15
②-H	26	1.2

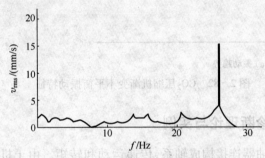

图 2－81　测点①水平方向频谱图

诊断意见：从频率结构看，测点水平方向的频率结构非常简单，只存在风机的转速频率（26Hz 近似于转频）成分。对比表 2－11 中测点①、测点②的振值，可见测点②的振值比测点①小得多。测点①最靠近风机叶轮，其振动值最能反映风机叶轮的振动状态。据此判断风机叶轮存在不平衡故障。

为了进一步验证判断结论，又在机器停止和起动过程中进行了振动测试，观察测振仪指针的摆动情况。在风机停车过程中测点①水平方向的振值呈连续平缓下降的势态，而在风机启动过程中，振动值则由零连续上升至最大值，说明其振动不平衡，用户根据诊断结论进行了处理，机器恢复正常运行。

【例三】　某尿素生产装置 CO_2 压缩机组低压缸转子，大修后开车振动值正常，但在线监测系统发现其振动值有逐步增大的趋势。其时域波形为正弦波，分析其频谱，以一倍频为主，分析其向量域图，相位有一个缓慢的变化，如图 2－82 所示。

诊断意见：经过 2 个月的连续观测，根据其振动特征，对照本节所述对几类不平衡故障的甄别方法，判定其故障原因为渐变不平衡，是由于转子流道结垢或局部腐蚀造成的。

处理措施：渐变不平衡短期内不会迅速恶化，同时正常生产一旦中断将会导致巨大的经济损失，因此决定利用在线监测系统监护其运行，待大修时再做处理。

生产验证：6 个月后工厂年度大修，更换转子后在机修车间检查，转子并不弯曲；目测检查，无结垢和腐蚀现象，一时对故障诊断结论提出了怀疑。但送专业厂拆卸检查后发现，一轴套内侧（不拆卸转子时看不到部分）发生局部严重腐蚀，导致转子不平衡质量逐渐增大。

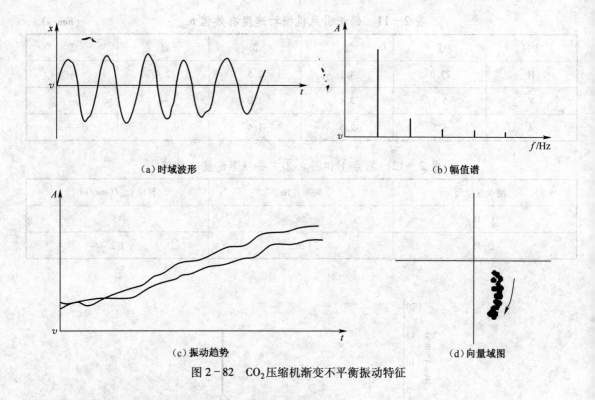

（a）时域波形   （b）幅值谱

（c）振动趋势   （d）向量域图

图 2-82 CO_2 压缩机渐变不平衡振动特征

2.3.3   不对中故障的诊断理论与实例

机组各转子之间由连轴器连接构成轴系，传递运动和转矩。由于机器的安装误差、承载后的变形以及机器基础的沉降不均等，造成机器工作状态时各转子轴线之间产生轴线平行位移、轴线角度位移或综合位移等对中变化误差，统称为转子不对中，如图 2-83 所示。

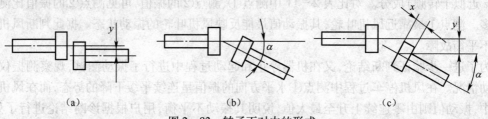

图 2-83   转子不对中的形式

转子系统机械故障的 60% 是由不对中引起的。具有不对中故障的转子系统在其运转过程中将产生一系列有害于设备的动态效应，如引起机器联轴器偏转、轴承早期损坏、油膜失稳和轴的挠曲变形等，导致机器发生异常振动，危害极大。

2.3.3.1   振动机理

转子不对中的轴系，不仅改变了转子轴颈与轴承的相互位置和轴承的工作状态，同时也降低了轴系的固有频率。如图 2-84 所示，轴系由于转子不对中，使转子受力及支承所受的附加力是转子发生异常振动和轴承早期损坏的重要原因。

联轴器的结构种类较多，大型高速旋转机械常用齿式联轴器，中、小设备多用固定式刚性联轴器，现以这两种联轴器为例说明转子不对中的故障机理。

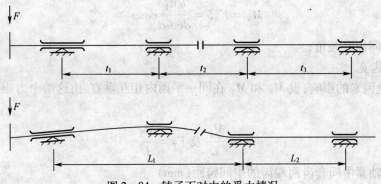

图 2-84 转子不对中的受力情况

1. 齿式联轴器连接不对中的振动机理

齿式联轴器是最具代表性的允许综合位移的联轴器,为一般大型旋转设备所采用。它由两个具有外齿环的半联轴器和具有内齿环的中间齿套组成,半联轴器分别与主动轴和从动轴连接。其不对中形式有三种,即轴线平行位移不对中、轴线角度位移不对中和轴线综合位移不对中。

当机组轴系各转子之间的连接对中超差时,齿式联轴器内外齿面的接触情况都会发生变化,见图 2-85。

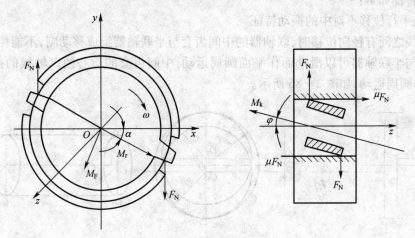

图 2-85 齿式联轴器受力情况

齿面的法向力

$$F_N = \frac{M_k}{d} \cdot \frac{1}{\cos\alpha} = \frac{M_k}{d\cos\alpha} \qquad (2-15)$$

式中　　d——联轴器齿环以分度圆直径(mm);

　　　　α——联轴器齿环的压力角(°);

　　　　M_k——联轴器所传递的转矩(N·mm)。

由齿面啮合的摩擦力所产生的摩擦力矩为

$$M_k = \mu F_N d = \mu \frac{M_k}{d\cos\alpha}d = \mu \frac{M_k}{\cos\alpha} \qquad (2-16)$$

中间齿套倾斜的力矩 M_T 为

$$M_T = F_N b = \frac{bM_k}{d\cos\alpha}\cos\varphi \qquad (2-17)$$

式中 φ——中间齿套倾角；

　　　b——外齿宽。

若忽略其他因素的影响，设 M_F 和 M_T 在同一平面内相互垂直，由这两个力矩所产生的径向分力为

$$F_F = \frac{M_F}{L} \text{ 及 } F_T = \frac{M_T}{L} \qquad (2-18)$$

式中 L——联轴器中间套齿两端齿的中间跨距(mm)。

轴承所承受的附加径向力为

$$F_x = \sqrt{F_F^2 + F_T^2} = \sqrt{(M_F^2 + M_T^2)/L^2} \qquad (2-19)$$

同样，由于摩擦力的影响，最大附加轴向力为

$$F_{ymax} = \mu F_N = \mu\frac{M_{kmax}}{d\cos\alpha} \qquad (2-20)$$

由上述分析知，当机组轴系转子之间的连接对中超差时，联轴器在传递运动和转矩时产生附加径向力和附加轴向力，这是转子发生异常振动和轴承早期损坏的主要原因。转子发生异常振动的主要特征如下：

1）轴线平行位移不对中的振动特征

转子轴线之间有径向位移时，联轴器的中间齿套与半联轴器组成移动副，不能相对转动，但是中间齿套与半联轴器可以滑动而作平面圆周运动，中间齿套的质心便以轴线的径向位移量 Δy 为直径作圆周运动，如图 2-86 所示。

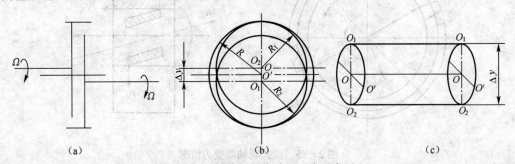

图 2-86　轴线平行位移不对中示意图

设具有轴线平行位移不对中的转子系统的不对中量为 Δy，两半联轴器的回转中心为 O_1 和 O_2，顶圆半径分别为 R_1 和 R_2，角频率为 Ω；联轴器中间齿套的静态中心和相对运动中心分别为 O 和 O'，齿根圆半径为 R。满足安装条件的最小根圆半径为

$$R_{min} = \Delta y/2 + R_1 = \Delta y/2 + R_2$$

由于两个半联轴器均绕自己的中心 O_1、O_2 转动，且分别与中间齿套啮合在一起，则两半联轴器在运动的同时必然要求中间齿套的中心 O' 绕其中心转动。同时满足两个回转中心要求的 O' 必然做平面运动。显然，若 $R = R_{min}$，将出现"卡死"状态。一般齿式联轴器的许用位移比不对中量要大得多，联轴器的中间齿套除包容两半联轴器的顶圆以外，还有一定的空间供外圆摆动；实际运动轨迹是以 O 为中心，以 Δy 为直径的圆。轴心线的运动轨迹轮廓为一圆柱体，如图 2-86(c) 所示。

图 2–87 所示为半联轴器在转动过程中中间齿套中心 O' 的运动情况,图(a)、图(b)、图(c)、图(d)分别表示半联轴器 2 上一点 M 绕中心 O_2 转过 45°、90°、135°、180° 时 O' 所处的位置。

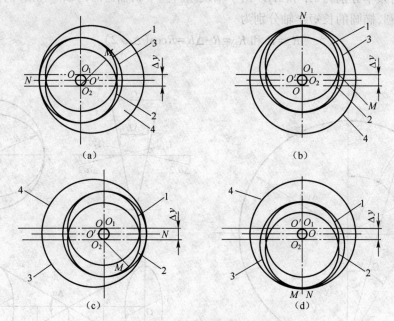

图 2–87　O' 随转子运动的运动轨迹
1、2—半联轴器;3—半联轴器包络线;4—齿套。

从图 2–87 看出,当半联轴器转过 180° 时,中间齿套的轴心已转过 360°,完成了一周的运动,其运动轨迹可用式 2–21 表示。而 O 绕 O' 的运动轨迹描述为

$$\begin{cases} x = \dfrac{\Delta y}{2}\sin(\Omega' t - \varphi') = \dfrac{\Delta y}{2}\sin(2\Omega t - 2\varphi) \\[3mm] y = \dfrac{\Delta y}{2}\cos(\Omega' t - \varphi') = \dfrac{\Delta y}{2}\cos(2\Omega t - 2\varphi) \end{cases} \tag{2-21}$$

式中　Ω——转子的角频率;

　　　φ——起始回转相角。

O' 的运动轨迹见图 2–88。

中间齿套中心线的运动轨迹具有明显的 2 倍频特征,其相位是转子转动相位的 2 倍。联轴器两端转子同一方向具有相同的相位。中间齿套的这种运动向转子系统所施加的力为

$$\begin{cases} F_x = \dfrac{1}{2}m\Delta y(2\Omega)^2\sin(2\Omega t - 2\varphi) = 2m\Delta y\Omega^2\sin(2\Omega t - 2\varphi) \\[3mm] F_y = \dfrac{1}{2}m\Delta y(2\Omega)^2\cos(2\Omega t - 2\varphi) = 2m\Delta y\Omega^2\cos(2\Omega t - 2\varphi) \end{cases} \tag{2-22}$$

式中　m——联轴器中间齿套质量;

　　　F_x——转子在 x 方向受到的激振力;

　　　F_y——转子在 y 方向受到的激振力。

式(2–22)表明,激振力幅与不对中量 Δy 和质量 m 成正比。激振力随转速变化的因子为 $4\Omega^2$,这说明不对中对转速的敏感程度比不平衡对转速的敏感程度要大 4 倍。

2）轴线角度位移不对中的振动特征

具有轴线角度位移不对中的齿式联轴器连接的转子系统如图 2-89 所示，不对中量为 Δa，主、从动轴的角频率分别为 Ω_1 和 Ω_2。由于轴线倾斜。半联轴器的齿顶圆在沿外壳回转轴线方向的投影为椭圆，椭圆的长短半轴分别为

$$R_a = R \text{ 和 } R_b = R - \Delta R = R\cos(\Delta\alpha/2)$$

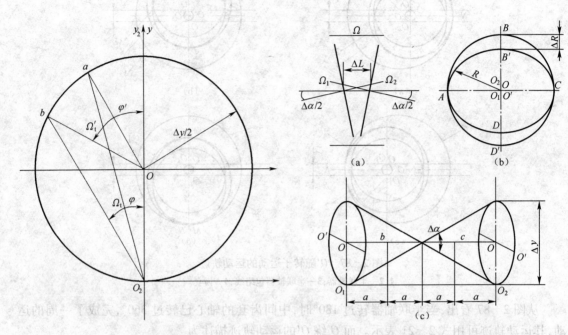

图 2-88　O' 的运动轨迹　　　　图 2-89　轴线角度位移不对中示意图

由于半联轴器和中间齿套啮合在一起，彼此不能产生相对转动，故图 2-89 中所示位置是一种"卡死"状态。要使系统运行，中间齿套需有比 R 大的齿根圆直径，且中间齿套的中心 O' 和两半联轴器的中心 O_1 和 O_2 不重合，并具有相对运动。事实上，中间齿套的轴线是在两半联轴器的轴线之间不停地摆动和转动，其运动轨迹为一回转双锥体，如图 2-89（c）所示，只有这样，才能满足机构的运动学条件。

图 2-90 所示为半联轴器在转动过程中中间齿套中心 O' 在同截面内的运动情况，图（a）、图（b）、图（c）、图（d）分别表示半联轴器 1 上一点 M 绕中心 O_1 转过 0°、45°、90°、135° 时 O' 所处的位置，其投影方向为中间齿套 3 的轴线方向。

由图 2-90 知，当半联轴器 1 转过 180° 时，中间齿套的轴心已转过 360°，完成了一周的运动，运动轨迹为一圆。中间齿套回转轴线上某点 O' 的运动轨迹为以 O 为中心的圆，描述同轴线平行位移不对中式（2-21），其轴线回转轮廓为一双锥体，$\tan(\Delta a = 2) = \Delta y/\Delta L$，故在左边 L 截面

$$\begin{cases} x_L = \dfrac{\Delta L}{2}\tan\dfrac{\Delta a}{2}\sin(2\Omega t - 2\varphi) \\[2mm] y_L = \dfrac{\Delta L}{2}\tan\dfrac{\Delta a}{2}\cos(2\Omega t - 2\varphi) \end{cases} \tag{2-23}$$

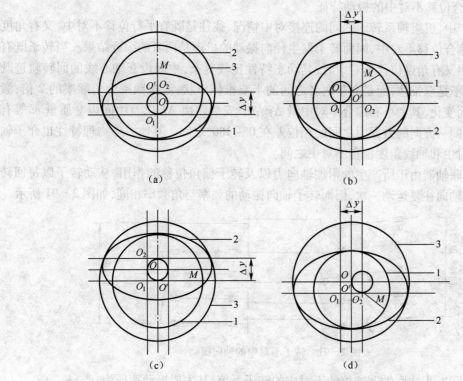

图 2-90 O′随转子运动的运动轨迹

考虑到中间齿套轴线在两端的摆动方向相反,故在右边 R 截面有

$$
\begin{cases}
x_R = \dfrac{\Delta L}{2}\tan\dfrac{\Delta a}{2}\sin(2\Omega t - 2\varphi - 180°) \\[3mm]
y_R = \dfrac{\Delta L}{2}\tan\dfrac{\Delta a}{2}\cos(2\Omega t - 2\varphi - 180°)
\end{cases}
\tag{2-24}
$$

这表明,中间齿套的运动轨迹同轴线平行位移不对中一样具有 2 倍频特征,但在两半联轴器上同一方向,其相位差为 180°。计算中间齿套运动向转子系统施加力时,可以假定中间齿套的质量集中分布在 b、c 两点(图 2-89(c)),则在该两点所处截面内

$$
\begin{cases}
F_{ax} = \dfrac{1}{2}m\Delta L\tan\dfrac{\Delta a}{2}\Omega^2\sin(2\Omega t - 2\varphi) \\[3mm]
F_{ay} = \dfrac{1}{2}m\Delta L\tan\dfrac{\Delta a}{2}\Omega^2\cos(2\Omega t - 2\varphi)
\end{cases}
\tag{2-25a}
$$

$$
\begin{cases}
F_{bx} = \dfrac{1}{2}m\Delta L\tan\dfrac{\Delta a}{2}\Omega^2\sin(2\Omega t - 2\varphi - 180°) \\[3mm]
F_{by} = \dfrac{1}{2}m\Delta L\tan\dfrac{\Delta a}{2}\Omega^2\cos(2\Omega t - 2\varphi - 180°)
\end{cases}
\tag{2-25b}
$$

式中 ΔL——两半联轴器之间的安装距离;

     F_{ax}、F_{ay}——在 a 截面内 x、y 向的激励力;

     F_{bx}、F_{by}——在 b 截面内 x、y 向的激励力。

由式(2-25)知,在轴线角度位移不对中情况下,激振力幅保持对转速的敏感性。不对中量 Δa、质量 m、安装距离 ΔL 对激振力有直接影响。

3) 轴线综合位移不对中的振动特征

在实际生产中,机组轴系转子之间的连接对中情况,往往是既有平行位移不对中,又有角度位移不对中的综合位移不对中,因而转子发生径向振动的机理是两者的综合结果。当转子既有平行位移不对中又有角度位移不对中时,其动态特性比较复杂,中间齿套轴心线的回转轨迹既不是圆柱体,也不是双锥体,而是介于两者之间的半双锥体形状;激振频率为角顺率的 2 倍;激振力幅随速度而变化,其大小和综合不对中量 Δy、$\Delta \alpha$、安装距离 ΔL 以及中间齿套质量 m 等有关;联轴器两侧同一方向的激振力之间的相位差在 $0° \sim 180°$ 之间。其他故障物理特性也介于轴线平行位移不对中和轴线角度位移不对中之间。

同时,齿式联轴器由于所产生的附加轴向力以及转子偏角位移的作用,从动转子以每回转一周为周期,在轴向往复运动一次,因而转子轴向振动的频率与角频率相同,如图 2-91 所示。

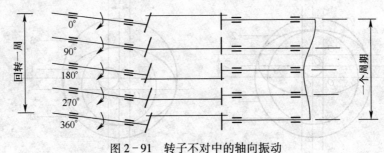

图 2-91 转子不对中的轴向振动

由上述分析知,齿式联轴器连接的不对中的转子系统,其主要振动特征为:

(1) 齿式联轴器不对中故障的特征频率为角频率的 2 倍。

(2) 由不对中故障产生的对转子的激励力,随转速的升高而加大,因此,高速旋转机械应更加注重转子的对中要求。

(3) 激励力与不对中量成正比,随不对中量的增加,激励力呈线性加大。

(4) 联轴器同一侧相互垂直的两个方向,2 倍频的相位差是基频的 2 倍;联轴器两侧同一方向的相位在平行位移不对中时为 0°,在角位移不对中时为 180°,综合位移不对中时为 $0° \sim 180°$。

(5) 轴系转子在不对中情况下,中间齿套的轴心线相对于联轴器的轴心线产生相对运动,在平行位移不对中时的回转轮廓为一圆柱体,角位移不对中时为一双锥体,综合位移不对中时是介于二者之间的形状。回转体的回转范围由不对中量决定。

(6) 轴系具有过大的不对中量时,即使转子能够连接上,也会导致联轴器不符合其运动条件而使转子在运动中产生巨大的附加径向力和附加轴向力,使转子发生异常振动和轴承早期损坏,这对转子系统具有更大的破坏性。

2. 刚性联轴器连接转子不对中的故障机理

刚性联轴器连接的转子对中不良时,由于强制连接所产生的力矩,不仅使转子发生弯曲变形,而且随转子轴线平行位移或轴线角度位移的状态不同,其变形和受力情况也不一样,如图 2-92 所示。

（a）轴线平行位移　　　　　　　　（b）轴线角度位移

图 2-92 刚性联轴器连接不对中的情况

用刚性联轴器连接的转子不对中时,转子往往是既有轴线平行位移,又有轴线角度位移的综合状态,转子所受的力既有径向交变力、又有轴向交变力。

弯曲变形的转子由于转轴内阻现象以及转轴表面与旋转体内表面之间的摩擦而产生的相对滑动,使转子产生自激旋转振动,而且当主动转子按一定转速旋转时,从动转子的转速会产生周期性变动,每转动一周变动两次,因而其振动频率为转子转动频率的两倍。

转子所受的轴向交变力与图2-90相同,其振动特征频率为转子的转动频率。

2.3.3.2 诊断方法及治理措施

1. 振动特征(表2-13)

表2-13 转子不对中的振动特性

1	2	3	4	5	6	7	8
特征频率	常伴频率	振动稳定性	振动方向	相位特征	轴心轨迹	进动方向	向量区域
2X	1X、2X	稳定	径向轴向	较稳定	双环椭圆	正进动	不变

2. 敏感参数(表2-14)

表2-14 转子不对中的敏感参数

1	2	3	4	5	6
振动随转速变化	振动随负荷变化	振动随油温变化	振动随流量变化	振动随压力变化	其他识别方法
明显	明显	有影响	有影响	有影响	(1) 转子轴向振动较大; (2) 联轴器相邻轴承处振动较大; (3) 随机器负荷增加,振动增大; (4) 对环境温度变化敏感

3. 故障原因(表2-15)

表2-15 转子不对中的故障原因

故障来源	1	2	3	4
	设计、制造	安装、维修	运行、操作	机器劣化
主要原因	对机器热膨胀量考虑不够,给定的安装对中技术要求不准	(1) 安装精度未达到技术要求; (2) 对热态时转子不对中变化量考虑不够	(1) 超负荷运行; (2) 机组保温不良,轴系转子热变形不同	(1) 机器基础或基座沉降不均匀,使不对中超差; (2) 环境温度变化大,机器热变形不同

4. 治理措施

(1) 转子冷态对中时,应考虑到热态不对中变化量。
(2) 按技术要求调整轴系转子对中量,重新对中。

2.3.3.3 诊断实例

【例一】 某厂的涡轮压缩机组如图2-93所示,机组检修时,除常规工作外,还更换了连接压缩机高压缸和低压缸的联轴器的连接螺栓,对轴系的转子不对中度进行了调整等。

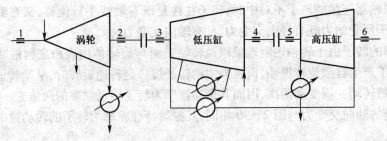

图 2-93 涡轮压缩机组

机组检修后运行时,涡轮和压缩机低压缸运行正常,而压缩机高压缸振动较大(在振值允许范围内);机组运行一周后压缩机高压缸振动类然加剧,测点 4、5 的径向振幅增大,其中测点 5 增加两倍,测点 6 的轴向振幅加大,涡轮和压缩机的振幅无明显变化;机组运行两周后,高压缸测点 5 的振幅又突然增加一倍,超过设计允许值,振动强烈,危及生产。如图 2-94 所示。

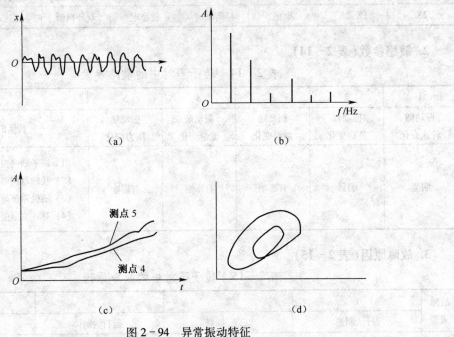

图 2-94 异常振动特征

压缩机高压缸主要振动特征如下:

(1) 连接压缩机高、低压缸之间的联轴器两端振动较大;

(2) 测点 5 的振动波形畸变为基频与倍频的叠加波,频谱中 2 频谐波具有较大峰值;

(3) 轴心轨迹为双椭圆复合轨迹;

(4) 轴向振动较大。

诊断意见:压缩机高压缸与低压缸的转子对中不良,联轴器发生故障,必须紧急停机检修。

生产验证:机组在有准备的情况下,紧急停机处理。机组仅对联轴器局部解体检查发现,连接压缩机高压缸与低压缸的联轴器(半刚性联轴器),见图 2-95(a)所示;固定法兰与内齿套的连接螺栓已断掉三只,其位置如图 2-95(b)所示。

根据电镜断口分析知:螺栓断面为沿晶断裂,并有准解理及局部韧窝组织。

根据上述振动特征及连接螺栓的断口分析知,涡轮压缩机组发生故障的主要原因是:

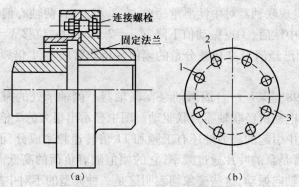

连接螺栓

固定法兰

（a）

（b）

图 2-95　联轴器结构及连接螺栓损坏位置

（1）转子对中超差,实际不对中量大于设计要求 16 倍。

（2）连接螺栓的机械加工和热处理工艺不符合要求,螺纹根部产生应力集中,而且热处理后未进行正火处理,金相组织为淬火马氏体,螺栓在拉应力作用下脆性断裂。

根据诊断意见及提出的治理措施,根据对中要求重新找正对中高压缸转子,并更换了符合技术要求的连接螺栓,机组运行正常,从而避免了恶性事故。

【例二】　某厂一台离心压缩机,结构如图 2-96 所示,电动机转速 1500r/min（转频为 25Hz）。该机自更换减速机后振动增大,①点水平方向振动值为 $v_{rms} = 6.36mm/s$,位移 $X = 150\mu m$,超出了正常水平。

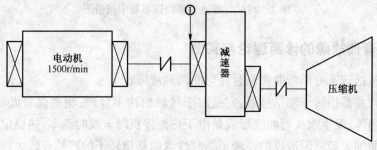

①

电动机
1500r/min

减速器

压缩机

图 2-96　压缩机结构简图

为了查明故障原因,首先对①点水平方向振动信号作频谱分析,谱图见图 2-97。

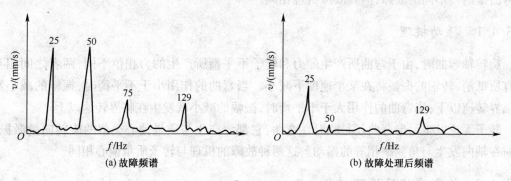

（a）故障频谱

（b）故障处理后频谱

图 2-97　①点水平振动频谱图

从频谱图上看出,①点水平方向 1 倍频（25Hz）,2 倍频（50Hz）都很突出,此外还有 3 倍频（75Hz）和 5 倍频（129Hz）,呈现出典型的不对中频率特征。考虑到①点靠近联轴器,所以判断电动机与减速器轴线不对中。

在停机检查时,发现联轴器对中性严重超差,在垂直方向,两轴心偏移量达 0.15mm。通过调整改善联轴器的对中性后,①点振动值下降,$v_{rms} = 2.12\text{mm/s}$,位移 $X = 6\mu\text{m}$;其频谱结构也发生了显著变化,3 倍频已经消失,2 倍频分量的幅值变得非常弱小,1 倍频分量也大为减弱了,机组状态良好。

【例三】 图 2-98 是某厂一台润滑油泵在联轴器一侧轴承处的振动频谱图,该泵为离心式、悬臂支承结构,由电动机经联轴器直联驱动。图中显示出很大的 2 倍转速频率成分,这是泵和电动机联轴器不对中引起的。另外还有工频和 11 倍转速频率成分,前者是不平衡和不对中联合作用的结果,后者是泵的叶片通过频率,它的幅值随着负荷的高低而升降。在泵的轴向测点上也发现有明显的轴向振动,这些迹象均表明这是一种典型的不对中故障振动。

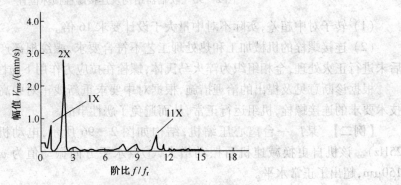

图 2-98　润滑油泵联轴器不对中频谱图

2.3.4　转子弯曲故障的诊断理论与实例

转子弯曲包括转子弓形弯曲和临时性弯曲两种故障。

转子弓形弯曲是指转子轴呈弓形,它是由于转轴结构不合理、制造误差大、材质不均匀、转子长期存放不当等,发生永久弯曲变形或是由于热态停机时未及时盘车、热稳定性差、长期运行后转轴自然弯曲加大等原因造成的。转子临时性弯曲是指转子的转轴有较大预负荷、开机运行时暖机不足、升速过快、加载太大、转轴热变形不均匀等原因造成的。转轴弓形弯曲与转轴临时性弯曲是两种不同的故障,但其故障机理相同。

2.3.4.1　振动机理

旋转轴弯曲时,由于弯曲所产生的力和转子不平衡所产生的力相位不同,两者之间相互作用有所抵消,转轴的振幅将在某个速度下减小。当弯曲的作用小于不平衡时,振幅的减小发生在临界转速以下;当弯曲的作用大于不平衡时,振幅的减小就发生在临界转速以上。

转子无论发生弓形弯曲还是临时性弯曲,它都要产生与质量偏心类似的旋转向量激振力,同时在轴向发生与角频率相等的振动。这两种故障的机理与转子质量偏心相同。

2.3.4.2　诊断方法及治理措施

转子弓形弯曲和转子临时性弯曲的故障诊断,与转子质量偏心的诊断方法基本相同。其不同之处是,具有转子弓形弯曲故障的机器,开机起动时振动就较大;而转子临时性弯曲的机器是随着开机升速过程振幅增大到某一值后振幅有所减小,其振幅向量域如图 2-99 所示。

70

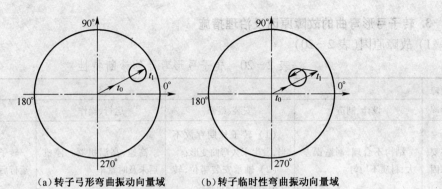

(a)转子弓形弯曲振动向量域   (b)转子临时性弯曲振动向量域

图2-99 转轴弯曲振动向量域

1. 转子弓形弯曲的诊断方法

1）振动特性（表2-16）

表2-16 转子弓形弯曲的振动特性

1	2	3	4	5	6	7	8
特征频率	常伴频率	振动稳定性	振动方向	相位特征	轴心轨迹	进动方向	向量区域
1X	2X	稳定	径向轴向	稳定	椭圆	正进动	向量起始点大，随运行继续增大

2）敏感参数（表2-17）

表2-17 转子弓形弯曲的敏感参数

1	2	3	4	5	6
振动随转速变化	振动随负荷变化	振动随油温变化	振动随流量变化	振动随压力变化	其他识别方法
明显	不明显	不变	不变	不变	（1）机器升速运行时，在低速阶段振动幅值就较大； （2）刚性转子两端相位差180°

2. 转子临时性弯曲的诊断方法

1）振动特性（表2-18）

表2-18 转子临时性弯曲的振动特性

1	2	3	4	5	6	7	8
特征频率	常伴频率	振动稳定性	振动方向	相位特征	轴心轨迹	进动方向	向量区域
1X		稳定	径向轴向	稳定	椭圆	正进动	升速时向量逐渐增大，稳定运行后向量减小

2）敏感参数（表2-19）

表2-19 转子临时性弯曲的敏感参数

1	2	3	4	5	6
振动随转速变化	振动随负荷变化	振动随油温变化	振动随流量变化	振动随压力变化	其他识别方法
明显	不明显	不变	不变	不变	升速过程振幅大，往往不能正常启动

3. 转子弓形弯曲的故障原因及治理措施

1）故障原因（表 2-20）

表 2-20 转子弓形弯曲的诊断特性

故障来源	1	2	3	4
	设计、制造	安装、维修	运行、操作	机器劣化
主要原因	结构不合理，制造误差大，材质不均匀	（1）转子长期存放不当，发生永久弯曲变形；（2）轴承安装错位，转子有较大的预负荷	高速、高温机器。停机后未及时盘车	转子热稳定性差，长期运行后自然弯曲

2）治理措施

（1）正确存放转子，科学管理；

（2）校直转子；

（3）按技术要求进行动平衡。

4. 转子临时性弯曲的故障原因及治理措施

1）故障原因（表 2-21）

表 2-21 转子临时性弯曲的诊断特性

故障来源	1	2	3	4
	设计、制造	安装、维修	运行、操作	机器劣化
主要原因	结构不合理，制造误差大，材质不均匀	转子有较大的预负荷	升速过快，加载太大	转子稳定性差

2）治理措施

（1）重新开机启动。

（2）将转子转动 90°在启动。

2.3.4.3 诊断实例

【例一】 某合成氨厂试车期间，一高压蒸汽涡轮超速脱扣试验时振动正常，停机后连接联轴器进行联动试车时涡轮发生剧烈振动。启动初期低速运行时振动值就比较大，而且随着转速的升高。振动随之迅速增大，发生强烈振动。经数次开机都未能通过临界转速，机器不能正常运行。虽经长期暖机。再次升速时振动情况并未好转。

其振动特征如下：

（1）时域波形为正弦波；

（2）轴心轨迹为椭圆；

（3）幅值谱以 1 倍频为主的峰值，其他成分几乎没有；

（4）进动方向为正进动。

诊断意见：根据其振动特征和故障发生过程诊断，机器故障是转子永久性弯曲造成的。原因是该涡轮为高压蒸汽涡轮，运行时转子温度较高。单体试车结束后马上连接联轴器，未能按规定盘车，造成转子永久性弯曲。

生产验证：因无备用转子，只得将转子紧急送专业厂处理，经动平衡检查，因转子弯曲严重，不平衡量严重超标。重新进行动平衡后运回安装，机组振动值下降到正常水平。

【例二】 某厂汽轮发电机停机检修时,更换了经过严格高速动平衡的转子。开机升速时未按升速曲线进行,加快了启动过程。汽轮机开机运行时振动较大,并且随着升速过程振动继续增大,机组不能正常运行。

其振动特征如下:

(1) 时域波形近似为正弦波,但有轻微削顶;

(2) 轴心轨迹为椭圆;

(3) 幅值频以 1 倍频为主,其他成分较小;

(4) 进动方向为正进动。

诊断意见:根据其振动特征和故障发生过程诊断,该机组的异常振动是由于操作上急于并网发电,加快了升速过程和加载过快,造成了转子临时性弯曲。

生产验证:改变调度下达的限时并网发电指令,经充分暖机后,按规程升速加载,启动过程机组振动正常,并网运行后一切正常。

【例三】 (1)某厂高速压缩机检修时更换了转子,该机开机后低速运行时压缩机振动较大,而且随着工作转速的升高,振动也随着增大并发生强烈振动,经数次开机都未能通过临界转速,机器不能正常运行,其振动向量域如图 2-99(a)所示。

诊断意见:根据其振动特征诊断,机器故障是转子弓形弯曲造成的。

生产验证:该压缩机的备用转子,在仓库中长期存放将近两年,未做过技术处理,致使转子由于自重而造成弯曲;转子安装使用前又未进行高速动平衡,从而造成开机时发生异常振动。针对这种情况,将转子经过技术处理,重新安装后运行正常。

(2)某厂汽轮机停机检修时,更换了经过严格高速动平衡的转子,开机升速时未按升速曲线进行,加快了启动过程。汽轮机开机运行时振动较大,而且随着升速过程振动增大,机器不能正常运行,其振动向量域如图 2-99(b)所示。

诊断意见:根据其振动特征,诊断该机组的异常振动是由于机器的升速过程暖机不够,操作不当,转子升速、升压过快,造成转子临时弯曲的结果。

生产验证:根据诊断意见,该机经过充分暖机,按正确操作规程升速后,机器正常运行。

2.4 往复机械故障诊断理论与应用

2.4.1 往复机械振动特性与故障类型

往复机械种类很多,有往复压缩机、内燃机(柴油机及汽油机)、往复泵等,其应用范围十分广泛。因此,对往复机械进行状态监测与故障诊断同样具有十分重要的意义。由于往复机械通常需要利用一系列机构将回转运动转换成往复运动(例如往复压缩机)或者将往复运动转换成回转运动(例如内燃机),因而其机械结构往往比较复杂,运动形式也较为复杂。

从往复机械的故障现象来看,其故障主要有两类,一类是结构性故障,另一类是性能方面的故障。结构性故障是指零件磨损、裂纹,装配不当,动静部件间的碰磨,油路堵塞等;性能方面故障表现在机器性能指标达不到要求,例如功率不足、耗油量大、转速波动较大等。显然,结构性故障会反映在机器的性能中,通过性能评定,也可以反映结构性故障的存在及其严重程度。以下分别以典型往复机械往复式压缩机与内燃机为例予以分析。

1. 往复式压缩机

往复式压缩机的运动部件是一整套曲柄连杆机构,在工作时既有加速和减速运动,又有旋转和往复运动。压缩机在工作负荷下,作用在活塞、连杆、十字头和曲轴上的力有惯性力、气体力和摩擦力。惯性力有两种,即曲柄旋转时产生的旋转惯性力和活塞、十字头组件往复运动时的往复惯性力,连杆运动时则兼有这两种惯性力的作用。在这些力中,气体力和摩擦力属于机器的内力,不会传递到基础上去,只影响到机身、中体、缸体、缸盖以及各运动零部件的受力状况和机器的磨损和功耗状况。但是旋转惯性力、往复惯性力、旋转阻力矩都是随曲柄转角变化的自由力和力矩,它们作用于机体轴承座上,通过地脚螺栓传给基础,使基础产生振动。而基础对机体的反作用力也同样使机器产生振动。另外,从压缩机的受力分析中可知,活塞力通过连杆,作用在曲轴上的一个垂直于汽缸轴线分力与十字头作用在滑道上的侧向力,构成一个使压缩机倾倒趋势的倾覆力矩,该力矩也是一个随曲柄转角而周期性变化的自由力矩,传递到基础,也会引起基础振动。

往复式压缩机发生故障的部位基本上是由三部分组成:

(1) 传递动力部分:曲轴、连杆、十字头、活塞销、活塞等零部件的故障;

(2) 气体的进出机器密封部分:汽缸、进气和排气阀门、弹簧、阀片、活塞环、填料函及排气量调节装置等部分的故障;

(3) 辅助部分:包括水、气、油三路的各种冷却器、缓冲器、分离器、油泵、安全阀及各种管路系统方面的故障。

可以通过机器振动和不正常声音来判别往复压缩机的故障。

1) 故障振动

往复式压缩机由于存在旋转惯性力、往复惯性力和力矩,将会引起机器和基础的振动。除了这种机械运动引起的振动之外,往复式压缩机由于间歇性吸气和排气,气流的压力脉动还会引起管路振动。如果气流脉动频率恰好与气柱或管道自振频率相同,就会产生管道共振,这种共振将带来严重的后果,不仅引起压缩机和基础、管道各连续部分松动,严重时甚至会振裂管道。

上述这些振动问题往往是设计、制造中产生的。另外,往复式压缩机由于安装和操作不当也会带来一些故障振动问题。经常可能发生振动的部位和原因见表 2 - 22。

表 2 - 22 往复式压缩机故障振动的部位和原因

振动部位	故 障 原 因
汽缸振动	(1) 汽缸与底座调整不良,连接螺栓松动; (2) 汽缸与活塞环磨损或间隙过大; (3) 汽缸余隙太小,活塞在往复运动中碰撞阀座,发出沉闷的金属撞击声和振动; (4) 活塞和阀座上的螺栓螺母因松动而落入汽缸,发生敲击振动; (5) 氨制冷压缩机和临界温度较低的气体容易发生汽缸带液,在汽缸内发生液体冲击; (6) 压缩机运行中曾中断供水,阀门、缸壁、活塞温度迅速上升,在高温下突然通入冷却水冷却汽缸,使缸壁骤然冷却而抱住活塞,产生很大振动,甚至严重损坏缸体和活塞
机体振动	(1) 往复惯性力和力矩没有平衡好; (2) 曲轴中心线与机身滑道中心线不垂直; (3) 对称平衡型压缩机身的主轴承不同心,机身水平度不符合要求; (4) 地脚螺栓松动,运动部件连接不牢,基础刚性不好。底座不均匀下沉; (5) 联轴器对中不良,或机体基础与电动机底座不均匀下沉; (6) 主轴承间隙过大或轴瓦磨损; (7) 连杆大头和曲拐销之间间隙过大,曲拐销向反方向运动时对大头瓦产生撞击;

振动部位	故 障 原 因
机体振动	（8）十字头上下滑板与十字头滑道间隙过大，具有浮动销的十字头，十字头销能在销孔中转动，虽然磨损均匀，但磨损后冲击和振动较大； （9）活塞杆弯曲或活塞杆连接螺母松动； （10）活塞杆负载过大，连杆轴承损坏
基础振动	（1）压缩机机体振动引起基础振动； （2）基础结构薄弱，与机体或管道某一部分发生共振； （3）由压缩机振动等原因产生基础下沉

2）不正常声音

往复式压缩机运行过程中，各运动部件会发出有节奏的与转速一致的正常响声，有经验的工人能从不同响声中判断出压缩机运行是否正常。当响声有刺耳的噪声、撞击声和不规则的节奏时，他们可立即判定机器运行不正常，甚至能判断故障发生的大致部位。运转中压缩机发生故障声音的部位及其原因见表2-23。

表2-23　往复式压缩机故障声音的部位及原因

振动部位	故 障 原 因
运动机构	（1）曲轴和联轴器、主轴和电动机之间的切向键连接松动，产生异常声音。 （2）连杆大头与连杆瓦之间的配合间隙过大，压缩机部件在运行中磨损、松动、曲轴与连杆大头间隙过大，都会引起曲轴箱内产生不正常的敲击声。 （3）压缩机运转中，由于曲轴箱内曲轴瓦螺栓、连杆螺栓、十字头螺栓等松动、折断、脱扣等引起曲轴箱内的敲击声。 （4）压缩机十字头销与十字头、活塞悄与活塞销座之间的连接松动或磨损，造成不正常声音。 （5）曲轴瓦因意外情况突然断轴，或者由于轴瓦与曲轴配合间隙过小而使轴瓦发热，握度升高而烧毁，造成曲轴箱内的敲击声。 （6）压缩机的十字头通常是按一定方向上的侧压力设计的，电动机或主轴的转向必须与之相适应。当转向相反时，十字头的侧向分力将向相反方向作用，例如卧式压缩机在主轴反转时，十字头对上滑道产生敲击声，将使上滑道加速磨损和破坏，因此要特别注意电动机的正常转向。 （7）十字头在滑道内的位置与滑道中心线不重合，产生歪斜或横移跑偏，引起振动和发热；滑道间隙过大，也容易产生十字头跳动敲击的异常声音
汽缸	（1）安装和检修时汽缸余隙容积留得过小，汽缸盖与活塞的前后死点间隙过小，产生直接碰撞。 （2）增加活塞与汽缸死点间隙，汽缸润滑油过多或过少，都会引起汽缸产生不正常响声，过多的润滑油会产生油垢，而油量过少又会引起拉缸使汽缸磨损。 （3）安装时由于曲轴与汽缸轴线不垂直，连杆、十字头、活塞与汽缸中心线不重合，误差超过允许值，在压缩机运转过程中也会使汽缸产生敲击声。 （4）中型压缩机中的盘形活塞，其端面常有工艺孔，并用螺钉堵死、活塞里面做成空心形，如果压缩机在运转过程中活塞端面螺钉松动，甚至脱落，螺钉与汽缸盖相碰，汽缸就会产生不正常的响声。 （5）汽缸中掉入金属碎片和其他杂质（如阀片、弹簧、螺钉等），将在汽缸内产生异常响声。 （6）安装检修中活塞杆与十字头紧固不牢，或者由于十字头侧向间隙不符合图纸要求，使活塞杆在往复运动中产生跳动，带动活塞向上蹿动，撞击汽缸而产生不正常响声。 （7）由于压缩机长期运行，汽缸和活塞、活塞环磨损严重，因而相对间隙增大，汽缸和活塞环之间产生松动和响声。 （8）汽缸内有积水，或者压缩机吸入气体太潮湿，气体被压缩后水分析出，而液体是不可压缩的，因而汽缸便产生"水击"响声

振动部位	故 障 原 因
吸气阀 排气阀	（1）吸气阀的阀片是易损零件，易于在冲击载荷下折断。当发生阀片起落被卡住、弹簧倾斜或损坏、阀片材质不良、弹簧力太大等原因时，会造成阀片过早破损，由此产生了气阀的异常响声。 （2）气阀弹簧折断和变软，会加大阀片对阀座或升程限制器的冲击力，发出不正常的声响。 （3）具有负荷（气量）调节的压缩机，调节器位置不正确，使气阀产生敲击，发出金属敲击声

利用压缩机在运行中发出的不正常声音来判别故障，常用的监测手段是用听棒听机器各个部位。也可用机械故障听诊器，它是利用加速度传感器拾取的信号经过滤波、放大，通过耳机监听，比听棒有更高的灵敏度和信噪比。

往复式压缩机的故障频谱图不同于旋转机械，它除了工频成分之外，往往伴有许多高倍频成分，而且它们的幅值也较高。高倍频成分上的能量集中可能是反映出主轴承磨损、活塞撞击、阀片碰撞等故障。因此对往复式压缩机进行故障振动和故障声音的状态监测，相对其他旋转机械来说难度较大，故障诊断的研究工作开展得还不很普遍，诊断方法多数还停留于依赖于人的五官感觉，或者用一些简单的测试仪器。国内外也有一些工厂和研究机构注重对往复式压缩机的状态监测与故障诊断技术进行开发研究，已研制出有一定特色的在线监测系统。例如，有些在线监测诊断系统能对机器进行多测点、多参数进行监测，监测参数有压缩机的气体压力、温度、流量、油温、振动、位移，电动机的电压、电流、功率等。有些监测系统还辅以汽缸的示功图监测，阀片运动规律检测，润滑油磨损颗粒监测。监测压缩机运行中是否发生汽缸下沉、活塞、活塞杆和填料磨损、气阀损坏、主轴承磨损、曲轴不平衡和运动部件连接松动等方面的故障。

2. 内燃机

内燃机是将液体或气体燃料与空气混合后，直接输入汽缸内部的高压燃烧室燃烧爆炸产生动力，将热能转化为机械能。

1）内燃机振动的激振源及其传播路径

内燃机燃烧室中气体压力和曲柄连杆机构运动质量的惯性力都是与内燃机曲柄旋转周期有关的周期函数，因此由它所产生的扭转力矩、沿汽缸中心线作用的往复惯性力和曲柄的离心惯性力同样都是周期函数，内燃机在周期性变化的力以及力矩的作用下，都会产生振动。此外，气阀机构的气阀与阀座之间的敲击、由于各摩擦副之间的间隙在运动过程中产生的冲击（如活塞敲击、连杆撞击等）、进排气门开启气流的冲击等也是内燃机振动的因素。它们构成了内燃机的主要激振源。

（1）燃烧激振源：在内燃机中，由于缸内燃料混合气的燃烧而产生的气体压力激振是引起机体振动的主要激励源，主要由压缩力、燃烧产生的压力增量和气体压力的高频振荡分量组成。其响应的主要频率范围在几十到几千赫兹，其中低频段反映的是若干个工作循环气体压力均值光滑曲线的频率特性，汽缸中最高压力（即峰值点火压力）越高，低频段分量越大；中频段反映的是缸内气体的压力升高率，压力升高率越大，中频段的频率成分越丰富，能量越大；高频段是由于燃烧开始陡峭压力升高形成的汽缸压力振荡造成的，反映了燃烧压力升高的加速度最大值。总之，燃烧压力振荡构成了内燃机振动的主要激振源，其强度与燃烧压力升高率、压力升高加速度、最高燃烧压力以及三者出现时的曲轴转角等因素有关，其振动响应会最终反映到缸体或缸盖表面的振动信号中。

（2）活塞敲击激振：在气体力和往复惯性力的作用下，活塞会产生一个沿连杆轴线方向的分力和一个垂直缸套中心线的侧向推力。由于活塞和缸套间存在一定的间隙,活塞侧向推力在上止点变换方向时就会引起活塞敲击缸套,激起缸套和汽缸体的振动,并反映到表面振动信号中。由于活塞敲击是瞬时突加载荷,具有很宽的频谱,一般情况下只在缸体固有频率附近激起振动。

(3) 气门落座冲击:由气阀工作过程可知,在内燃机工作循环中,气门在凸轮轴的作用下按照一定的时序开启,然后依靠弹簧的弹性恢复力使其关闭。为保证气门能关紧,在气门杆和摇臂之间一般都预留一定的气门间隙,气门关闭时必然会对阀座产生冲击,冲击会引起缸盖或摇臂座产生振动响应信号,一般为高频成分。

(4) 进排气阀开启节流冲击:进排气阀开启时,气流高速通过气门与气门座之间的空隙,形成狭缝喷流,会对系统产生一个频率范围很宽的准白噪声激振力。

(5) 振动传播路径:由前面分析可知,内燃机激振源多,激振频率宽,参与振动的零件众多,因而振动的传播路径也复杂。当各种冲击载荷激振时,使相应的零部件以固有频率和振型独立地或相互影响地进行复杂的瞬态振动,再沿各种路径传播到机体或缸盖表面。

主要有以下三种传播途径:

① 燃烧所引起的气体力和进排气门落座冲击都直接作用在缸盖上,引起振动并传播到缸盖外表面;

② 作用在活塞上的燃烧气体力和惯性力使活塞产生垂向振动并沿连杆、曲轴、主轴承、曲轴箱等零件传播;

③ 活塞敲击激发起缸套和汽缸体的振动,进而传到整个机体上。

综上所述,各种主要激振源激发的振动最终都会传播到内燃机机体或缸盖表面上,通过测取内燃机缸体或缸盖振动信号,从中提取机体内各部件的状态信息并进行诊断是可行的。

3. 柴油机常见故障与原因分析

1) 柴油机启动困难或不能启动

在正常情况下(环境温度高于5℃)柴油机一般应在5s内顺利起动,有时需反复进行几次才能起动,上述情况均属正常启动(采用辅助发动机启动时,启动时间一般较长)。若经过多次反复起动,柴油机仍不能着火时,则应视为启动故障。

(1) 启动系统的故障:表现为启动转速低甚至不能驱动旋转,启动无力。

可能原因:①电动机启动:蓄电池电力不足;启动系统接线错误或接触不良;启动电机炭刷与整流子接触不良;②压缩空气启动:储气瓶内压缩空气压力太低;空气分配器安装位置不对中;③启动发动机起动困难:汽化器浮子室中无燃油;起动机汽油箱的放油开关没有打开或油箱中无油;输油管、沉淀杯、汽化器或进油管滤网被堵塞;起动机汽油箱中有水并已冻结;混合油中润滑油的成分过多;由于汽化器与汽缸连接处不严密,漏入空气使混合气过稀;火花塞不跳火;点火提前角不适当;因活塞环等磨损或火花塞处漏气使压缩不足。

(2) 燃料供给系统故障:表现为燃油系统不供油或供油不正常(油量少或间断)。柴油机不着火或着火后不能转入正常运转。

可能原因:燃油管路堵塞;燃油滤清器堵塞;燃油系统内有空气;输油泵不供油或断续供油;喷油提前角不正确;喷油泵弹簧断裂;喷油泵齿条卡死在停车位置;出油阀卡住或出油阀弹簧断裂;喷油器喷孔堵塞;喷油器针阀卡死;喷油压力太高或太低。

(3) 压缩压力不足:人力转动曲轴时感觉压缩行程阻力不大。

可能原因:① 气门漏气:气门严重磨损锥面密封不严;气门间隙太小;气门积炭严重,气门杆咬死;② 汽缸盖垫片漏气:汽缸盖螺母旋紧力矩不够;汽缸盖垫片损坏;汽缸盖翘曲变形;③ 活塞环与缸套间漏气:活塞环磨损严重;活塞与汽缸套间隙过大;活塞环卡住或各环切口位置重合。

(4) 其他方面:① 冬季环境下油温、水温和进气温度太低;② 装有油压低自动停车装置的柴油机起动时没能使拨叉与油泵齿条脱开。

2) 柴油机功率不足

功率不足就是通常所说柴油机没有力量,出现这一故障应从柴油机基本工作原理进行分析,即检查进气量和喷油量是否足够,燃烧过程是否正常,压缩压力是否足够等。

(1) 配气机构及进、排气系统的故障:表现为排气冒黑烟等。

可能原因:配气定时不正确;气门间隙不正确;气门弹簧损坏;空气滤清器堵塞;进气管太脏,进气阻力大;排气管及消声器积炭严重。

(2) 燃料供给系统故障(详见发动机起动困难部分)。

(3) 压缩压力不足(详见发动机启动困难部分)。

(4) 增压器出口压力低。

(5) 中冷器故障。

3) 工作不稳定及熄火现象

柴油机工作中出现转速忽快忽慢现象,各缸工作情况不一致,个别缸不发火,主要原因是燃料供给与调速系统的故障。

(1) 调速器故障:表现为转速不稳定。

可能原因:调速弹簧变形;飞铁滚轮销孔及座架磨损松动;飞铁摆动不灵活;调速器拨叉固定螺钉松动。

(2) 燃料供给系统故障:表现为各缸工作不均衡,有个别缸不发火。

可能原因:燃料供给系统内有空气;喷油泵各缸供油量不一致;油量调节齿杆有卡滞现象;喷油器喷射质量不好或针阀被卡住;喷油泵柱塞弹簧或出油阀弹簧损坏。

(3) 柴油质量不好:柴油中含有水或水漏入汽缸内均会造成工作不稳定。

4) 排气烟色不正常

排气正常的烟色一般为无色,负荷略重时,则可能为灰色。如出现排气冒黑烟、蓝烟或白烟,就说明柴油机发生了故障。

(1) 排气冒黑烟:表示燃烧不完全,形成游离碳。

可能原因:柴油机负荷过重,每循环供油量过多;燃油质量太差;空气滤清器或进气道部分堵塞;增压器压气机或中冷器脏污,进气受阻;喷油器雾化不良或滴油;喷油过迟,部分燃料在排气管中燃烧;各缸喷油泵供油不均匀;气门间隙不正确,气门密封锥面接触不良。

(2) 排气冒白烟:灰白色烟一般是柴油蒸气,颜色很淡的是水蒸气。

可能原因:燃油内有水或汽缸内漏入水;汽缸内温度过低,柴油未燃烧。

(3) 排气冒蓝烟:蓝色烟一般是机油蒸气,由于大量机油窜入汽缸,蒸发后未燃烧的结果,表现为机油消耗量显著增加。

可能原因:油底壳内机油太多,机油压力过高;油环装倒或损坏;汽缸套与活塞之间的间隙太大;汽缸盖处回油不畅,机油沿气门杆漏入汽缸内。

5) 柴油机内有敲击声

(1) 柴油机运动件由于磨损,使配合间隙加大而产生的敲击声。这种敲击声有一定频率。

可能原因:①活塞与汽缸套间隙过大:在汽缸全长都能听到清晰的敲击声,在低速、大负荷、转速变化及冷机起动时更为显著;②活塞环与环槽间隙过大:沿汽缸上下各处均有敲击声;③连杆轴承间隙过大:当柴油机转速变化时,特别是由高速突然降到低速时,汽缸上部可听到尖锐的冲击声响;④连杆轴承间隙过大:突然改变负荷时,可在曲轴箱附近听到钝哑的敲击声,无负荷时则不明显;⑤主轴承间隙过大:在曲轴箱下部可听到钝哑的敲击声,在高负荷时更为显著;⑥齿轮磨损,间隙过大:在齿轮室处可听到强烈噪声,当柴油机突然降低转速时,可听到撞击声。

（2）由于柴油机安装调整不当,发出不正常响声。

可能原因:①喷油时间过早:汽缸内发出有节奏的清脆敲击声;②活塞碰气门:汽缸盖处发出沉重而有节奏的敲击声;③气门间隙过大:在汽缸盖罩壳旁可听到轻微的金属敲击声,当柴油机低速空载运转时,较容易听出这种声音。

（3）由于零件损坏,柴油机工作时突然出现敲击声。遇到这种情况应立即停车检查,排除故障后再使用,否则容易造成重大事故。

可能原因:①连杆螺栓松动或屈服变形:连杆轴承发出强烈冲击声,同时产生活塞顶撞击汽缸盖和气门声,柴油机发生强烈振动;②主轴承烧毁:汽缸体下部听到清晰的敲击声;③连杆轴承烧毁:在低速大负荷下,汽缸体内发出清晰敲击声,但难以听出响声出现部位;④气门弹簧断裂:活塞碰击气门发出敲击声,同时功率显著下降,出现冒黑烟和振动。

6）飞车

飞车指柴油机转速失去控制,转速大大超过了规定的最高使用转速,这种故障会引起飞车,将给柴油机带来极大危害。严重的超速现象会造成连杆螺栓断裂,打坏汽缸活塞等零件,甚至使曲轴平衡块和调速器飞锤被摔掉、飞轮破裂、气门弹簧折断等重大事故,并直接威胁着人身安全。判断飞车主要依据是柴油机工作时声响的变化,随转速升高,柴油机的排气响声变成啸叫。飞车现象出现都是突然发生,在极短时间内便会造成严重的危害。一但柴油机发生飞车后,应果断地采取一切有效措施,避免造成更大损失。

（1）调速器故障。

可能原因:飞铁脱落;调速器弹簧断裂;限位螺钉变动。

（2）喷油泵故障。

可能原因:油泵齿条在最大供油位置卡住;齿条与拉杆连接松脱;齿条和齿轮啮合位置装错。

（3）燃烧室内进入大量机油。

7）突然停车

造成柴油机停车因素很多,主要应从燃料与空气供给情况去考虑。此外,外界负荷过大,由于被驱动机械超载也会引起突然停车。出现突然停车现象,往往伴随有事故因素,必须进行细致检查,并排除各种故障后,方可重新起动运转。

（1）超载而使柴油机憋死。

（2）燃料供给系统故障。

可能原因:燃料箱内燃油用完;燃油中混入水;燃油油路堵塞;油管破裂或接头松脱;油泵柱塞卡死;油泵弹簧断裂;调速弹簧断裂。

（3）配气系统故障。

可能原因:气门弹簧断裂;气门卡死在套管中;气门间隙过大或调整螺钉松动;进气管或空

气滤清器堵塞。

（4）机油压力过低,油压低自动停车装置发生作用:主轴承或连杆轴承烧瓦,或活塞卡死在汽缸中。

8）柴油机过热

柴油机过热主要表现为水温过高,致使受热零件温度增高,配合间隙缩小,材料强度降低,很容易造成零件卡死或断裂事故。

（1）冷却系统故障。

可能原因:散热水箱内缺水;风扇皮带松弛而打滑;散热水箱散热片和铜管表面积垢过多;冷却系统中水垢严重或水路通道堵塞;水泵叶轮损坏;节温器失灵。

（2）供油提前角过小。

（3）柴油机长时间超负荷运行。

9）机油压力过低

当机油压力低于规定压力范围时,可首先通过调压阀进行调节,若仍不能恢复,则需按下列各方面内容检查原因。

可能原因:油底壳内油面过低;机油中混入柴油或水,使机油黏度过低;机油泵齿轮磨损严重,装配不符合要求;机油管连接接头松脱,产生漏油现象;机油冷却器堵塞;主轴承及连杆轴承间隙过大;机油泵集油器或油管堵塞;压力表损坏。

10）柴油机振动加剧

严重的振动现象往往伴随有异常的声音,用手触摸柴油机机体等处,有明显的振动感觉。

（1）燃料供给与燃料系统故障。

可能原因:各缸喷油量不均匀,喷油提前角不一致;各缸喷油压力不一致;各缸压缩比不一致。

（2）零部件加工精度或装配不合格。

可能原因:曲轴弯曲变形;曲轴不平衡;飞轮不平衡;活塞连杆组重量不一致;轴承间隙过大。

（3）柴油机安装不正确。

可能原因:柴油机曲轴中心与被驱动机械不同心;柴油机安装基础、底架不牢固,固定螺栓松动。

2.4.2 往复机械故障诊断理论与实例

1. 往复机械振动诊断法

往复机械的特点是运动件多,而且复杂,在其工作时引起振动的激励源很多,振动的主要形式是脉动性。往复机械的运动机构主要是曲柄连杆机构,活塞(或柱塞)往复运动引起的振动、气体(液体)的脉动、各部件之间的周期性撞击都会使机体产生周期性脉动。为了说明这一点,下面讨论一下周期性脉冲信号。设周期信号的周期为 T,单个脉冲作用时间是 g,如图2-100（a）所示,此周期脉冲的频谱如图2-100（b）所示。

这种脉冲频谱特征在实测的振动信号中得到很好的体现,图2-101所示的往复式五柱塞注水泵泵头水平方向振动信号就是典型的冲击信号。冲击源主要是柱塞往复运动惯性力通过连杆、曲轴产生的周期性激励,进、排液阀以一定的频率撞击阀座所激励的信号等综合响应。它的频谱谱峰分布于两个频带内,一群谱峰分布在的0~152Hz低频带内,一群分布于260~450Hz

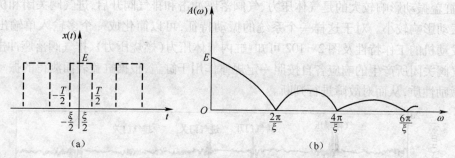

图2-100　周期性脉冲信号及频谱

的中高频带内。相邻谱峰频率相差6.17Hz,为柱塞泵的曲轴回转频率(转速为370r/min),频谱呈转频的倍频分布,和理论上的分析接近。同样,往复式压缩机也有相似的脉动性,只是频带的分布有所不同而已。所要说明的是:理论分析只考虑一个脉冲,实际频谱是许多冲击信号在所测点的叠加信号的谱。各信号相位不同,传到测点的时间也不同,因此各信号在测点叠加要抵消掉一部分,所以叠加的结果未必使振动加强,在某些频率上的能量会变得很小,谱图上高频区(260~500Hz)谱峰的高低错落正说明了这一点。正常信号的脉动特征在机器出现故障时会有所改变,其表现形式是谱图的能量分布及峰值的变化。

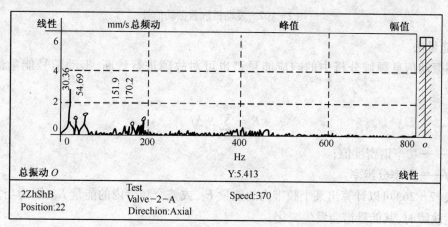

图2-101　五柱塞注水泵泵头水平方向及振动频谱

在往复机械中振动法的应用不如旋转机械那样广泛和有效,这是因为往复机械转速低,要求传感器有良好的低频特性,因而在传感器选用方面有一定限制。此外,由于往复机械结构复杂,运动件多,工作时振动激励源多,对不同零部件,这些激励源的作用是不同的,因而利用振动信号进行分析困难较多,但近年由于振动分析技术的发展已经日益得到更多的应用。

1)传递函数法

传递函数是用来描述系统的动态特性,缸套与机身的传递函数可以通过振动试验来求得。目前研究较多的是利用发动机缸盖系统的动态特性诊断汽缸内的故障。

发动机缸盖系统是一个复杂的机械系统,主要表现在它本身的结构复杂和承受多种激励。在发动机工作时,缸盖系统承受汽缸内气体压力、气门落座瞬时冲击力、活塞不平衡往复惯性力和曲轴不平衡回转惯性力以及随机激励等。从整个发动机结构来看,气体压力、气门落座冲击力使缸盖产生相对机身的振动;而不平衡惯性力、沿活塞连杆向下传递的气体压力则通过机身传递到缸盖上,使机身和缸盖一起振动。图2-102是发动机缸盖振动响应的时域波形,从图中看到:对缸盖振动影响较大的是气体压力、气阀落座冲击和排气阀开启,进气阀关闭和机身振动对缸盖振动影响较小。对于这样一个系统的振动特征,可以简化成一个多输入单输出线性系统。由发动机的工作特性及图2-102可知:缸内气体压力(燃烧压力)、排气阀落座冲击和开启以及进气阀关闭所产生的响应各自按照一定规律作用于缸盖,根据缸盖表面测得的振动响应推断各个激励性质,从而对故障进行判断。

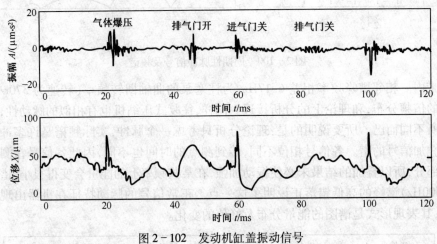

图 2-102　发动机缸盖振动信号

2) 能量法

应用振动信息频域分析中的响应能量谱也可对故障进行诊断,振动信号能量谱计算公式为:

$$E = \sum_{i=1}^{N} S_i \Delta f \tag{2-26}$$

式中　S_i——功率谱密度值;

　　　Δf——频率分辨率。

用式(2-26)可以计算出某个频带内的能量 E_i,或整个频带内的能量 E。因为当发动机某部件发生故障时,其能量谱会发生变化。

将实测的能量谱值与正常工作状态下的参考谱值进行比较,即可判别汽缸活塞组的工作状态如何。一般来说,故障状态下的总能量值要比正常状态下的大得多。还可将能量谱法发展成为功率谱的数理统计法,测量正常工作状态发动机机体的振动信号,计算的功率谱建立标准谱;再测取实际工作状态下信号的功率谱,将二者相比较,采用如下公式:

$$C = \frac{\sum_{i=1}^{N} \omega_i S_i \omega_i S_{si}}{\sqrt{\sum_{i}^{N} (\omega_i S_i)^2 \sum_{i=1}^{N} (\omega_i S_{si})^2}} \tag{2-27}$$

式中　S_i——实际测得的功率谱;

　　　S_{si}——标准谱;

　　　w_i——加权系数。

因为在实测的功率谱中,对故障敏感的特征频率有一定的带宽,这样,对不同的谱值取不同的权重系数,有助于提高对故障的敏感程度系数 C 的值在 0~1 之间,C 的值越小,说明实测功率谱与标准谱的差距越大，故障也就越严重。如果建立故障时的功率谱参考值，用实测谱与其比较时，C 的值越大，说明实际工况的故障程度越严重。

3）时域特征量法

利用时域信号中的特征量来判断柴油机故障也是十分有效的方法，常用的时域特征量有 Kullback – Leiber 信息距离指标，Bhattacharyya 距离指标等。

除以上几种方法外，其他如评定缸体表面振动加速度总振级方法，也是在实际中经常应用的方法，综合运用上述各种方法可以有效地确定汽缸—活塞组的各种故障。

2. 故障诊断实例

【例一】 某钢铁厂空压机站有多台 2D12 – 100/8 型空气压缩机，曾出现过多起一、二级汽缸十字头连杆断裂事故和基础底脚螺栓松动引起振动的故障。该机型为 2 列、对称平衡式，结构布置如图 2 – 103 所示。

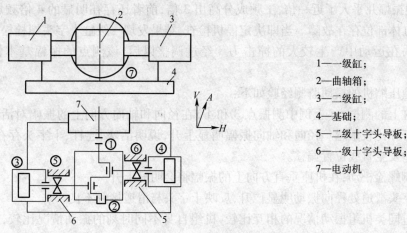

1——级缸；
2——曲轴箱；
3——二级缸；
4——基础；
5——二级十字头导板；
6——一级十字头导板；
7——电动机

图 2 – 103 压缩机测点位置

机器的技术参数如下：

排气量 ≥102m³/min；一级排气压力 0.2MPa；二级排气压力 0.8MPa；轴功率 540kW；转速 500r/min。

在机器上共布置了 7 个测振点（见图 2 – 104），每一测点位置上测量水平（H）、垂直（V）和轴向（A）三个方向振动值，用数据采集器采集信号。测振点分布位置分为如下 3 类区域。

测振点①、②布置在曲轴两端轴承座上，主要检测电动机同曲轴的连接状态信号、曲轴旋转部件故障的振动信号，也可为其他测点的振动信号分析提供参考。

测振点③、④、⑤、⑥布置在一、二级汽缸体和一、二级十字头导板部位，主要检测汽缸体、活塞、连杆、十字头等往复运动部件工作过程中的振动信号。

测振点⑦布置在曲轴箱底座上，主要检测曲轴箱机身底座的振动信号。

根据每台机器测试数据的积累，采用同型号压缩机之间的数据类比以及压缩机本身在不同时间段的数据类比，判别是否存在故障，根据信号特征，诊断出故障的部位和原因。

下面是对该机型的两个诊断例子。

（1）多台压缩机运行期间，第一次监测，发现该型压缩机的 3 号机比 4 号机在测振点①上的振动值高出很多，其中 H 方向上高出 4 倍，V 方向上高出 1 倍，A 方向高出 1 倍多，见表 2 – 24。从测振点①的 H 方向频谱图上可见，3 号机的工频成分幅值为 2.1mm/s，三倍频、五倍频成分的幅值也非常高，而对比 4 号机同测点同方向上的工频成分幅值，仅为 0.4mm/s。由此确定 3 号机存在故障,由于测振点①位于靠联轴节端的轴承座上,初步诊断为联轴器对中不良或该端机座松动。经过检查,发现曲轴箱靠电动机端的底座地脚螺钉松动情况严重,引起该处测点很大的振幅。停机后紧固地脚螺栓,振幅就大幅度下降,处理后的振幅值见表2-24所示。

表2-24 测振点①的振幅比较

机 号	状态	H 方向	V 方向	A 方向
3 号机	处理前	198	87.5	83
	处理后	57	36.5	66
4 号机	正常	46.5	47.8	38.2

(2) 第二次监测,发现4号机测振点③(位于一级汽缸部位)三个方向上的振幅较上一次测量值有较大幅度上升,振动幅值呈迅速上升趋势,在短短的半天时间内,同一测点上4号机比3号机的通频振幅几乎大了近一倍,工频成分高出3倍,前者还存在明显的4倍频成分,证明4号机的一级缸体部位存在故障。当即决定停机检查,结果发现一级缸十字头螺栓松动,使活塞、连杆和十字头在运动中产生较大的撞击力。经过调整以后,该测点的振幅基本恢复到原来状态。

对此类型压缩机的振动监测经验如下:

(1) 汽缸上的测振点(上例中测振点③和④)在径向和轴向方向上的振幅对活塞在缸体内的运行情况好坏比较敏感。径向和轴向振幅明显上升,说明活塞、连杆、十字头存在松动,在往复运动过程中发生直线位置偏移。

(2) 地脚螺栓松动,在机座垂直方向上的振幅将会明显上升。

(3) 十字头滑道处径向振动明显仁升,反映十字头与滑道接触不良。

(4) 通过同类机组振动情况的相互比较,机组自身不同时刻的振动情况比较,有助于判别机器是否存在故障和故障发生的程度。

【例二】 某型号压缩机Ⅳ级进气阀的故障分析及改进。

1. 存在问题

(1) 气阀腐蚀严重。Ⅳ级进气阀结构见图2-104。

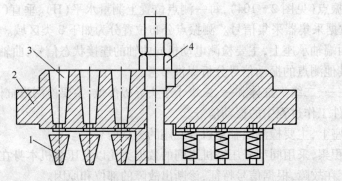

1—升程限制器;
2—阀座;
3—进气流道孔;
4—连接螺栓、螺母

图2-104 Ⅳ级进气阀结构图

从拆下的气阀可以看出,气阀靠汽缸外侧的阀座表面腐蚀最严重,阀座外部突出的连接螺栓螺母几乎被完全腐蚀,进气流道孔内表面被腐蚀粗糙,有腐蚀坑槽,坑槽的走向与气流方向一致;靠近气阀中心线的内圆流道孔腐蚀较外圆流道孔严重。气阀在近汽缸内侧的升程限制器出现点蚀坑疤,越靠近汽缸内侧腐蚀越轻,升程限制器在汽缸内的一面基本无腐蚀。

（2）阀座碎裂，阀片寿命短。Ⅳ级进气阀在使用中，阀座经常碎裂，阀片断裂，造成3段超压严重，甚至把Ⅲ级出口压力表打翻，在检修时气阀碎块掉入油水分离器内增加了检修难度。

2. 原因分析

1）耗氧腐蚀

压缩气体中含有少量的水分，经过级间冷却后在气阀表面凝结，形成一层水膜，气体中的二氧化碳溶于水膜发生化学反应，结果在气阀表面形成一层电解质溶液的薄膜，它与气阀中的铁元素和碳构成原电池的阳、阴极。压缩气体中的氧气溶于金属表面的水膜面发生电化学耗氧腐蚀，氧气是阴极去极剂，在这种弱酸性液膜中，其阴极上进行的离子化学反应生成红褐色腐蚀产物。由于气体对气阀表面液膜的扰动，使氧扩散到阴极更加容易，使之不断在阴极消耗，这样促使阳极金属不断溶解，即气阀受到持续的腐蚀。气阀升程限制器靠近缸内的一面由于缸内排气温度高，在金属表面很难形成液膜，耗氧腐蚀不易发生。

2）湍流腐蚀

从被腐蚀的阀座形貌判断，在发生耗氧腐蚀的同时，阀座气体流道孔还受到湍流腐蚀的作用。这是由于压缩气体流速较大，气体在进入阀座上圆孔形流道时，流道面积、气流方向发生突变，从而使气体流速达到湍流状态，高速流体击穿了阀体表面紧贴金属表面几乎静态的边界液膜，并使液膜发生扰动。气体进入湍流区后，腐蚀速度随流速增大而迅速加大，由于阀座内圆流道孔的流道截面积小于外圆，所以内圆的气流速度较外圆大，故而内圆的流道孔腐蚀远大于外圆。

3）设备结构的影响

从设备结构分析，二氧化碳压缩机在Ⅳ级入口加装了一个入口气体缓冲器，它极大的降低了气体的流速及压力脉动，从而使湍流腐蚀大大减弱，气阀腐蚀轻微，没装Ⅳ级入口缓冲器的3台二氧化碳压缩机的Ⅳ级进气阀遭到严重的腐蚀，所以设备结构流程也是影响气阀腐蚀的一个重要因素。

3. 改进措施

对于气阀存在的问题，我们采用了塑料网状气阀，该气阀有以下特点：

（1）气阀阀片为网状，材料为 PEEK（聚醚醚酮），此种材质的阀片磨合性好，在使用中与阀座有良好的密封性，阀片强度高，不易断裂；

（2）阀体材料为 2Cr13，气阀表面强化处理，能够防止腐蚀；

（3）气阀弹簧材料选用进口 17-7ph 钢丝，这种材料抗疲劳能力、耐腐蚀能力强，有效地提高了气阀弹簧使用寿命；

（4）改进设备流程，在压缩机Ⅳ级入口加装缓冲器，降低气流脉动及气体流速，减缓湍流腐蚀的发生。此项工作将安排在机组大修时进行。

4. 效果

通过对气阀的改进，Ⅳ级入口气阀的寿命较以前有较大的提高，改造后的气阀经长时间的运行，未出现气阀腐蚀、阀体碎裂等故障，改进效果明显，减小了维修工作量，降低了维修费用。

【例三】 柴油机拉缸时的故障判别

汽缸活塞组为柴油机工作的动力部分，它的故障将会导致柴油机不能正常工作，甚至会使柴油机损坏，造成巨大的经济损失，拉缸是汽缸活塞组十分严重的故障，所谓拉缸，是指汽缸套表面与活塞表面间相互作用而造成的严重表面损伤。

造成柴油机拉缸的原因有多种，如果汽缸与活塞之间的间隙不正常就会导致故障的发生。

间隙过大时,燃烧气体在活塞环和汽缸壁之间有泄漏,有可能使活塞环因位置偏斜而粘牢咬死在环槽内;如果活塞和汽缸套之间的间隙过小,活塞会在汽缸套中咬死。产生卡瓦、拉缸等故障。其他如活塞与汽缸套之间润滑不良、活塞环断裂、活塞销装配过紧都会引起拉缸故障。

当间隙过小发生拉缸时,在缸体表面测得功率谱密度图中高频成分会明显增加,如图 2 - 105 所示。这与正常工作情况下不同的特征说明了此时活塞作用为宽频带激励,反映到缸体振动上是能量分布带宽增加,同时,总振级测量值明显小于基准值。据此,可以判别拉缸已经发生。

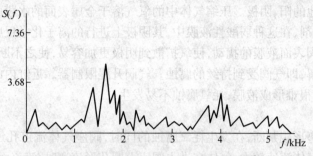

图 2 - 105   拉缸时表面振动功率谱密度

【例四】   发动机汽缸活塞磨损故障的判别。

可以利用缸体表面振动加速度总振级进行判别,若正常工作状态下各测点的振动加速度总振级为 L_a,实测各点的振动总振级为 L,比较这两值的倍数,可以确定汽缸磨损状态并确定磨损极限。

发动机汽缸磨损可以通过活塞与汽缸套之间的间隙反映出来。图 2 - 106 是 X4105CQ 型车用发动机在不同间隙状态下,机身表面振动响应的功率谱。从图中可知,功率谱峰值随汽缸磨损量的增加而加大,达到极限磨损后,峰值急剧增加。表 2 - 25 是 1 缸处在不同间隙情况下机身的振动加速度总振级,从中可见,磨损量增加,总振级呈上升趋势。

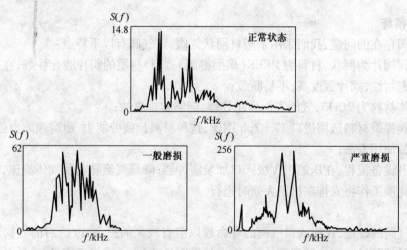

图 2 - 106   车用发动机在不同间隙状态下机身表面振动功率谱

表 2 - 25   机身振动加速度总振级

汽缸套磨损量/mm	0	0.12	0.20	0.60
总振级 $g/(9.8\text{m/s}^2)$	25	80	150	210

86

【例五】 发动机气阀漏气故障

气阀间隙变大将导致气阀漏气,影响发动机的性能,而气阀不严漏气也是柴油机的常见故障;图2-107是一车用发动机在不同气门间隙时测得的振动响应时域波形,测点是在进气门底座附近。由图可见,气门间隙过大时,气门激励引起的缸体表面瞬态响应比较明显,且气门间隙增大而出现超前的特征,响应加速度的振幅随气门间隙增大而增大。

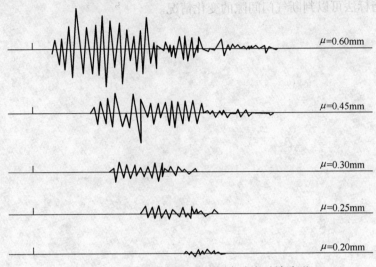

图2-107 不同间隙时表面测点响应时域波形

响应时域波形均方根值反映信号能的大小,因气门激励响应为瞬态响应,其中包括有限的能量,故可用均方根值来描述时域响应的特征,表2-26给出了进气门落座表面侧点振动响应的均方根值。从表中可知,随气门间隙的增大,均方根值也增大。

表2-26 进气门落座表面测点振动均方值

间隙/mm	0.60	0.45	0.30	0.25	0.20
振动均方根值/(m/s^2)	5.383	4.234	1.161	0.889	0.633

根据实际测试结果,可以看出,故障波形作用在同一转速、同一侧点上,其幅值随气阀间隙增大而增大。两缸气阀间隙异常时,其波形相互独立,各自在相应的相位上出现故障波形,因此,利用时域波形分析方法可以判断发动机气阀漏气的故障及其部位和程度。

还可在不同试验条件下测取进排气门开启和底座冲击时的振动响应信号并进行频谱分析以获得信号的频谱特征。谱的总能量随间隙的增大而增大(也随转速升高而增大),其特点是谱的能量均集中在某一频率附近,此频率为进气门侧点的气门落座特征频率,气门开启和底座激励在表面的测点产生的振动响应,都有各自的特征频率,谱的能量主要集中在特征频率附近的频带内,而特征频带内的能量随气门间隙及发动机转速增大而增大。

从发动机缸盖系统的响应分析可知,气体爆炸是一个低频($f<500$Hz)的激振力,如果气门漏气在气体爆炸作用力上将增加一个准"白噪声"作用力,缸盖响应的高频部分能量将增加。这是因为从狭缝喷流的声学特性的研究表明,漏气的声学信号相当于一个频率范围很宽的准"白噪声"信号。因此,根据测得的高频信号特征可以判别气门漏气情况。

在实际测试时应注意传感器安装的位置,因为漏气能量相对其他激励能量较小,气门漏气反映在缸盖上的振动特征,易被其他干扰信号所淹没。另外,应防止高频信号被滤掉,必须采用高通滤波器。

除了以上从时域及频域能量谱对气门漏气故障进行诊断外,也可应用 AR 谱进行识别,测试表明,AR 谱突出了各测点响应信号的特征频率,AR 谱各种能量指标随气门间隙增大而增大,利用这些指标法可以判断气门间隙的变化情况。

第 3 章　机械故障的声学诊断

3.1　机械故障的噪声诊断理论与应用

振动与噪声是机械设备在运行过程中的一种属性,设备内部的缺陷或故障会引起设备在运行过程中振动和噪声的变化,也就是设备的噪声信号中携带了大量与机械设备内部缺陷和故障的有关信息。因此,噪声监测也就成为对机械设备进行故障诊断的重要手段。

3.1.1　噪声分析基础理论与方法

1. 声波的基本概念

1) 声波的产生与分类

从物理学的观点来讲声波是由物体的振动产生的,气体、液体、固体的振动都能够产生声波。敲击钢板,钢板所发出的声音就是固体振动产生的;输液管道阀门的噪声就是液体振动产生的;排放气体时的排气声则是气体振动的结果。

当机器振动时,这种振动引起机器表面附近空气媒介分子的振动,依靠空气的惯性和弹性性质,空气分子的振动就以波的形式向四周传播开去。振动发声的物体称为声源,传播声波的物体称为媒质。

声波的频率范围很宽,从 10^{-4} Hz 到 10^{12} Hz,有 16 个数量级。声波根据其频率的高低可以分为次声、可听见声、超声。次声是指频率低于人耳听觉范围的声波,它的频率范围为 $f<20$ Hz;可听见声是正常人的耳朵能够听到的声音,它的频率范围为 20~20000Hz;当声波的频率高出人耳的听觉范围时,称为超声波,它的频率范围为 $f>20000$ Hz。

声波根据波振面的形状可以分为:平面声波、球面声波、柱面声波。

2) 声压

声压是指有声波存在时,媒质中的压强相对于静压强(无声波存在时的压强)的变化量。一般静压强用 p_0 表示。声压单位就是压强单位,牛顿/平方米,称为帕斯卡,简称帕,记做 Pa。

一般测量声压时不是取最大值(幅值),而是用一段时间内瞬时声压的均方根值,即有效声压。实际应用中,若没有另加说明,则声压就是指有效声压。

$$p = \sqrt{\frac{1}{T} \int_0^T [p(t)]^2 dt} \qquad (3-1)$$

式中　T——时间间隔,对于周期性变化的声波,T 应是周期的整数倍,对于非周期性变化的声波,则 T 应取足够长;

　　$p(t)$——瞬时声压;

　　t——时间。

3) 声场

有声波存在的弹性媒质所占有的空间称为声场,声场又可分为自由场、扩散场等。自由场是均匀且各向同性的无边界的媒质中的声场。实际中自由声场是在有用区域内边界效应可以忽略的声场。一个反射面上的自由声场称为半自由声场,工程测量中一般用半自由场。

2. 噪声的分类

1) 噪声

从物理学的观点看,协调的声音为乐音,不协调的声音为噪声。从生理学的观点看,噪声就是人们不需要的声音。

2) 噪声的分类

噪声可以从不同的角度分类。

按声强随时间的变化规律,噪声可分为:①稳态噪声:噪声的强度不随时间变化;②非稳态噪声:噪声的强度随时间变化。

按噪声的频率特性,噪声可分为:①有调噪声:含有明显的基频和伴随基频的谐波的噪声;②无调噪声:没有明显的基频和谐波的噪声。

按产生噪声的机制,噪声可分为:①空气动力性噪声:它是由气体的流动或物体在气体中运动引起空气振动所产生的噪声,例如喷气式飞机、锅炉、空气压缩机排气放气等引起的噪声即为空气动力性噪声;②机械噪声:有机械的撞击、摩擦等作用产生的噪声;③电磁噪声:电磁噪声属于机械性噪声,例如在发电机、电动机中,由于交变磁场对定子和转子的作用,产生周期性的交变力引起振动而产生的噪声。

3. 噪声的量与量级

1) 噪声的量

噪声的量有声压、声强、声功率。单位时间内通过垂直于声波传播方向单位面积的声能称为声强,符号 I,单位为瓦/米^2(W/m^2);声源在单位时间内辐射的总声能称为声功率,记为 W,单位为瓦(W)。

2) 噪声的级

(1) 声压级、声强级、声功率级。声音的强弱变化很大,人耳对声压的听觉范围是 $2 \times 10^{-5} \sim 20$Pa,可见用声压与声强来表示声音的强弱很不方便,仪器的动态范围也不可能这么宽。因此,为了把这种宽广的变化压缩为容易处理的范围,在噪声测量中,常用一个成倍比关系的对数量来表示,即用"级"(声压级、声强级、声功率级)来描述,单位为"分贝"(dB)。声压级、声强级、声功率级的计算公式如下:

$$声压级: L_P = 20 \lg \frac{P}{P_0}(dB), p_0 = 2 \times 10^5 Pa$$

$$声强级: L_I = 10 \lg \frac{I}{I_0}(dB), I_0 = 10^{-12} W/m^2$$

$$声功率级: L_W = 10 \lg \frac{W}{W_0}(dB), W_0 = 10^{-12} W$$

式中　p_0、I_0、L_0——声压、声强、声功率的基准值。

(2) 声压级、声强级、声功率级之间的关系。对于点声源(在半自由场中)有:

$$\begin{cases} L_W = L_I + 20 \lg r + 8dB \\ L_W = L_P + 20 \lg r + 8dB \end{cases}$$ (3-2)

对于点声源(在自由场中)有:

$$\begin{cases} L_W = L_I + 20\lg r + 11\text{dB} \\ L_W = L_p + 20\lg r + 11\text{dB} \end{cases} \tag{3-3}$$

③ 声级的合成。设两台设备在某点的声压分别为 p_1 和 p_2，则两个声压合成的有效值为

$$p = \sqrt{p_1^2 + p_2^2}$$

$$L_p = 20\lg \frac{p}{p_0} = 20\lg \frac{\sqrt{p_1^2 + p_2^2}}{p_0} = 10\lg \frac{p_1^2 + p_2^2}{p_0^2} \tag{3-4}$$

设两台设备在某点的声压级分别为 L_{p_1} 和 L_{p_2}，且 $L_{p_1} > L_{p_2}$，则该点的总声压级为 $L_p = L_{p_1} + \Delta L_p$。$L_{p_1} - L_p > 10\text{dB}$ 时，可以不考虑 L_{p_2} 的影响。表 3-1 为分贝增值表。

表 3-1　分贝增值表

$L_{p_1} - L_{p_2}$	0	1	2	3	4	5	6	7	8	9	10
增值（ΔL_p）	3	2.5	2.1	1.8	1.5	1.2	1.0	0.8	0.6	0.5	0.4

④ 背景噪声修正。与被测噪声无关的噪声称为背景噪声，也称本底噪声。

设背景噪声为 L_B，设备噪声为 L_A，总噪声为 L_C。则

$$L_C = 10\lg \frac{I}{I_0} = 10\lg \frac{I_A + I_B}{I_0} \tag{3-5}$$

令 $L_C - L_B = \alpha\,(\text{dB})$，$L_C - L_A = \varepsilon\,(\text{dB})$

则被测噪声为

$$L_A = L_C - \varepsilon$$

表 3-2 为背景噪声修正值，一般当背景噪声比总噪声小 10dB 时，可以不考虑背景噪声对总噪声的影响。

表 3-2　背景噪声修正值

α	1	2	3	4	5	6	7	8	9	10
ε	6.9	4.4	3	2.3	1.7	1.25	0.95	0.75	0.60	0.45

3）频程

在实测中发现两个不同频率的声音作相对比较时，有决定意义的是两个频率的比值，而不是它们的差值。在噪声测量中，把频率作相对比较的单位叫做频程。

设，f_2 为上限频率，f_1 为下限频率，$f_中$ 为中心频率，Δf 为频带宽度（带宽），则

$$\frac{f_2}{f_1} = 2^n,\quad f_2 = 2^n f_1,\quad f_1 = 2^{-n} f_2$$

$$f_中 = \sqrt{f_1 f_2} = 2^{-\frac{n}{2}} f_2 = 2^{\frac{n}{2}} f_1$$

$$\Delta f = f_2 - f_1 = (2^{\frac{n}{2}} - 2^{-\frac{n}{2}}) f_中 \tag{3-6}$$

按频程划分频率区间，相当于对频率按对数关系加以标度，所以这种具有恒定百分比带宽的频谱也叫等对数带宽频谱。在噪声测量中常用的频程有：$n = 1$，称 1 倍频程或者倍频程，$\Delta f = 0.707 f_中$；$n = 1/3$，称 1/3 倍频程，$\Delta f = 0.231 f_中$。

可见，n 取值越小，就分的越细。表 3-3 为 $n = 1$ 时倍频程的中心频率与带宽范围。

表 3-3　　$n=1$ 时倍频程的中心频率与带宽范围

$f_{中}$	31.5	63	125	250	500	1000	2000	4000	8000
$f_{上}$~$f_{下}$	22~45	46~90	90~180	180~355	355~710	710~1400	1400~2800	2800~5600	5600~11200

4）响度、响度级

人耳对声音的感觉不但与噪声的强弱有关,还与噪声的频率有关。一般人耳对高频声音敏感,对低频声音迟钝,所以对声压级相同而频率不同的声音听起来可能不一样响。因此,仿照声压级引出了响度级的概念。它的定义是:选取 1000Hz 纯音作为基准,凡是听起来同纯音一样响的声音,其响度级的值等于这个纯音的声压级的值。图 3-1 为等响曲线。

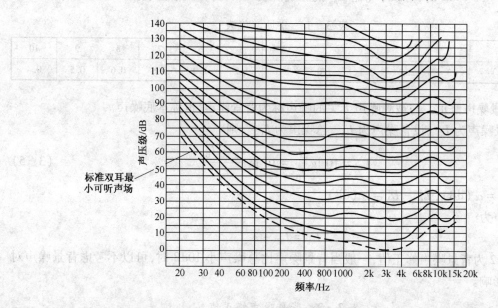

图 3-1　等响曲线

响度是从听觉判断声音强弱的量,通常,响度级增加 10 方,响度变化增加一倍。响度级的单位为"方",响度的单位为"宋"。响度与响度级的关系

$$响度级:L_N = 40 + 10 \log_2 N \quad （方）$$
$$响\quad度:N = 2^{0.1(L_N-40)} \quad （宋）$$

4. 噪声的评价指标

1）A 声级 L_A（dB）

模拟 40 方的等响曲线设计的计权网络,考虑了人耳对低频噪声敏感性差的特性,对低频有较大的修正,能较好地反映人耳对噪声的主观评价。

由于 A 声级是宽频带的度量,不同频带的噪声对人产生的危害可能不同,但是 A 声级相同,所以 A 声级适合于宽频带稳态噪声的一般测量。

2）等效连续 A 声级 L_{eq}

声场内某一位置上,采用能量平均的方法,将某一段时间内暴露的几个不同的 A 声级的噪声,以一个 A 声级来表示该段时间内的噪声大小,用 L_{eq} 表示。

$$L_{eq} = 10 \lg \int_0^T 10^{0.1L_{iA}} \tag{3-7}$$

式中　　T——总时间，$T = T_1 + T_2 + \cdots + T_n$；

　　　　L_{iA}——T_i 时段内的 A 声级。

3）NR 等级数

噪声评价 NR 等级数是将所测噪声的频带声压级与标准的 NR 曲线比较，如图 3 - 2 所示。以所测噪声最高的 NR 值表示该噪声的噪声等级。它是在考虑频率因素的基础上，进一步考虑了峰值因素，但不能很好地反映峰值持续时间及峰值起伏特性。因此，NR 数适合于对相对稳定的背景噪声的评价。

4）累计分布声级

累计分布声级是一种统计百分数声级，也就是记录随时间变化的 A 声级并统计其累积频率分布。用 L_N 表示测量时间内百分之 N 的起伏噪声所超过的声级。L_{10} 相当于峰值声级；L_{50} 相当于平均声级，L_{90} 相当于背景噪声。

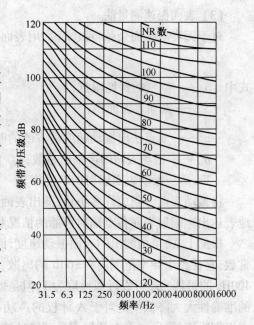

图 3 - 2　标准的 NR 曲线

5. 噪声监测的方法

1）噪声监测的原理

当机器的零件或部件开始磨损或者经历某些其他的物理变化时，其声音信号的特性就发生变化。监测这些特征就有可能检测到机械运行状态的变化，精确地指出正在劣化的那些零部件。

噪声监测中的主要内容之一就是通过噪声测量与分析来确定设备故障的部位和程度。为此，首先必须寻找和估计机器中产生噪声的声源，进而从声源出发，研究其频率组成和各分量的变化情况，从中提取机器运行状态的信息。

2）噪声监测的方法

（1）主观评价和估计法。

主观评价是指人利用自身的听觉来判断噪声声源的频率和位置。有经验的操作人员或检测人员在生产现场，从机器的运转噪声中，能听出机器的运行状态是否正常，还能判别产生异常的主要噪声声源的零部件及其原因。为了排除其他噪声源的干扰可以使用听诊器，人们还可以使用传声器—放大器—耳机系统监听人耳达不到的部位。

人的经验和知识对主观评价和估计法的结果影响非常大，另外这种方法无法对噪声作定量的度量。

（2）近场测量法。

用声级计紧靠机器表面扫描，根据声级计的指示值大小来确定噪声源的部位，方法简便易行。

近场测量法的正确性是有条件的。传声器测得的声级主要是最靠近某个噪声源的贡献。根据声学原理，其他噪声源对测量值的影响很小或没有影响。因为靠近总是相对的，一定的声场总要受到附近其他噪声源的影响（混杂）。尤其是在工厂的现场，某台机器上的被测点是处于机器上其他噪声源的混响场内。因此近场测量法不能提供精确的测量值，这种方法常用于噪声源和主要发声部位的一般识别或作为精确测定前的预先粗定位。

（3）表面振速测量法。

对于无衰减平面余弦行波来说，用表面质点振动速度表示的振动表面辐射声功率 W_r：

$$W_r = \rho_0 c S \bar{u}^2 \sigma_r \tag{3-8}$$

式中　ρ_0——空气的特性阻抗；

　　　S——振动表面面积；

　　　$\bar{u}^2$——质点法向振动速度均方值的时间平均值；

　　　σ_r——振动表面的声辐射系数；

　　　W_r——振动表面辐射的声功率。

将振动表面分割成许多小块，测出表面各点的振动速度，然后画出等振速曲线图，从而形象地表达出声辐射表面各点辐射声能的情况和最强的辐射点。

根据上式，可由测出的表面振动速度计算出表面辐射的声功率。式中的辐射系数 σ_r 不是常数，它在整个频率范围内有 ±6dB 的离散，所以一般很难从计算得到。对于多数振动频率超过 400Hz 的机器，σ_r 可以近似地取为 1，但是低频时 $\sigma_r \neq 1$，这时由表面振动速度计算出的声功率的准确性大大降低但是对于 A 计权的声功率，误差可以减少。因为这种方法是通过测量振动来识别噪声源，所以没有任何声学环境的要求，该方法方便实用。

（4）频谱分析法。

在往复机械和旋转机械中，测得的噪声频谱信号中都有与转速 n（r/min）和系统结构特性有关的纯音峰值。如滚动轴承的噪声谱中包含有 $n/60$、内外圈故障频率、滚动体故障频率和内外圈及滚动体的自振频率等；齿轮噪声发生在其啮合频率上；风机噪声发生在叶片基频和整数倍频上。因此，对测得的噪声频谱作纯音峰值的分析，可以识别其主要噪声源。

相干函数也常用来判断噪声功率谱图上的峰值频率和噪声源频率的相关程度，来判别主要噪声源。

一般纯音峰值的频率常与几个零部件的特征频率相同或相接近，这时就需要采用其他的信号处理方法来判断哪些零部件是主要噪声源。频谱分析是一种识别声源的重要方法。

（5）声强法。

采用双传声器互谱法进行声强测量。由于声强是向量，声强测量可在现场进行不受环境影响。声强在近场测量，可根据所测声强值判断机器设备各部分发射噪声的大小，从而找到主要的噪声源进行故障定位。根据现场条件下的声强测量还可以确定声源的声功率，材料的吸声系数和透射系数。

3.1.2　机械故障的噪声分析与应用实例

【例一】　在对一台柴油机的润滑油泵进行噪声测试中，为了确定泵壳表面噪声的主要辐射部位，首先使用精密声级计对泵壳表面进行了近场扫描测量。泵壳外形和测点位置如图 3-3 所示。测量结果发现泵体的两侧 H、C 和压阀盖表面 N 近场噪声较高，且以 N 面为最高，这就为进一步作振速测量分析确定了具体部位。

将图 3-3 中油泵泵壳的阀盖表面 N 按 25mm 的等距直线划分成正方区域，如图 3-4 所示。纵横线交点的编号规定为：第一位数表示横线号码，第二、三位数表示纵线号码。如 311 点位第 3 条横线和第 11 条纵线交点。加速度传感器就安装在这些交点上，其他测点布置图见图3-3。

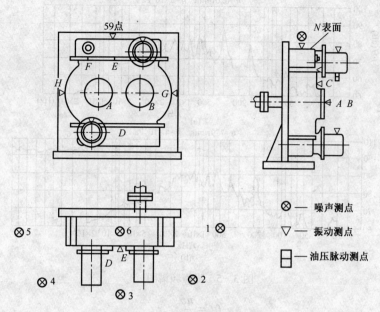

图3-3 泵壳外形和测点位置

⊗ — 噪声测点

▽ — 振动测点

▢ — 油压脉动测点

测得的各种工况下的振动速度值列入表3-4中。

根据表3-4中的数据可在压出阀盖表面上画出如图3-4所示的等振速曲线。在转速 $n=779\text{r/min}$ 工况下,振速最高点是 N 表面上的59点。因为阀盖壁薄而面积大,刚性较差,成为噪声源的主要辐射部位。

还可以对3号测点的噪声进行频谱分析,图3-5为其频谱图。

在图3-5(a)中可以看出第一个峰值频率在150Hz处,图3-5(b)中第一个峰值在180Hz左右,其余峰值频率均为第一峰值频率的高次谐频。分析这两个基频可以从油泵齿轮出发,其啮合频率为

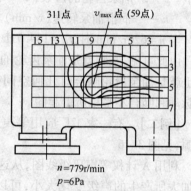

$n=779\text{r/min}$
$p=6\text{Pa}$

图3-4 压出阀盖表面 N 的等振速曲线

表3-4 润滑油泵壳体表面各点振速值 v (cm/s)

测点编号	转速 620r/min		转速 733r/min	转速 779r/min	转速 823r/min
	压力≈0	压力≈0.5MPa	压力≈0	压力≈0	压力≈0
13	0.40	0.35	1.35	0.80	0.70
15	0.40	0.60	1.00	1.05	0.66
17	0.45	0.75	0.95	0.80	0.75
19	0.45	0.70	1.00	0.80	0.70
111	0.45	0.50	0.90	0.80	0.75
26	0.70	1.00	1.10	1.60	1.50
28	0.70	1.00	1.20	1.40	1.40

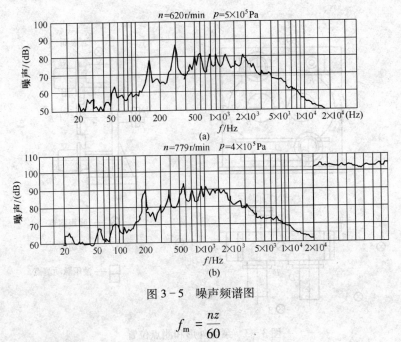

図 3－5　噪声频谱图

$$f_{\mathrm{m}} = \frac{nz}{60}$$

式中　z——油泵齿轮的齿数（$z = 14$）；

　　　n——润滑油泵转速（r/min）。

当 $n = 620\mathrm{r/min}$ 时，$f_{\mathrm{m}} = 144.7\mathrm{Hz}$；$n = 779\mathrm{r/min}$ 时，$f_{\mathrm{m}} = 181.8\mathrm{Hz}$。

由此可见，基频就是油泵齿轮的啮合频率。主要噪声源也就是油泵齿轮啮合时几何空间变化不均匀造成的流量脉动和啮合不平稳所引起的。

【例二】　有一家工厂应用等声压级曲线图来识别噪声源，见图 3－6。

利用 A 计权等声压级线图，从这些等声压级线随距离的加大所产生的声级变化大小，可以识别噪声源的类型。因为当距离加倍时，点声源声级下降 6dB，线声源下降 3dB，而面声源声级几乎没有变化。

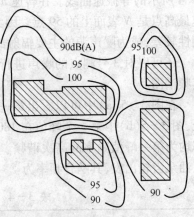

图 3－6　等声压级曲线

【例三】　一工厂采用功率谱分析来寻找一台大型感应电动机噪声增加的原因。测试分析系统见图 3－7，功率谱见图 3－8。

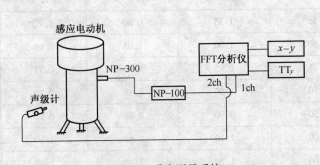

图 3－7　噪声测量系统

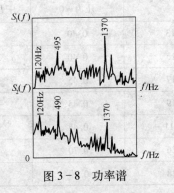

图 3－8　功率谱

96

功率谱图中的上半部分为结构振动信号的自功率谱,下半部分为电动机噪声信号的自功率谱。

观测噪声信号功率谱图,有三个明显的峰值,这三个分量分别为120Hz、490Hz和1370Hz。其中120Hz正好是电源频率60Hz的2倍,显然这是电磁噪声;490Hz是电动机轴承的特征频率,这部分是轴承的冲击噪声;1370Hz分量是另一种电磁噪声,它是由电动机内部间隙引起的噪声。

【例四】 本例是用声强法识别发动机的噪声源。在一台发动机油底壳的25个分表面上用声强法测得的窄带声功率谱图如图3-9所示,图中声功率的峰值频率在300Hz、650Hz和790Hz处。

为了寻找油底壳表面的主要声源,再用声强探头测量铸铝油底壳不同表面区域的声功率,得到图3-10、图3-11和图3-12。图3-10中声功率级峰值频率在300Hz和650Hz处,图3-11中声功率级峰值频率在790Hz处,图3-12中声功率级峰值频率在300Hz和790Hz处。对于总噪声级有较大贡献的是790Hz处的峰值。由3个图的峰值可见,300Hz声功率级峰值主要是油底壳底部发射出来的。

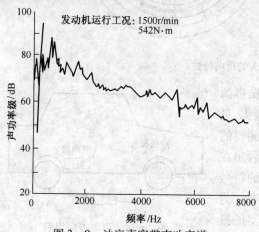

图3-9 油底壳窄带声功率谱

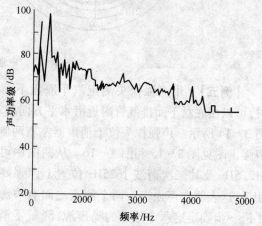

图3-10 油底壳底部薄而平的区域15处的窄带声功率谱

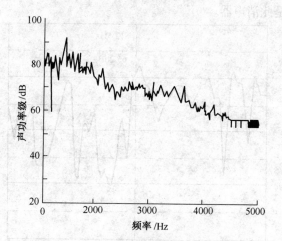

图3-11 油底壳侧面薄而平的区域
10处的窄带声功率谱

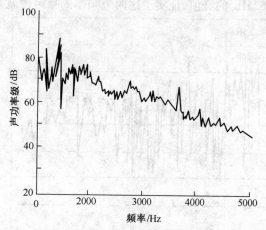

图3-12 油底壳底部厚而形状复杂
的区域21处的窄带声功率谱

声强探头具有明显的指向特性,这使声强法在寻找噪声源时更具特色。由图 3 - 13 可以看出,声强的指向性在声波入射角 θ 为 ±90° 时方向灵敏度最大。令声强探头与声波传播方向之间的夹角为 θ,以 90° 为分界,声强探头在分界线左边(θ < 90°)测得声强为正值,且随 θ 角减小其值增大,到 θ = 0° 时达到最大;而在分界线右边(θ > 90°)测得声强为负值,且随 θ 角增加其绝对值也增大,到 θ = 180° 时达到负的最大值。可见,用声强法能区分究竟是从声强探头的前方还是后方入射的,而且这种区分对每一频率都能实现。

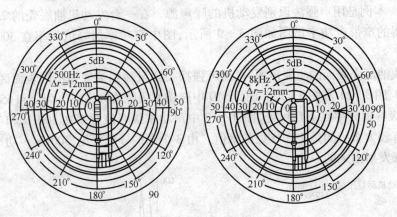

图 3 - 13　声强探头的指向特性

【例五】　用声强探头测定汽车底盘下面的噪声源时,可以在底盘下面排气管附近沿水平方向移动探头,见图 3 - 14 所示。声强探头位于消声器左右两侧时测得的声强谱图见图 3 - 15 和图 3 - 16。从两图中可以看出在 812.5Hz 及其二次谐波 1625Hz 位置上声强峰值的符号相反,这表明在声强探头两个测点之间有声源存在。为了进一步确定这两个频率的噪声源,测量了消声器的振动幅值谱,见图 3 - 17 所示,从图中可见存在 812.5Hz 和 1625Hz 的峰值,证实了这两个频率的噪声源就是此消声器。

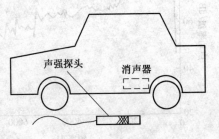

图 3 - 14　声源方向识别

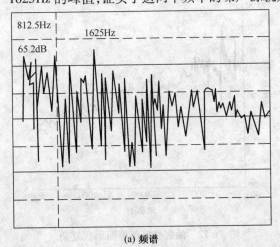

(a) 频谱

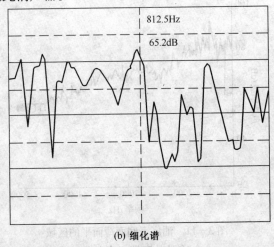

(b) 细化谱

图 3 - 15　声强探头在消声器左侧的声强谱

98

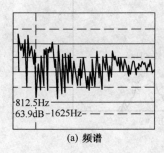
(a) 频谱

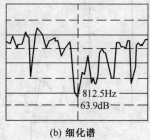
(b) 细化谱

图 3-16　声强探头在消声器右侧的声强谱

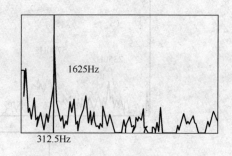

图 3-17　消声器表面的振动幅值谱

【例六】 本例是利用振动和噪声进行综合状态监测和故障诊断。有一台小型的两缸四冲程柴油机,对其进行振动和噪声的综合监测和故障诊断。

为了便于进行数据采集把 3 个压电式加速度传感器安装在机体外壳上,1 号和 2 号传感器安装在 1 号缸和 2 号缸横向(垂直汽缸中心线平面)位置,3 号传感器安装在 2 号缸的垂向(平行于汽缸中心线),测量噪声的话筒放在曲柄箱通风口,记录下正常运转时的信号时间历程,见图 3-18(a),2 号缸发生拉缸故障时的信号时间历程见图 3-18(b)。

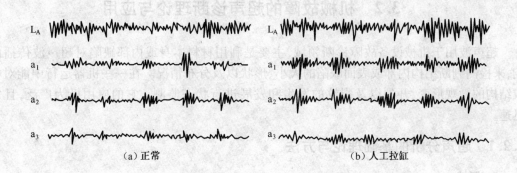

图 3-18　柴油机时域波形

从图 3-18 中可以看出 a_1、a_2 和 a_3 都在上下死点附近出现强信号(一个周期内出现四次),这时或有一个缸在燃烧,或者气阀刚打开或关闭,由于燃烧、气流和机件的冲击引起振动信号,在拉缸时(这时 2 号缸产生拉缸,1 号缸正常工作)加速度信号冲击性减弱,峰值衰减变慢,有时甚至最强信号不在膨胀冲程死点之后,而移到了进、排气冲程。噪声信号也有明显变化。

但是这四个时域信号的区别不十分明显,需要进行频域分析,由于 a_3 信号较弱,故舍去。a_1、a_2 和 L_A 的自功率谱见图 3-19(图中实线代表正常,虚线代表拉缸),加速度在 2350Hz 和 5700Hz 处有峰值,正常工况和拉缸工况峰值的差在 2350Hz 处为 9.13dB,在 5700Hz 处为 6.8dB,这说明用装在 1 号缸附近的传感器可以监测 2 号缸的拉缸故障。噪声自谱峰值在 700Hz 附近,拉缸时几乎每一点数值都增大,拉缸时峰值比正常时高 6.5dB,由此可见,横向振动和噪声的自谱对拉缸工况是敏感的,但是要用作故障预报还需要进一步研究和确定合理的报警门限值。

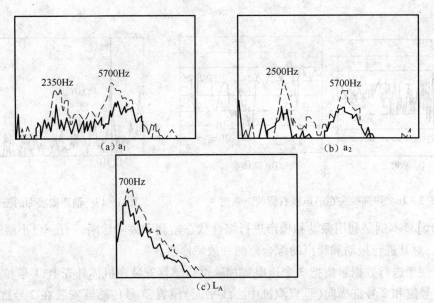

图 3 - 19　加速度 a_1、a_2 和 L_A 噪声的自功率谱

3.2　机械故障的超声诊断理论与应用

超声波用于机械设备故障诊断领域,主要是利用材料本身或内部缺陷对超声波传播的影响,来检测判断结构内部或表面缺陷的大小、形状以及分布情况。在一些机器运行中能对材料或结构的微观形变、开裂以及裂纹的发生和发展进行状态监测。它的应用极为广泛,且发展迅速。

3.2.1　超声分析的基础理论与方法

1. 概述

1) 基本原理

超声波的实质是以波动的形式在介质中传播的机械振动,超声波检测与分析是利用超声波在介质中的传播特性,例如超声波在介质中遇到缺陷时会产生反射、折射等特点对工件或材料中的缺陷进行检测,其工作原理见图 3 - 20 所示。

图 3 - 20　超声波检测原理示意图

通常用来发现缺陷并对缺陷进行评估的信息有:

(1) 是否存在来自缺陷的超声波信号及其幅度;

(2) 入射超声波与接受超声波之间的时间差;

(3) 超声波通过材料后能量的衰减。

2）优点和局限性

（1）优点：作用于材料的超声波强度低，最大作用应力远低于材料的弹性极限，不会对材料的使用产生影响；可以用于金属、非金属、复合材料制件的无损检测与评价；对于确定内部缺陷的大小、位置、取向、性质等参量，较之其他检测方法有综合优势；设备轻便，对人体和环境无害，可以作为现场检测；所用参数设置及有关波形均可存储供未来使用。

（2）局限性：对材料及制件缺陷做精确定性、定量表征仍然需要深入研究；为了使超声波能以常用的压电换能器为声源进入试件，一般需要用耦合剂，要求被测表面光滑，难以探测出细小的裂纹；要求检测人员有较高的素质；工件的形状及表面粗糙度对超声波检测的可实施性有较大影响。

3）适用范围

超声检测的适用范围很广，主要对象包括：

（1）各种金属材料、非金属材料、复合材料；

（2）锻件、铸件、焊接件、复合材料构件；

（3）板材、管材、棒材等；

（4）被检测对象的厚度可以小到1mm，大到几米；

（5）可以检测表面缺陷，也可以检测内部缺陷。

2. 超声波与超声场

1）超声波及其分类

声波的频率范围很宽，从 $10^{-4} \sim 10^{12}$ Hz，有 16 个数量级。人的耳朵能听到的声音频率范围为 20~20000 Hz。当声波的频率超过人耳听觉范围的频率极限时，人耳就察觉不出这种声波的存在，称这种高频的声波为超声波，其频率范围：$f > 2 \times 10^4$。

对于宏观缺陷的检测，常用频率为 0.5~25MHz。对于钢等金属材料的检测，常用频率为 0.5~10MHz。超声波具有如下特性：

（1）方向性好：超声波是频率很高、波长很短的机械波，具有良好的方向性，可以定向发射。

（2）能量高：超声波检测频率远远高于可听声频率，而声波的能量与频率平方成正比，由此超声波的能量远高于可听声的能量。

（3）穿透能力强：超声波在大多介质中传播时，传播能量损失小、传播距离大、穿透能力强。

（4）能在界面上产生反射、折射、衍射及波形转换：在超声检测中，特别是在脉冲反射法检测中，就是利用超声波能在界面上反射、折射等特点进行缺陷检测的。

超声波一般按波形分类的方法分成如下几类：

（1）波阵面：声波在传播过程中某一瞬间相位相同的各点所连成曲面称为波阵面或波面。波的传播方向称为波线。在各向同性的均匀媒质中，波阵面垂直于波线。

（2）平面声波：波的扰动只在一个方向上传播，则这种波被称为平面声波。相应的声源称为平面声源，其波阵面为相互平行的平面，见图 3-21（a）。

（3）球面声波：波的扰动是从点波源向各个方向传播出去的，称为球面声波，相应的声源称为球面声源，其波阵面为同心的球面，见图 3-21（b）。

（4）柱面声波：波阵面是同轴柱面的声波，见图 3-21（c）。

（5）活塞波：在超声波检测的实际应用中圆盘形声源尺寸既不能看成很大，也不能看成很小，所发出的超声波既不是单纯的平面波，也不是单纯的球面波，是介于球面波和平面波之间，称为活塞波。理论上假设产生活塞波的声源是一个有限尺寸的平面，声源各质点做同频率、同

101

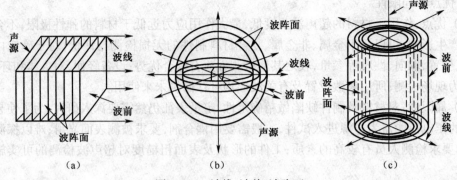

图 3-21 波线、波前、波阵面

相位、同振幅的振动。在离声源较近处由于干涉的原因,波阵面形状较复杂,在距声源足够远处,波阵面类似于球面。

2) 超声波的传播速度

声波在介质中的传播速度称为声速,常用 c 表示。超声波传播的速度与超声波的波型、传声介质的特性有关。声速又可以分为相速度与群速度,相速度是声波传播到介质的某一个选定的相位点时,在传播方向的速度;群速度是指传播声波的包络线上,具有某种特性(如幅值大小)的点上,声波在传播方向上的速度。群速度是波群的能量传播速度,在非频散介质中,群速度与相速度相等。

(1) 液体、气体介质中的声速。

①液体、气体介质中的声速公式。由于液体、气体介质只能承受压应力,不能承受剪切应力,所以液体、气体介质中只能传播纵波,其声速的表达式

$$c = \sqrt{\frac{K}{\rho}} \tag{3-9}$$

式中　K——体积弹性模量;

　　　ρ——介质的密度。

② 液体介质中的速度与温度的关系。几乎除水以外的所有液体,当温度升高时,容变弹性模量减小,声速降低。水中的声速在温度为 74℃ 时最高,在温度低于 74℃ 时,水中的声速随着温度升高而增加,当温度高于 74℃ 时随温度升高而降低。下式为水中声速与温度的关系,不同温度下水中的速度见表 3-5。

$$c_L = 1557 - 0.0245 (74 - t)^2 \tag{3-10}$$

式中　t——为水的温度(℃)。

表 3-5　不同温度下水中的声速

温度/℃	20	30	40	50	60
声速/(m/s)	1485.6	1509.6	1528.7	1542.9	1552.2
温度/℃	70	74	80	90	100
声速/(m/s)	1556.6	1557	1556.1	1550.7	1540.3

(2) 固体介质中的声速。

① 无限大固体介质中的纵波声速:

$$c_L = \sqrt{\frac{E(1 - \sigma)}{\rho(1 + \sigma)(1 - 2\sigma)}} \tag{3-11}$$

式中　E——介质的弹性模量；

　　　σ——介质的泊松比；

　　　ρ——介质的密度。

② 无限大固体介质中的横波声速：

$$c_S = \sqrt{\frac{E}{2\rho(1 + \sigma)}} = \sqrt{\frac{G}{\rho}} \tag{3-12}$$

式中　G——介质的切变弹性模量。

③ 表面波的声速。在半无限大固体介质中,当 $0 < \sigma < 0.5$ 时,表面波(瑞利波声速) c_R 的近似计算公式为

$$c_R = \frac{0.87 + 1.12\sigma}{1 + \sigma}c_S = \frac{0.87 + 1.12\sigma}{1 + \sigma}\sqrt{\frac{G}{\rho}} \tag{3-13}$$

从式(3-11)~式(3-13)中可以知道:固体介质中的声速与介质的弹性模量及密度有关,介质的弹性模量越大,密度越小,则声速越大。

声速还与超声波的波型有关,在同一固体介质中,纵波、横波、表面波的声速各不相同,并且互相之间有以下关系:

$$\frac{c_L}{c_S} = \sqrt{\frac{2(1 - \sigma)}{1 - 2\sigma}} > 1,即 c_L > c_S \tag{3-14}$$

$$\frac{c_R}{c_S} = \frac{0.87 + 1.12\sigma}{1 + \sigma},即 c_S > c_R \tag{3-15}$$

即

$$c_L > c_S > c_R$$

这表明在同一种固体介质中,纵波声速大于横波声速,横波声速大于表面波声速。例如,钢: $\sigma \approx 0.28$, $c_L \approx 1.8c_S$, $c_R \approx 0.9c_S$,即 $c_L : c_S : c_R = 1.8 : 1 : 0.9$。

④ 细棒中的纵波声速。超声波检测时,细棒指的是直径与波长大致相当的情况。声波在细棒中以膨胀波的形式传播,称为棒波,当棒的直径 $\ll 0.1\lambda$ 时,棒波的声速与泊松比无关,其计算公式

$$c_L = \sqrt{\frac{E}{\rho}} \tag{3-16}$$

⑤ 板波(兰姆波)的声速。超声波作用到薄板上时,由于薄板上下界面的作用,所形成的沿薄板延伸方向传播的波的特性与给定的频率及板厚有关,对于给定的频率及板厚组合,还可以有多个对称或非对称的振动模式,每个模式具有不同的相速度。因此,板波具有频散特性。

3) 超声场的特征量

充满超声波的空间,或在介质中超声振动波及其质点所占据的范围称为超声场。描述超声场特征的物理量称为超声场的特征量。

(1) 声压。超声场中某点的瞬时压强 p_1 与没有超声场存在时在同一点的瞬时压强 p_0 之差称为声压,声压的符号一般用 p 表示,单位为帕斯卡(Pa),$1Pa = 1N/m^2$。

对于无衰减的平面余弦波,声压可以用下式表示:

$$p = \rho c A\omega\cos\left[\omega\left(t - \frac{x}{c}\right) + \frac{\pi}{2}\right] = \rho c u \tag{3-17}$$

式中 ρ ——介质的密度;

    c ——介质中的声速;

    ω ——角频率, $\omega = 2\pi f$;

    A ——介质质点的振幅;

    x ——质点离声源的距离;

    u ——质点的振动速度;

    t ——时间。

式(3-17)中,$\rho c A \omega$ 为声压的振幅,且有 $|p_m| = |\rho c A \omega|$,其中 p_m 为声压极大值。

(2)声阻抗。介质在一定表面上的声阻抗是该表面上的平均有效声压 p 与该处质点的振动速度 U 之比:

$$Z = \frac{P}{U} \tag{3-18}$$

声阻抗表示介质的声学特性,声阻抗的单位为帕·秒/米³(Pa·s/m³)。不同的介质有不同的声阻抗,对于同一种介质,波形不同其声阻抗也不同。超声波通过界面时,声阻抗决定着超声波在通过不同介质的界面时能量的分配。

(3)声强。在垂直于超声波传播方向上,单位面积上单位时间内通过的声能称为声强,用 I 表示,单位为瓦/厘米²(W/cm²)。

超声波传播到介质某处时,该处原来静止的质点开始振动,因此具有动能。同时,该处的质点产生的弹性变形,即该处的质点也具有位能,其总能量是动能与位能之和,其平均声强为

$$I = \frac{1}{2} \frac{p^2}{\rho c} \tag{3-19}$$

3. 超声波的传播

1)超声波的波动性

(1)波的叠加。当几列波同时在一个介质中传播时,如果在某些点相遇,则相遇点的质点振动是几列波的合成,合成声场的声压等于每列声波声压的向量和。相遇后各列声波仍保持它们各自原有的特性(频率、波长、幅度、传播方向等)向前传播。

(2)波的干涉。当两列频率相同、波型相同、相位相同或相位差恒定的波源所发出的波相遇时,合成后声波的频率与原频率相同,幅值与两列波的相位差有关,在某些位置振动始终加强,在另一些位置振动始终减弱或抵消,这种现象称为干涉。能产生干涉现象的波称为相干波。

(3)驻波。当两列振幅相同的相干波在同一直线上沿着相反方向传播时叠加而成的波称为驻波,见图3-22所示。

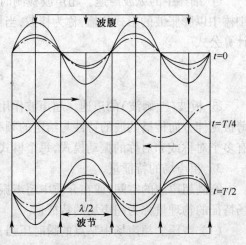

图3-22 驻波示意图

(4)惠更斯原理。惠更斯原理是由荷兰物理学家惠更斯于1690年提出的一项理论。波动起源于波源的振动,波的传播需借助于介质中质点之间的相互作用。对连续介质来说,任何一

点的振动将引起相邻质点的振动。波前在介质中达到的每一个点都可以看作新的波源(即子波源)向前发出的子波。而波阵面上各点发出的子波所形成的包络面,就是原波阵面在一定时间内所传播到的新的波阵面。图3-23为惠更斯原理示意图。

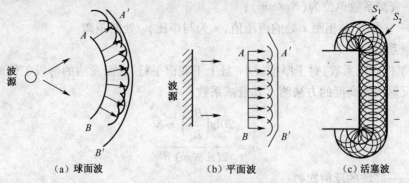

（a）球面波　　　　　（b）平面波　　　　　（c）活塞波

图3-23　惠更斯原理示意图

（5）超声波的散射与衍射。衍射是指声波绕过障碍物的边缘而继续向前传播的现象,如图3-24所示。散射是指声波遇到障碍物后不再向特定的方向传播,而是向各个不同的方向发射声波的现象。超声波传播过程中遇到有限尺寸的障碍物时,产生的衍射和散射现象与障碍物的尺寸有关。

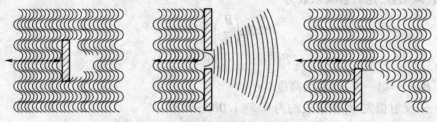

图3-24　声波衍射示意图

设障碍物的尺寸为 a ,超声波的波长为 λ ,则:

（1）当 $a \ll \lambda$ 时,障碍物对超声波的传播几乎没有影响;

（2）当 $a < \lambda$ 时,超声波到达障碍物后将成为新的波源向四周散射;

（3）当 $a \approx \lambda$ 时,超声波将产生不规则的反射和衍射;

（4）当 $a \gg \lambda$ 时,有入射波的反射与透射。如果障碍物与周围介质的声特性阻抗差异很大,则障碍物界面上发生全反射,其后形成一个声影区。

2）超声波在固体介质中的衰减

超声波在固体介质中传播时,声压随距离的增加逐渐减弱的现象称为超声波的衰减。

（1）引起衰减的原因。① 扩散衰减:超声波在传播的过程中由于声束的扩散而引起的衰减称为扩散衰减。超声波的扩散衰减与介质材料的性质无关,与波阵面的形状有关。扩散衰减的规律可以用声场的规律来描述。② 吸收衰减:超声波在介质中传播时,由于介质中质点间的粘滞性造成的质点之间的内摩擦以及热传导引起的超声波的衰减称为吸收衰减。③ 散射衰减:超声波在介质中传播遇到障碍物时,如果障碍物的尺寸与超声波的波长相当或更小时会产生散射现象。产生散射衰减主要原因,一是材料内部的不均匀,例如金属材料中的杂质、气孔等产生的散射;二是晶粒尺寸与超声波波长相当的多晶材料引起的散射。

（2）衰减的规律。在实际的超声检测中,超声波在材料中的衰减主要考虑吸收衰减与散射

衰减,如果不考虑扩散衰减,对于平面声波,声压的衰减规律为

$$p_\alpha = p_0 e^{-\alpha x} \tag{3-20}$$

式中 p_0——入射到材料中的起始声压;

α——衰减系数单位为(Np/mm);

p_α——与声压 p_0 相距 x 处的声压值,x 为与声压 p_0 处的距离。

(3)衰减系数。

① 薄板工件衰减系数:对于厚度较小,且上下底面平行、表面光洁的薄板工件或试块,通常用比较多次反射回波高度的方法测定其衰减系数:

$$\alpha = \frac{20\lg\left(\dfrac{B_m}{B_n}\right) - \delta}{2(n - m)d} \tag{3-21}$$

式中 m、n——底波的反射次数;

B_m、B_n——第 m、n 次底波的高度;

δ——反射损失,每次反射损失约为 0.5~1.0dB;

d——薄板的厚度。

② 厚工件衰减系数:对于厚度大于 200mm 的板材或轴类工件,可以用第一、二次底波高度比来测定衰减系数,这时衰减系数为

$$\alpha = \frac{20\lg\left(\dfrac{B_1}{B_2}\right) - 6 - \delta}{2d} \tag{3-22}$$

式中 B_1、B_2——第一、二次底波高度;

δ——反射损失,每次损失约为 0.5~1.0dB;

d——薄板的厚度;

6——扩散衰减引起的分贝差。

3)多普勒效应

在实际情况下,声源与工件之间往往存在相对运动,特别是在自动化探伤中。这时,有缺陷反射回来的超声波频率与声源发射超声波的频率有所不同,这种现象称为多普勒效应,由此引起的频率变化称为多普勒频移。

设:S 点为声源,声源发出的频率为 f_S,介质中传播的声速为 c,波长为 λ。

声源不动,接收点与声波传播方向同向移动,接收到的频率为

$$f_0 = f_S \frac{c - v_0}{c} \tag{3-23}$$

接收点不动,声源以 v_S 向接收点移动,此时接收到的波长如同被挤紧了的波长:

$$\lambda' = \frac{c - v_S}{f_S} \tag{3-24}$$

所接收到的频率为

$$f_0 = \frac{c}{\lambda'} = f_S \frac{c}{c - v_S} \tag{3-25}$$

声源与接收点同时同向移动时有:

$$f_0 = f_S \frac{c - v_0}{c - v_S} \qquad\qquad (3-26)$$

当速度方向不一致时,可以把在声源与接收点连线上的速度分量代入。

用脉冲反射法检测时,超声波的发射与接收都是一个探头完成,一般探头不动,工件移动。

$$\text{工件与发射方向相对运动:} f_0 = f_S \frac{c + v}{c - v} \approx (c + 2v)\frac{f_S}{c} \qquad (3-27)$$

$$\text{工件与发射方向同向运动:} f_0 = f_S \frac{c - v}{c + v} \approx (c - 2v)\frac{f_S}{c} \qquad (3-28)$$

4. 超声波的检测方法与特点

1)按原理分类

（1）脉冲反射法。脉冲反射法是目前应用最广泛的一种超声波检测方法。其基本原理:将具有一定持续时间和一定频率间隔的超声脉冲发射到被测工件,当超声波在工件内部遇到缺陷时就会产生反射,根据反射信号的大小及在显示器上的位置可以判断出缺陷的大小和深度。脉冲反射法包括缺陷回波法、底波高度法、多次底波法。

① 缺陷回波法:是根据超声检测仪器显示屏上显示的缺陷回波判断缺陷的方法。图3-25是缺陷回波法原理示意图。当被检工件内部无缺陷时,显示屏上只有发射脉冲(始波)及底面回波;当被检工件内部有小缺陷时,显示屏上有发射脉冲(始波)、缺陷回波及底面回波;当被检工件内部有大缺陷时,显示屏上有发射脉冲(始波)、缺陷回波,没有底面回波。

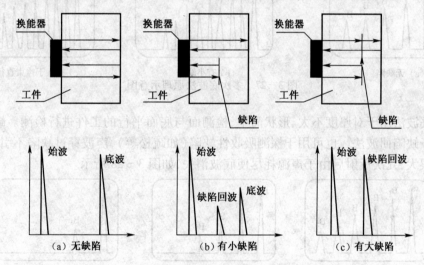

图 3-25　缺陷回波法原理示意图

② 底波高度法:根据底面回波高度的变化判断工件内部有无缺陷的方法,称为底波高度法。对于厚度、材质不变的工件,如果工件内部无缺陷,其底面回波的高度基本不变,工件内部有缺陷时,底面回波的高度会减小甚至消失,如图3-26所示。

底波高度法要求被检工件的探测面与底面平行,而且不易对缺陷定位。因此这种方法一般作为一种辅助检测手段,与缺陷回波法配合使用,以利于发现某些倾斜或小而密集的缺陷。

③ 多次底波法:是以多次底面脉冲反射信号为依据进行检测的方法。如果工件内部无缺陷,在显示屏上出现高度逐次递减的多次底波,如果工件内部存在缺陷,由于缺陷的反射、散射而增加了声能的损耗,底面回波次数减少,同时也打破了各次底面回波高度逐次衰减的规律,并

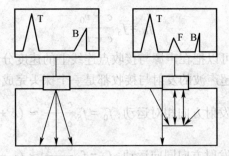

图 3-26 底波高度法原理示意图

显示缺陷回波,如图 3-27 所示

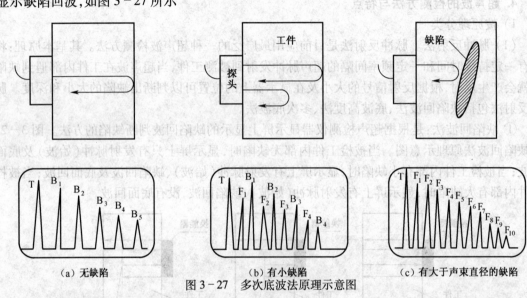

（a）无缺陷　　　　　　　　（b）有小缺陷　　　　　　　（c）有大于声束直径的缺陷

图 3-27　多次底波法原理示意图

多次底波法用于对厚度不大、形状简单、检测面与底面平行的工件进行检测。缺陷检出的灵敏度低于缺陷回波法。也可用于探测吸收性缺陷(如疏松等),声波穿过缺陷不引起反射,但声波衰减很大,几次反射后由于声源耗尽使底波消失,如图 3-28 所示。

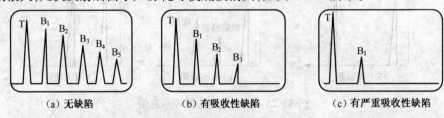

（a）无缺陷　　　　　　　（b）有吸收性缺陷　　　　　　（c）有严重吸收性缺陷

图 3-28　带有吸收性缺陷直接接触纵波多次底波法原理示意图

(2) 穿透法。将两个探头分别置于工件的两侧。一个探头发射的超声波透过工件被另一侧的探头接收,根据接收到的能量大小判断有无缺陷。穿透法可以用连续波和脉冲波,见图 3-29,图 3-30 所示两种不同的方式。穿透法适用于检测薄工件的缺陷和衰减系数较大的匀质材料工件。设备简单,操作容易,检测速度快。对形状简单,批量较大的工件容易实现连续自动检测。但是不能给出缺陷的深度,检测灵敏度较低,对发射、接收探头的相对位置要求较高。

(3) 共振法。一定波长的声波,在物体的相对表面上反射,所发生的同相位叠加的物理现象称共振,应用共振现象来检验工件的方法称共振法。常用于测工件的厚度。用共振法测厚的

108

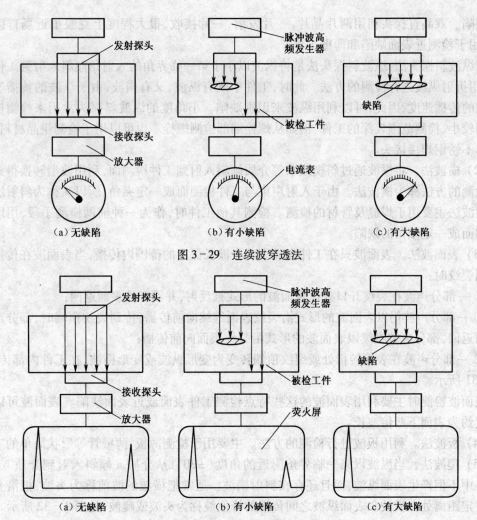

图3-29 连续波穿透法

（a）无缺陷　　　　（b）有小缺陷　　　　（c）有大缺陷

图3-30 脉冲波穿透法

（a）无缺陷　　　　（b）有小缺陷　　　　（c）有大缺陷

关系式为：

$$\delta = \frac{n\lambda}{2} = \frac{nc}{2f} \tag{3-29}$$

式中　n——共振次数(半波长的倍数)；

　　　f——超声波的频率；

　　　λ——超声波波长；

　　　c——试件中的超声波声速；

　　　δ——试件厚度。

2) 按波形分

(1) 纵波法。①纵波直探头法:使用纵波直探头进行检测的方法,它是将波束垂直入射到工件的检测面,以固定的波型和方向透入工件,也称为垂直入射法。主要用于板材、锻件、铸件、复合材料的检测,当缺陷平行于检测面时,检测效果最佳。

垂直入射法分为单晶直探头脉冲反射法、双晶直探头脉冲反射法和穿透法。常用的是脉冲反射法。单晶直探头的远场区附近近似于按简化模型进行理论推导的结果,所以可用当量法对缺陷进行评定。同时,由于受近场盲区和分辨率的限制,只能发现工件内部离检测面一定距离外的缺陷。双晶直探头利用两片晶片，一片发射，一片接收，很大程度上克服了近场盲区的影响，适用于检测近表面缺陷和薄壁工件。

②纵波斜探头法：纵波斜探头法是将纵波以小于第一临界角的入射角倾斜入射到工件检测面，利用折射纵波进行检测的方法。此时，工件中既有纵波、又有横波，由于纵波的传播速度大于横波的传播速度，因此，可以利用纵波来识别缺陷。小角度的纵波斜探头常用来检测探头移动范围较小、检测范围较深的工件，例如从螺栓端部检测螺栓。也可以用于检测粗晶材料，例如奥氏体不锈钢焊接接头。

（2）横波法。将纵波通过斜楔或水等介质倾斜入射到工件检测面，利用波型转换得到横波进行检测的方法称为横波法。由于入射声束与工件检测面成一定夹角，所以又称为斜射法。

横波法主要用于焊缝及管材的检测。检测其他工件时，作为一种辅助检测手段，用以发现与检测面成一定倾角的缺陷。

（3）表面波法。表面波只在工件表面下几个波长深度的范围内传播，当表面波在传播过程中遇到裂纹时：

① 一部分声波在裂纹开口处以表面波的形式被反射，并沿工件表面返回；

② 一部分声波仍以表面波的形式沿裂纹表面继续向前传播，传到裂纹顶端时，部分声波被反射而返回，部分声波继续以表面波的形式沿裂纹表面向前传播；

③ 一部分声波在表面转折处或裂纹顶端转变为变形纵波或变形横波，在工件内部传播，如图 3-31 所示。

表面波检测时主要利用表面波的这些特点检测工件表面或近表面缺陷。表面波可以检测的深度约为表面下两倍波长。

（4）板波法。利用板波进行检测的方法。主要用于检测薄板、薄壁管等形状简单的工件。

（5）爬波法。当纵波以第一临界角附近的角度（±30°）从介质 a 倾斜入射到介质 b 时，在介质 b 中不但产生表面纵波，而且还存在斜射横波。通常把横波的波前称为头波，把沿介质表面下一定距离处在横波和表面纵波之间传播的峰值波称为头波或爬波，见图 3-32 所示。

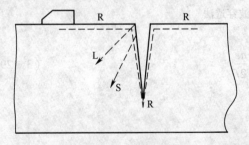

图 3-31　表面波传播到表面裂纹时的传播示意图

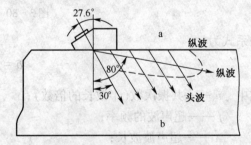

图 3-32　爬波产生示意图

爬波受工件表面刻痕、不平整、凹陷等干扰小，有利于检测表面下缺陷。爬波离开探头后衰减快，回波声压约与距离的 4 次方成反比，检测距离小，通常只有几十毫米。采用双探头（一个发射，一个接收）检测比较有利。

5. 超声检测通用技术

1）检测面的选择与准备

当被检工件存在多个可能的声入射面时，检测面的选择首先考虑缺陷的最大可能取向。如果缺陷的主反射面与被检工件的某一表面近似平行，则选用从该表面入射的垂直入射纵波，使声束轴与缺陷的主反射面近似垂直，这样有利于缺陷的检测。缺陷的最大可能取向应对材料、工艺等综合分析后确定。

在实际检测中,很多工件上可以放置探头的平面或规则圆周面有限,超声波进入面可选择余地小,只能根据缺陷的可能取向选择入射超声波的方向。因此,检测面的选择应该与检测技术的选择结合起来考虑。例如,变形过程使缺陷有多种取向,单面检测存在盲区,而另一面检测可以弥补等等,还需要多个检测面入射进行检测。同时,在进行超声检测前应目视被检工件表面,去除松动的氧化皮、毛刺、油污、切削颗粒等,以保证检测面能提供良好的声耦合。

2) 仪器与探头的选择

(1) 仪器的选择。目前超声波检测仪种类繁多,基本功能与主要性能均能满足常用超声检测的需要,应该选择性能稳定、重复性和可靠性好的仪器。对于具体的检测对象,根据检测要求与现场条件选择检测仪器。一般应考虑:

① 定位要求高时选择水平线性误差小的仪器,定量要求高时选择垂直线性好、衰减精度高的仪器;

② 所需采用的超声频率特别高或特别低时,应该考虑选用频带宽度包含所需频率的仪器;

③ 薄工件检测和近表面缺陷检测时,应该考虑选择发射脉冲可调为窄脉冲的仪器;

④ 大型工件或高衰减材料工件检测,应该选择发射功率大、增益范围大、信噪比高的仪器;

⑤ 为了有效发现近表面缺陷和区分相邻缺陷,选择盲区小、分辨力好的仪器;

⑥ 室外现场检测时,应该选择重量轻、荧光亮度好、抗干扰能力强的便携仪器。

(2) 探头的选择。探头在超声检测中实现超声波的发射与接收,是影响超声检测能力的关键器件。探头的种类多、性能差异大,应该根据具体检测对象及检测要求选择探头。探头的选择包括探头的类型、频率、晶片尺寸、斜探头的角度、聚集探头的焦距等。

① 探头类型的选择:一般要根据被检工件的形状和可能出现缺陷的部位、方向等条件来选择探头的类型,使声束轴线尽量与缺陷垂直。

纵波直探头的声束轴线垂直于检测面,适合于检测与检测面平行或近似平行的缺陷,如钢板中的夹层、折叠等。

纵波斜探头是利用小角度的纵波进行检测,或在横波衰减过大的情况下,利用纵波穿透能力强的特点进行斜入射纵波检测,检测时在工件中既有纵波又有横波,使用时需要注意横波干扰,可以利用纵波与横波的速度不同来识别。

横波探头主要用于检测与检测面垂直或成一定角度的缺陷,如焊缝中的未焊透。双晶探头主要用于检测薄壁工件或近表面缺陷。

水侵聚焦探头用于检测管材或板材。

接触式聚焦探头的检测范围小、信噪比高,可用于缺陷的精确定位。

② 探头频率的选择:超声检测频率在 0.5~10MHz 之间,选择范围大。选择探头频率时,一般对于小缺陷、近表面缺陷、薄工件的检测,可以选择较高的频率;对于大厚工件、高衰减材料,应选择较低的频率。

对于晶粒较细的锻件、轧制件、焊接件等,一般选用较高的频率,常用 2.5~5MHz。

对于晶粒较粗的铸件、奥氏体钢等宜选用较低的频率,常用 0.5~2.5MHz。

如果频率过高,会引起严重衰减,示波屏上出现林状回波。信噪比降低,甚至无法检测。在检测灵敏度满足要求的情况下,选择宽频探头可以提高分辨力和信噪比。

因此,针对具体检测对象,选择的频率需要在上述因素中取得一个较佳的频率,既保证所需的缺陷尺寸的检出,并满足分辨力要求,又要保证整个检测范围内有足够的灵敏度与信噪比。

（3）探头的晶片尺寸。探头圆晶片尺寸一般为直径10～30mm,晶片大小对检测也有影响,探头晶片的大小对声束的指向性、近场区长度、近距离扫描范围、近距离缺陷检出能力有较大影响。实际检测中,检测范围大或检测厚度大的工件时选用大晶片探头,检测小型工件时,选用小晶片探头。

3）耦合剂的选用

（1）耦合剂。超声耦合是指超声波在探测面上的声强透射率,声强透射率高,超声耦合好。为了提高耦合效果,在探头与工件表面之间施加一层透声介质,称为耦合剂。耦合剂的作用是排除探头与工件表面之间的空气,使超声波能有效地传入工件,达到检测目的。同时,耦合剂可以减少摩擦。

耦合剂应该能润滑工件与探头表面,流动性、黏度、附着力适当,同时透声性能好、价格便宜。对工件无腐蚀,对人体无害,不污染环境。性能稳定,不易变质,能长期保存。

（2）影响声耦合的主要因素。

① 耦合层的厚度:耦合层的厚度为$\lambda/4$的奇数倍时,透声效果差,反射回波低。当耦合层的厚度为$\lambda/2$的整数倍时或很薄时,透声效果好,反射回波高。

② 表面粗糙度:对于同一耦合剂,表面粗糙度大,耦合效果差,反射回波低。声阻抗低的耦合剂,随粗糙度的变大,耦合效果降低更快。但是粗糙度也不必太低,因为表面很光滑时,耦合效果不会明显增加,而且会使探头因吸附力大而移动困难。

③ 耦合剂声阻抗:对于同一检测面,耦合剂声阻抗大,耦合效果好,反射回波高。

④ 工件表面形状:工件表面形状不同,耦合效果也不一样,平面的耦合效果最好,凸面次之,凹面最差。

3.2.2 机械故障的超声分析与应用实例

【例一】 管壁腐蚀监测诊断

如图3－33所示,当管壁受到严重腐蚀后,由于内壁形状不规则,回波信号将变宽,数量减少。一般情况下,只有第一个回波才能够清楚地分辨出来,用它可以确定管壁的壁厚。当管壁进一步受到腐蚀,第一个回波与发射波脉冲也难以区分。由于散射与干涉的作用,回波的幅值也将大幅度减小。

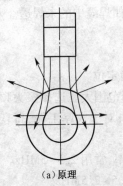 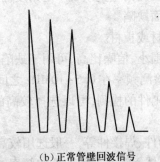 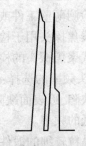

(a)原理　　　　　　　(b)正常管壁回波信号　　　　　(c)腐蚀管壁回波信号

图3－33 管壁腐蚀的超声检测

为了能使这种方法获得满意的效果,要求管壁的外壁光滑规则,没有漆层或其他包裹物。用这种方法所能达到的检测精度随管道的材料、晶粒的大小和排列的方向而定。对于锅炉管道用钢和细晶粒碳钢,测厚的精度可达到±0.1mm;而对于铸铁、奥氏体合金、黄铜、铜、锰、铅等,可以达到 0.1~0.5mm。

用超声共振法不能获得清晰的结果,这是因为基波和谐波由于不规则形状的侧面反射而产生叠加混淆的缘故。

【例二】 铸锻件缺陷检测诊断

用回波脉冲法检测铸锻件的缺陷时,必须注意遵守超声检测的黄金规则。如图 3 - 34 所示,只有超声波的入射角与反射角相等,并且均等于零时,全部超声能量方能返回到同一点。因此,为了使回波的幅值最大,入射波的平面波的传播方向应尽量垂直于铸锻件的反射面。这一点在图 3 - 34(a)中可以清楚地看到。

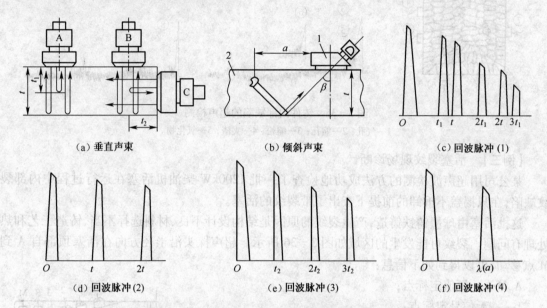

（a）垂直声束   （b）倾斜声束   （c）回波脉冲(1)

（d）回波脉冲(2)   （e）回波脉冲(3)   （f）回波脉冲(4)

图 3 - 34   用垂直和倾斜声束技术探查铸锻件的内部缺陷

图 3 - 34(b)所示是利用倾斜声束技术来探测铸锻件中的缺陷。这种技术主要用在零件两侧端面声束均无法直接到达缺陷的情况。这时纵波在材料 1(派勒克斯玻璃)中的速度 $c_1 = 2.7 \text{km/s}$；横波在被检材料 2(钢)中的速度为 $c_2 = 3.2 \text{km/s}$；入射角 $\alpha = 37°$；折射角 $\beta = 45°$,由几何关系即可确定缺陷的位置。

图 3 - 35 所示是当铸锻件内部存在气孔、缩孔、夹渣以及氧化物等缺陷时,超声探头安置在不同位置上时回波信号的传递情况。

位置①:如果超声波的频率偏低,晶界的散射便会将绝大部分能量散失,只剩下幅值十分小的背壁回波信号。与位置④上的超声信号比较,可以清晰地看出晶粒排列的影响。

位置②:背壁回波由于缩孔的存在而几乎消失,偶尔在缩孔处有反射信号。

位置③:只有少数情况下才能检测出铸锻件内部的缩松,这是因为多数情况下无法区别晶界散射和缩小的缩松的缘故。

位置④:晶粒排列整齐,晶界散射最少,有清晰的背壁回波信号。

位置⑤,⑥:位于位置⑤的超声探头所发射的超声脉冲,由于柱形晶粒与超声波传播方向平行排列,无法探查出晶界上的氧化物;但位置⑥上的超声探头可以查出。

位置⑦:夹渣(砂砾)的影响,使背壁回波减弱。

位置⑧:气孔是唯一能直接反射超声波的铸锻件缺陷,这时背壁回波将减弱乃至消失。

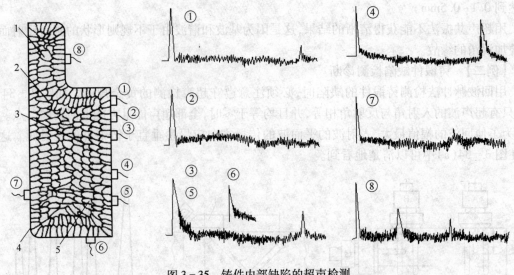

图 3 - 35　铸件内部缺陷的超声检测

1—气孔；2—缩孔；3—缩松；4—夹渣；5—氧化物。

【例三】　活塞裂纹现场诊断

某公司用超声波检测的方法成功地检查了一批 1200kW 柴油机活塞在运行过程中内部裂纹缺陷,在只揭盖不拆卸的前提下查出了带裂纹的活塞。

这批活塞由球墨铸铁铸造,产生裂纹的原因是结构设计不良、材料选择不当、铸造工艺和热处理有问题。裂纹可能发生的区域如图 3 - 36 所示。超声探头沿半径方向在活塞顶部自 A 到 M 点移动,可以得到如下信息:

A,M——幅值定标点；

1——无信号定标点；

2,3——当活塞无裂纹时应从裙部反射超声信号；

S——无裂纹时应为远信号,无回波。

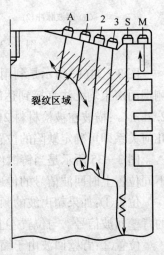

图 3 - 36　活塞裂纹的检查

当活塞上裂纹区内有裂纹存在时,从 A 到 S 各位值的探头所发射的超声波回波均可能出现异常情况。可以看出,用超声方法对活塞进行现场探查有如下的优点:

(1) 灵敏度高,反应快,可以迅速确定缺陷的位置；

(2) 渗透力强,可以检测原材料；

(3) 只需从一个方向检查活塞,不需拆开机器。

但是也有如下缺点:

(1) 当样件几何形状复杂时,解释信号比较困难；

(2) 当材料晶粒较粗时,回波信号比较弱；

(3) 需要熟练的操作人员解释超声图像。

与射线探查方法比较,这种方法具有如下优点:

(1) 只要从一个方向检测即可得到结果；

(2) 没有放射危害；

(3) 不需要处理胶卷；

(4) 探测仪器可以制成采用电池电源的便携式仪器；

（5）其灵敏度高于射线检查法；

（6）可以直接用发动机油作耦合剂。

【例四】 关键零部件的在线监测

超声方法的一个发展方向是对关键零部件实现在线监测。如图 3-37 所示的飞机零件，有四个高应力区域，采用四个永久性配置的超声探头监视这四个区域中裂纹的发生和发展，这样，就可以避免定期将关键零件进行拆卸检查，必要时还可以安装预警装置。

【例五】 小型压力容器壳体的缺陷诊断

小型压力容器壳体是由低碳不锈钢锻造成型的，经过机械加工后成为半球壳状。对于此类锻件进行超声波探伤，通常以斜探头横波探伤为主，辅以表面波探头检测表面缺陷。

对于壁厚 3mm 以下的薄壁壳体可以只用表面波法检测。探测前必须将斜探头楔块磨制成与被测件相同曲率的球面，以利于声耦合，但是磨制后的超声波束不能带有杂波。通常使用易于磨制的塑料外壳环氧树脂小型 K 值斜探头，K 值可选 1.5~2，频率 2.5~5MHz。

探测时采用接触法，用机油耦合。图 3-38 所示为探伤的操作情况，探头一方向沿经线上下移动，一方面沿纬线绕周长水平移动一周，使声束扫描线覆盖整个球壳。在扫描过程中通常没有底波，但遇到裂纹时会出现缺陷波。可以制作带有人工缺陷与被测件相同的模拟件调试灵敏度。

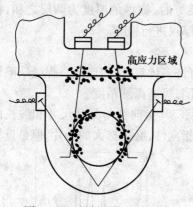

图 3-37　关键零件在线监测

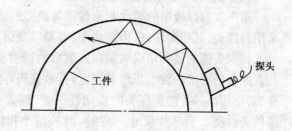

图 3-38　小型球壳的探伤

如果采用水浸法和聚焦探头检测，可以避免探头的磨制加工。但要采用专用的球面回转装置，使被测件和探头在相对运动中完成声束对整个球壳的扫描。

【例六】 复合材料的缺陷的诊断

某些结构件是将两种材料粘合在一起形成的复合材料。复合材料粘合质量的检测，主要有脉冲反射法、脉冲穿透法和共振法。

两层材料复合时，粘合层中的分层（粘合不良）多与板材表面平行，用脉冲反射法检测是一种有效的方法。用纵波进行检测时，若两种材料的声阻抗相同或相近，且粘合质量好，产生的界面波很低，底波幅度较高。当粘合不良时，界面波较高，而底波较低或消失。若两种材料的声阻抗相差较大，在复合良好时界面波较高，底波较低。当粘合不良时，界面波更高，底波很低或消失。

当第一层复合材料很薄，在仪器盲区范围内时，界面波不能显示。这时粘合质量的好坏主要用底波判别。一般说来粘合良好时有底波，遇到粘合不良时无底波，但第二层材料对超声衰减入射时，也可能无底波。如图 3-39 所示。

当第二层复合材料很薄时,界面波 I 与底波相邻或重合,如图 3－40 所示。对于很薄的复合材料,也可以用双探头法检测。如用横波检测,可以用两个斜探头一发一收,调整两探头的位置,使接收探头能收到粘合不良的界面波。

若采用穿透法,两个探头分别放在复合材料的两个相对面,一发一收。当粘合良好时,接受的超声能量大,否则声能减小。此法特别适用于检测声阻抗不同的多层复合材料。

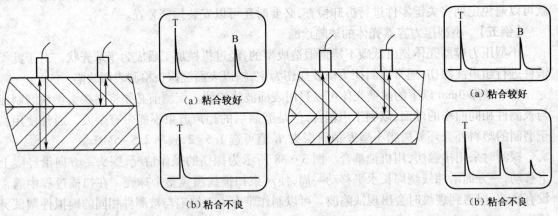

图 3－39　第一层较薄时的探测　　　　　　图 3－40　第二层较薄时的探测

共振法适用于检测声阻抗相近的复合材料。粘合良好时,测得的厚度为两层之和,粘合不好时,只能测得第一层的厚度。可以使用共振式超声测厚仪进行检测。

【例七】　焊缝缺陷的诊断

超声波对焊缝中的裂纹和未焊透等缺陷的诊断具有许多优点,应用广泛。焊缝缺陷诊断需采用斜探头,其指向性好,声能集中,容易发现微小的缺陷,提高探测精度。

斜探头探测是利用纵波斜向入射后的折射横波声束。其指向性与晶片尺寸和波长的关系与直探头的要求一致。当波长一定时,欲获得好的声束指向性,必须选大的晶片,但是近场距离变大,使用小晶片的斜探头时指向性又差,损失了远场的灵敏度。当晶片尺寸一定时,波长越小指向性越好。为了提高对缺陷的诊断能力和精度,以及避免焊缝表面杂波干扰,应使用高频超声波,但过高频,声能衰减加大,穿透力降低,甚至无法探测。总之,必须综合考虑这些因素。

通过实践认为,了解斜探头的声束扩散角与缺陷的定量关系;声束中心轴在水平方向的偏移;以及声束在垂直方向上的双峰很重要。此外,为了鉴别焊缝上两个靠近的缺陷,斜探头应该有良好的分辨率,盲区不宜过大;探头的折射角不同,发现缺陷的能力也不同,因此,规定标称折射角和实测折射角的误差越小越好。

当横波在工件中传播时,遇到缺陷就会在缺陷表面产生反射和波形转换,如图 3－41 所示。

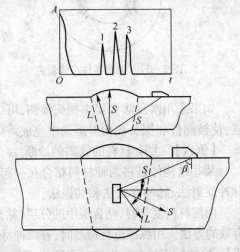

图 3－41　斜角探测的波形转换与反射
1—反射波;2—纵波反射波;3—二次横波反射波
S—横波;L—纵波。

为了发现缺陷并对它进行定性和定量,单斜探头的扫描移动方式如图 3－42 所示。

在焊缝探查中,应根据工件的形状、厚度、焊接形式等选择探测方法,选择不当会误判或漏检。

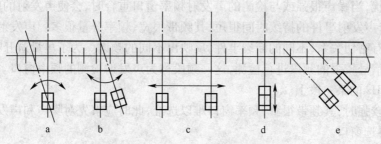

图 3－42　单斜探头的扫描方式

a—转角;b—环绕;c—左右;d—前后;e—斜平行。

3.3　机械故障的声发射诊断理论与应用

声发射技术是在 20 世纪 60 年代发展起来的一种评价材料和构件状态,进而用来进行机械设备状态监测与故障诊断的新方法,即使用探测仪器接收机械设备零件因故障而发射出的声发射信号,然后通过信号处理、分析来诊断设备的故障情况。该技术可以用于判断机械设备中零件的早期故障。

3.3.1　声发射技术的基础理论与方法

1. 声发射技术的基本原理

当材料受内力或外力作用产生变形或断裂,以及构件在受力状态下使用时,以弹性波形式释放出应变能的现象称为声发射。

试验表明,各种材料声发射的频率范围很宽,从次声频、声频到超声频,所以,声发射也被称为应力波发射。多数金属材料塑性变形和断裂的声发射信号很微弱,需要灵敏的电子仪器才能测量出来。用仪器检测、分析声发射信号和利用声发射信号推断发射源的技术称为声发射技术。

声发射诊断时声学检测中的重要方法,其基本原理是必须有外部条件,如力、电磁、温度等因素的作用,使材料内部结构发生变化,如晶体结构滑移、变形或裂纹扩展等,才能产生能量释放使声发射出来。因此,声发射的诊断是一种动态无损检测法,是依据材料内部结构、缺陷或潜在缺陷处于运动变化的过程中,材料本身发出的弹性波而进行无损检测的。这一特点使其区别于超声波等其他无损诊断方法。

声发射信号来自缺陷本身,故可以用声发射法诊断缺陷的程度,同样大小和性质的缺陷由于所处的位置和所受的应力状态不同,对结构的损伤程度也不同,所以它的声发射特征也有差别。了解来自缺陷的声发射信号,就可以对缺陷的安全进行跟踪监测,这是声发射技术优于其他诊断技术的一个重要特点。

另外,绝大多数金属和非金属材料都有声发射特点,声发射诊断几乎不受材料限制。由于材料的变形和裂纹扩展等的不可逆性质,所以声发射也具有不可逆性。因此,必须知道材料的受力历史或者在构件第一次受力时进行声发射诊断。

利用多通道声发射仪器可以确定缺陷的位置,这对大型结构和工件检测很方便。但是声发射检测到的是电信号,利用它解释结构内部的缺陷变化比较复杂。另外,声发射检测环境常有很强的噪声干扰,当噪声很强或与检测的声发射频率窗口重合时,会使声发射的应用受到限制。

通常,一个声发射事件的持续时间很短,其频带很宽、频率分量很多。声发射事件的频率分量与断裂特性有密切关系,不同的断裂事件,反映出不同的频谱。为了尽量避开噪声的干扰,常常选在声发射信号较强的频段进行检测,这一频段称为声发射检测的频率窗口。频率窗口应设置在高于 400kHz 的某一段上。

当声发射较强时,其频带很窄,频率窗口难以选准,此时应事先对噪声和声发射信号进行频谱分析,然后再选窗口。

2. 声发射信号的特征

在声发射技术中,声发射的能量是缺陷扩展时的多余能量,它是在缺陷运动时或者运动受阻时释放出来的,从而形成应力波脉冲。因此,可以认为声发射应力波脉冲的最大时间相当于缺陷运动时间。由于裂纹扩展速度接近于声速,脉冲频率可达 100MHz,所以接收这样高频率的传感器很难制造,通常还是用窄带压电谐振式传感器。因为,接收传感器接收的波是经过多次反射,传播衰减和波形变换后不同频率谐波叠加而成的。一个声发射事件,在到达传感器时有可能分裂成几个波,如图 3-43 所示。当声发射应力波激发接收传感器并使之谐振时,输出的电压信号 V_p 幅值最大,此段所需的时间成为上升时间 t_r。传感器输出信号达到最大幅值后,在下一个声发射事件到达之前,传感器由于阻尼而逐渐衰减,输出信号的幅值逐渐减小,上升时间及其衰减快慢均与传感器的特性有关。此后,传感器可能接收到反射波或变形波,又使输出信号增大,使波形出现一个小峰。

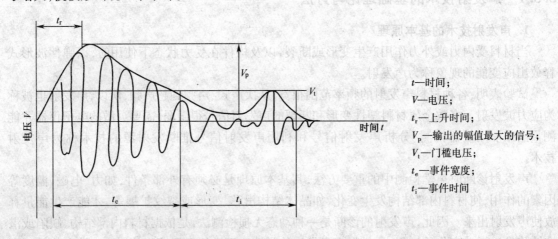

图 3-43 声发射信号的有关参数图解

把这个时域图形上,传感器每振荡一次输出的一个脉冲称为振铃,振铃脉冲的峰值包络线所形成的信号称为发射事件。在声发射检测中,为了排除噪声和干扰信号,要设置门槛电压 V_t,低于它的信号均被剔除。因此,从包络线越过 V_t 的一点开始到包络线降至 V_t 的一段时间,成为事件宽度 t_e,在信号处理中,为了防止同一事件的反射信号错误的当作另一个事件处理,故设置了事件间隔 t_i,将 $t_i + t_e$ 成为事件持续时间。

3. 事件与振铃计数

在声发射信号的处理中,按图 3-43 所示,在事件持续时间内计一次数。如在事件持续时间内到达另一个越过门槛的事件,则当作是前一事件的反射信号来处理,不计入事件计数内。事件计算,可以计单位时间的事件数目,称为事件计数率;也可以计从检测开始到结束(或某一阶段)的事件总数,称为事件总计数。事件总计数对时间的微分为事件计数率。事件计数方法着重声发射事件出现的数目和频度,而不注意事件的幅度。它相当于裂纹扩展一次产生一次声发射事件,用它表达裂纹扩展的前进次数。

振铃计数是计振铃脉冲越过门槛的次数或单位时间内的振铃数,称为振铃计数率。计到某一特定时间的总的振铃数称为振铃总计数,也可以用事件为单位进行振铃计数,称为振铃/事件。

从上述分析得知,振铃计数与传感器的特性(各阶谐频、阻尼特性)、被测件的几何形状、门槛电压、信号幅度以及系统增益等有关。对于一个给定脉冲持续时间,振铃计数与事件的能量有关。振铃计数可以把连续型声发射信号,看作是时间为无限长的事件,只要振荡越过门槛就计一次数。

4. 幅度与幅度分布

声发射信号的幅度和幅度分布是能说明声发射本质的两个测量参数。从力学讲,可以把声发射信号的幅度大小作为信号能量的量度。幅度分布是指按声发射信号峰值幅度的大小分别进行事件计数,其表示方法有:

(1)累计事件幅度分布 $F(V)$,它是计信号峰值幅度高于 V_i 的事件数。i 通常取 5、10、100 和 1000。

(2)微分事件幅度分布 $f(V)$,它是按各挡对事件进行计数,即幅度位于 V_i 到 V_{i+1} 之间的声发射事件数。通常用直方图表示,x 轴为幅度的挡,y 轴为各挡的事件计数。

5. 能量(能率)

在声发射技术中,多使用振铃计数法,但此法有下列缺点:振铃计数随信号频率而变;仅能间接地考虑信号的幅度;计数与重要的物理量之间没有直接的联系。因此,提出能量测量的方法。一个瞬变信号的能量定义为 E:

$$E = \frac{1}{R} \int_0^\infty V^2(t)\, \mathrm{d}t$$

式中 R——电压测量线路的输入阻抗;

$V(t)$——与时间有关的电压。

据此,先将声发射信号的幅度平方,然后进行包络检波,求出检波后的包络线所围的面积,作为信号所包含的能量的量度。

能量的测量方式有三种:①测单位时间的能量,称为能量率;②测从检测开始到某一阶段的能量,称为总能量;③测每个事件所包含的能量。

在声发射技术中,频谱分析逐渐受到重视,主要是测声发射信号的幅频特性以用来研究声发射源的特性。

3.3.2 机械故障的声发射分析与应用实例

【例一】 在滚动轴承故障诊断中的应用

在对滚动轴承的故障诊断时,采用高频声发射信号的包络分析法,既能判断有无故障,又能确定故障发生的部位,并可以对轴承故障进行早期预报。因此,可以设计一个由计算机为中心的声发射信号提取与分析系统,用包络分析法对滚动轴承故障进行精密诊断。

（1）声发射信号的包络分析。滚动轴承是由内圈、外圈、滚动体、保持架等零件组成。这些零件中如出现裂纹、剥落等,都可以激发声发射信号。故障的检测原理是提取有关声发射波形的振幅调制特性,对反映故障种类及程度的重要特征量进行提取和分析。

包络线检波信号频谱分析原理如图3-44所示。

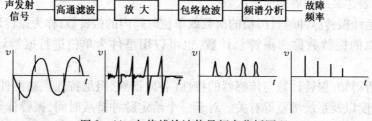

图3-44 包络线检波信号频率分析原理

机器的振动频率一般在50kHz以下,在此频段内,轴承的故障信息被强大的背景噪声所淹没。研究表明,轴承早期故障发出的声发射信号频率高,通过高通滤波器提取并分析,可以避免低频振源和噪声的干扰,提高信噪比。将轴承上发出的信号经声发射传感器转换为电信号,通过滤波、放大再进行包络处理,将高频信号变为低频信号,送给计算机处理、分析,并与数据库进行对比,最后输出诊断结果。

对信号包络处理可以用希尔伯特变换技术,也可以用包络检波电路实现。希尔伯特变换法需要对原始高频信号进行处理,普通的信号采集与处理系统不能实现,若用包络检波电路处理,普通信号分析系统可以实现,且可以将声发射包络信号与振动信号或其他信号在同一计算机或分析仪上分析处理,实现多参数综合诊断。

用声发射信号包络分析法,诊断出滚动轴承不同部位的故障,故障频率值与理论分析相符合,对单一故障与复合故障均有较好的诊断结果。以外圈故障为例,信号处理程序框图如图3-45所示,包络谱图如图3-46~图3-49所示。轴承外圈故障频率理论与实测值列入表3-6。

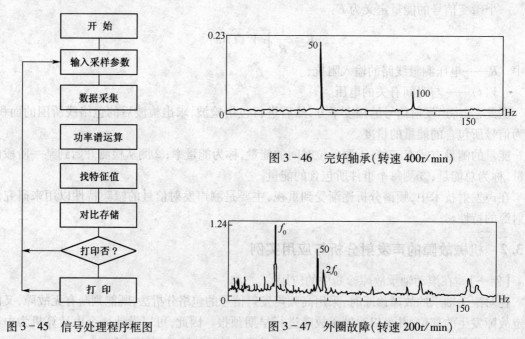

图3-45 信号处理程序框图

图3-46 完好轴承(转速400r/min)

图3-47 外圈故障(转速200r/min)

120

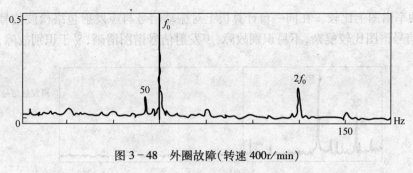

图 3-48 外圈故障(转速 400r/min)

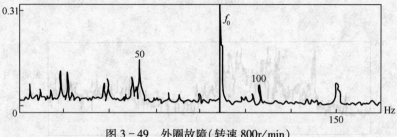

图 3-49 外圈故障(转速 800r/min)

由包络谱图可见,好坏轴承有明显差别,完好轴承的包络谱除了有 50Hz(交流电的干扰,可以将其屏蔽掉)频率成分外,没有其他峰值。故障轴承包络谱除了 50Hz 频率外,有少数明显的峰值,对应的频率值与故障理论值相符合,峰值的大小代表着故障程度。对故障频率的检测,可以准确判断轴承故障部位,对故障频率处幅值的监测可以了解轴承的运行情况以及故障发展程度。如图 3-50 所示。

表 3-6 轴承外圈故障频率值

转速/(r/min)	200	400	600
理论值	27.95	55.90	83.85
实测值	27.539	55.957	83.789

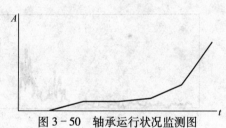

图 3-50 轴承运行状况监测图

(2) 声发射法与振动法的比较。

① 从时域波形图上比较。分别用振动加速度计和声发射传感器在同一点检测轴承故障,不断向远离轴承外套方向移动传感器,当加速度信号只剩下噪声信号时,同一点上声发射信号仍保持明显的特征频率成分,见图 3-51。

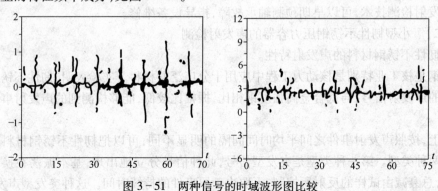

图 3-51 两种信号的时域波形图比较

121

② 从功率谱图上比较。在同一台计算机上对振动信号与声发射包络检波信号进行功率谱分析,振动信号谱图比较复杂,不易识别故障,声发射信号谱图清晰,易于识别故障,见图3-52。

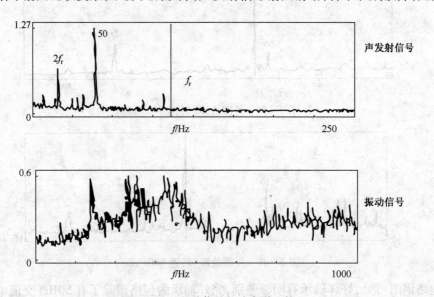

图 3-52　两种信号的功率谱比较

③ 从预报时间上比较。在载荷、转速完全相同的条件下,同时测定声发射和振动信号。从试验开始一直到 68.5 h 以后,振动加速度开始增加,而声发射信号则是在 53 h 开始增加。可见声发射法早期诊断效果好于振动法,见图 3-53。

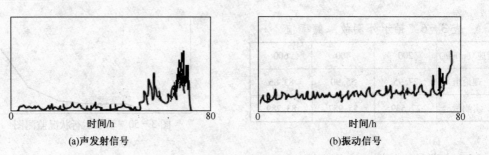

图 3-53　两种信号的预报时间比较

④ 结论。用声发射信号包络分析法,既能判断轴承有无故障,又能确定故障发生的部位,并且分析故障严重程度,试验结果与理论分析相符合,可以对轴承故障进行精密诊断。

用声发射检测技术,可以早期预测轴承故障,指导设备维修。

【例二】　小型韧性不锈钢压力容器的声发射检测

(1) 韧性不锈钢材料的声发射特性。

不锈钢是核工业特别是核动力工程中应用十分广泛的材料。实验表明,韧性不锈钢材料变形时产生的声发射信号,与低合金高强度钢相比,振幅比较低,能够检测到的声发射事件总数也比较少。

实际上,按照声发射事件之间平均时间间隔的明显不同,可以把韧性不锈钢材料的声发射信号分为两种类型。第一种类型是突发型信号,此种信号分立地出现,基本振荡在换能器的共振频率上,总衰减由试样的反射所控制,不取决于原事件的持续时间。这种突发型声发射,目前

122

普遍认为是由于夹杂断裂而引起的。第二种类型是连续型声发射信号,这种声发射活动的产生显然是与位错运动有关的,因此,声发射的振幅很低。在工程上能够被利用的声发射信号主要是突发型信号,而连续型信号的实用价值不大。

显然,突发型与连续型声发射信号之间并没有严格的界限。突发型声发射所给出的高于某一电平的振幅信号数目,随着振幅向电子背景噪声方向减小而增加。当信号幅度很接近噪声电平时,毫无疑问,很多信号将发生重叠,突发型信号实际上是连续的。图 3-54 是突发型与连续型声发射信号的试验记录曲线。两种信号之间的本质区别在于,突发型信号与夹杂断裂有关,而连续型信号与位错运动或宏观屈服有关。

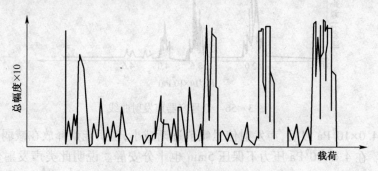

图 3-54 突发型和连续型声发射

由于韧性不锈钢材料声发射信号振幅较低,突发型事件的总数也比较少,因此,在进行声发射特性测试时,对加载系统引起的寄生发射、背景噪声和电磁干扰的影响等,都必须进行严格的控制。所使用的声发射检测系统和换能器都必须具有优良的性能和多参数测试功能。

(2) 小型韧性不锈钢压力容器故障的声发射检测。

图 3-55 是检测装置方框图。压力容器的耐压和爆破试验,通过电动试压泵向容器充水加载进行。声发射检测系统是四通道声发射信息分析仪。试验时使用两个通道,在电子束焊缝的上部和下部容器表面上各固定一个换能器。运用时差测量系统可对声源信号进行线定位。为了排除噪声干扰,选择合适的试验条件,必须对测试系统进行标定。为了获得一个阶跃函数形式的点源力,可以采用模拟信号源法、折断铅笔芯法和针击信号源法等进行标定。

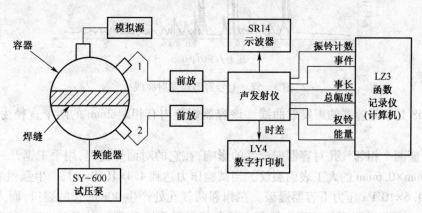

图 3-55 试验装置方框图

试验用的小型不锈钢压力容器分别用 1Cr18Ni9Ti 和 316L 材料制成。在焊接过程中,在一定容器的焊缝上通过控制焊接参数,故意制造一些人工缺陷,如气孔和未焊透等。并通过 X 射线探伤找出这些缺陷的位置再标注到容器表面上。

对不同的容器分别进行耐压试验,有的容器一直加压使之爆破。在加压开始前30s至加压试验停止(或容器爆破)期间进行声发射监测。

图3-56是3号容器的声发射曲线。该容器焊缝中无缺陷。当压力达到 $2 \times 10^7 \mathrm{Pa}$,产生突发型信号,表明焊缝中有夹杂开裂或内聚力解脱,增压至 $3.6 \times 10^7 \mathrm{Pa}$ 时,夹杂开裂再继续。

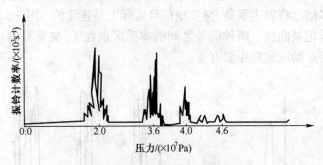

图3-56 三号容器声发射曲线

压力超过 $4.0 \times 10^7 \mathrm{Pa}$ 以后,声发射信号幅值逐渐减小,说明能量释放在减弱,并且没有新的开裂现象产生。在 $4.6 \times 10^7 \mathrm{Pa}$ 压力下保压 5min 也十分安静。说明此类声发射信号是收敛的,如果容器在低于该压力下使用,将是安全的。

图3-57是7号容器的声发射曲线。该容器焊缝上有直径为 0.1mm 的气孔 2 处。在试验过程中,充压至 $1.8 \times 10^7 \mathrm{Pa}$,开始出现声发射信号。在 $3.0 \times 10^7 \mathrm{Pa}$ 时,信号最强,释放的声发射能量较多。继续增压时,信号逐渐减弱并趋向收敛。在 $4.4 \times 10^7 \mathrm{Pa}$ 压力下保压 5min,有微小的连续型声发射信号产生,而没有突发型事件出现。说明气孔是收敛型的声发射源。如果容器在低于该试验压力下使用,不会发生爆破,但并不是十分安全的。

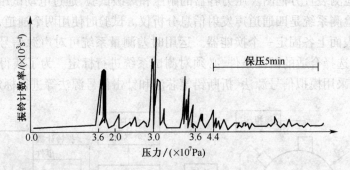

图3-57 七号容器声发射曲线

图3-58是8号容器的声发射曲线。该容器焊缝内有相距 2mm 的两个直径为 0.8mm 的气孔。

为了验证两个相邻气孔对容器安全性的影响,在它的对面焊缝上,用手工锯开一个长宽深为 20mm×1mm×0.6mm 的人工表面裂纹。当试验压力达到 $4.4 \times 10^7 \mathrm{Pa}$ 时,产生强烈的声发射信号,终于在 $4.6 \times 10^7 \mathrm{Pa}$ 压力下容器爆破。在相邻两气孔处产生 40mm 长的裂口,而人工裂纹并未破裂。这一现象说明相邻的两个气孔实际上相当于总长 3.6mm 的条状缺陷,对容器强度有着重要的影响。

图3-59是11号容器的声发射曲线。在它的整个环形焊缝上充满着 1.5mm 深的未焊透缺陷。因此,在 $1.4 \times 10^7 \mathrm{Pa}$ 压力时,未焊透处便产生局部应力释放。随着压力增加声发射信号

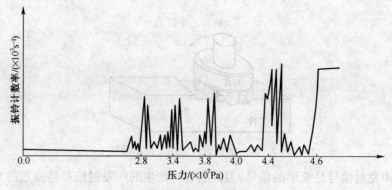

图 3－58　八号容器声发射曲线

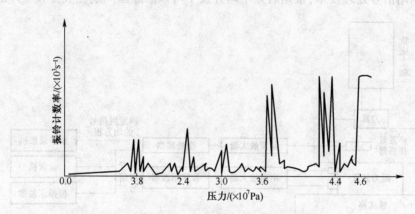

图 3－59　十一号容器声发射曲线

不断增强,最后在 $4.6×10^7$Pa 压力下容器爆破。

通过对小型韧性不锈钢压力容器耐压和爆破试验的声发射监测分析表明:用声发射技术监测韧性不锈钢容器的耐压和爆破试验是可行的。监测耐压试验时,可以判别容器在某一指定压力下使用的安全性,可以由声发射监视缺陷在外力作用下的活动及扩展情况,研究各类缺陷的收敛性和危险性。监测爆破试验时,可以研究容器爆破的微观机制并监视爆破试验的全过程,即可由声发射监视微裂纹形成、扩展,直至容器最终破裂。

【例三】　铣削中的声发射监测

(1)铣削中的声发射。

在用多齿旋转刀具铣削时,铣削过程会随着载荷和刀具的工作速度的变化而变化。同时,切屑的聚集和刀具磨损是产生噪声的潜在因素。在切屑形成及其和刀具接触中,由于物质的塑性变形而产生基本的声发射信号。这个信号由于其他噪声源和切割中的周期性而变得复杂了。

刀具的工作速度和金属切削率是影响声发射信号能量的重要参量。声发射的主要来源是由金属切削过程决定的,包括:① 剪切区域中工件材料的塑性变形;② 切屑与刀具前面之间的滑动摩擦;③ 工件和道具侧面之间的滑动摩擦;④ 切屑卷曲碰撞和刀具破损;⑤ 铣削中每个刀具进入切削而产生的冲击;⑥ 刀具退出切削导致突然卸载。

如图 3－60 所示为多齿铣刀铣削工件示意图。

由于刀具工作时的相互作用,产生声发射时会引起其他变化。这主要是由刀片的厚度和刀具工作速度改变而引起的,如刀具旋转着通过工件时,其转速会发生改变。在切割过程中,刀具

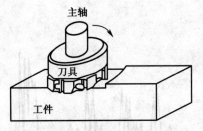

图 3 - 60 多齿铣刀铣削工件示意图

磨损时产生的声发射信号是变形的信号,刀具断裂时产生的声发射信号是强烈的尖峰信号。

图 3 - 61 是立式铣床铣削声发射检测系统框图。铣床是 G10180 号碳钢制成的,铣刀是钨合金制成的。利用信号处理技术,根据时差平均开发了可以滤除强周期性成分和噪声的技术。

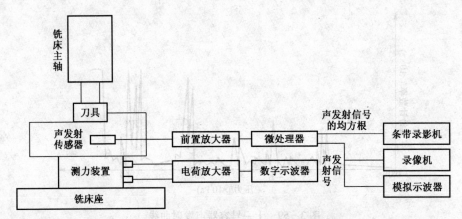

图 3 - 61 立式铣床铣削声发射检测系统框图

(2) 切屑形成中的声发射。

通过试验研究不规则碎片破裂产生的声发射,研究发现声发射信号的事件发生率和加工钢材与铝材不连续碎片的切屑形成频率具有良好的相关性。切屑破碎引起的声发射与加工过程中塑性变形和摩擦产生的连续声发射叠加在一起。声发射信号分析在测定连续和间断切屑形成时的可行性得到证实。在这种情况下,可采用关键传感器监测在金属切削中切屑破裂产生的声发射。

声发射的均方根电压的发生率超过预定临界点时,可以区分连续和间断的切屑形式。基于这种方法的声发射分析在不断地发展。

但是在一些情况下,对任何单一因素,当在从连续到间断转变的附近时,很难确定准确的切屑形成条件。此外,在不同的加工条件下,对一个理想的间断切屑形式的定义可能有所不同。因此,需要额外的信号分析能力。

在切屑形式分类中,均方根的发生率是最重要的因素,其次是进刀量。切削深度没有进刀量和发生率重要。

声发射技术已应用于监测和分析金属切削加工过程。智能化声发射传感器已用于机械制造设备中,将相关的高频应力波转换成数字信号提供给控制系统,并为信号调节、处理、自校准和诊断提供数据。

第4章 机械故障的油液诊断

4.1 油液分析方法的分类与范围

油液检测与分析主要包含两大技术领域:一个是对润滑剂进行分析,另一个是对润滑剂中的磨损微粒进行分析。前者通过监测由于添加剂损耗和基础油衰变引起油品物理和化学性能指标的变化程度,来检测机械设备的润滑状态并识别机器因润滑不良所引起的故障;后者通过对润滑剂中所携带的磨损微粒的尺寸、形态、颜色和浓度等的观测,来实现对机械设备摩擦状态有效而准确的监测和诊断。

实际上,人们已经注意到,所监测的对象在油品变质和摩擦产物方面有着密切的相关性。也就是说作为载体的润滑油,其性能的劣化,一方面可能是机器磨损的原因,另一方面也可能是机器磨损的结果。同时,磨损微粒的产生,一方面可能是机器本身某种不正常状态导致磨损的原因,另一方面可能仅是由于润滑油劣化所导致。二者具有互为因果的内在联系,因此缺一不可。

1. 润滑油物理化学性能分析

润滑油物理化学性能分析包括以下几方面的分析。

(1)油品的劣化:由于温度作用或滤清效应,使其黏度、密度、酸值等发生了改变,造成油品的衰变。

(2)油液添加剂的损耗:润滑油中常加入各种用途的添加剂,用于抗磨、抗氧化等。这些添加剂中常含有 Ba、Ca、P、Zn 等元素,在使用过程中,润滑油中添加剂的消耗会产生含有相应元素的化合物。

(3)油液污染:润滑油在使用过程中,不可避免地会受到外界污染和生成有害物质。这些物质可能会影响油液性能。如果油品中发现某些相关元素含量突然增加,则标志着油品可能已被污染。

2. 润滑油液中磨粒的分析

润滑油液中磨粒的分析主要包括以下几方面的分析。

(1)化学成分:用来判断设备异常情况发生的部位和磨损的类型。

(2)浓度含量:用来判定磨损的总量程度,预测可能的失效和磨损率。

(3)尺寸大小:用来判断磨损的严重程度和磨损类型。

(4)几何形状:用来判断设备摩擦磨损的机理。

4.1.1 几种常见的油液分析方法

1. 常规理化分析

润滑油的常规理化分析就是采用物理化学化验方法对润滑油的各种理化指标进行测定。在针对机械故障诊断这一特定目标时,需要分析的项目一般为:黏度、水分、闪点、酸度和机械杂

127

质等。各类润滑油在这些项目上都有各自的正常值控制标准。

黏度是评定润滑油使用性能的重要指标。这是因为只有正常的黏度才可保证机器在良好的润滑状态下工作。黏度过大,会增加摩擦阻力;黏度过小,会降低油膜的支撑能力,油膜建立不起来自然会导致机械磨损状态的恶化。

水分是润滑油质量的另一个重要指标。润滑油含水可以造成乳化和破坏油膜,从而降低润滑效果而增加磨损,同时还可能加速对机器的腐蚀和使润滑油质量劣化。特别是对加有添加剂的油品,含水会使添加剂乳化、沉降或分解而失去效用。

酸度也是控制润滑油使用性能的重要指标之一。它表明了油品中含有酸性物质的数量。酸度值大的润滑油容易造成对机器的腐蚀。石油馏分中的环烷酸虽然属于弱酸,但是在有水的情况下,对于某些有色金属如铝和锌,也有腐蚀作用而生成金属皂类。皂类会引起润滑油加速氧化,并且积聚成沉淀物后破坏机器的正常工作。润滑油在使用一段时间后的氧化变质,也表现在酸度值的增大。因此,由酸度值大小可以判断在用润滑油的变质程度。

机械杂质是指存在于润滑油中所有不溶于溶剂(如汽油、苯)的沉淀状或悬浮状物质,多数是由砂子、黏土、炭渣、金属屑等组成。它既能反映机械磨损和污染情况,同时也会由于它的存在,增加机器的磨损和堵塞机油过滤器。

以上这几个指标是衡量润滑油使用性能最简易的判别尺度。通过对这些指标的测定,一方面可以监测润滑系统,另一方面可以预测甚至预防机器设备因为润滑不良而可能出现的故障。

2. 原子光谱分析

光谱分析技术可以对各种样品的化学成分进行分析。它可以完成对机器润滑油中所含各种微量元素浓度的测定。

机器润滑油中含有大量以分散形式存在的各种微粒。这些微粒包含机器零部件的磨损微粒、润滑系统本身的异常产物、外来污染物等。而油品中的各个磨损元素的浓度与零部件的磨损状态有关。根据光谱分析的结果就可以判断与这些元素相对应的各零部件的磨损情况,也可以监测和诊断与润滑系统有关的故障,从而达到掌握机器各部件技术和运行状态的目的。

常用的原子光谱分析技术有原子发射光谱技术、原子吸收光谱技术、X 射线荧光光谱技术等。在对油液监测的范围内的原子光谱分析,主要是以原子发射光谱法为主要手段。原子发射光谱是物质原子受到电弧、火焰等能量的直接激发后而发射出光子所形成的可见光谱。每个元素受到激发后发出的光,有其固有的波长(即特征光谱线),这是发射光谱分析的定性依据。光的强度则是定量的基础。由此可见,通过发射光谱仪的测试,能迅速、准确地得到润滑油中各元素的种类和含量值。通过数据积累,掌握数据规律,就可以判断机器的磨损状况。

3. 红外光谱分析

利用红外谱分析技术可以获知润滑油中的水分、积炭、硫化物、氧化物和抗磨剂等的变化。从广义上讲,各种电磁辐射都有相应的光谱。由原子的核外电子能量级跃迁所形成的光谱,属于原子光谱,而由分子的振动和和转动能级跃迁形成的光谱,为分子光谱。因其波长通常出现在红外区段,所以称作红外光谱。对于在用润滑油进行红外光谱分析,正是利用这一原理实现对油液中各种分子或分子基团性质和状态的评定。传统的油液理化分析,主要从油液的物理化学参数来表征其状态,如黏度、水分、闪点等。这些分析方法和结果表达形式已经为人们所接受,但是实际上这类定量数据只是反映了油液性能变化的宏观表现,没有涉及油液内不同分子结构物质的变化内因。油液红外光谱分析可以实现这一目标。其常用的表征参数为:氧化、硝化、硫酸盐、抗磨剂损失、燃油稀释、水污染和积炭污染等。近年来,红外光谱技术在美国军方引起重视并得到积极应用的原因,不仅是红外光谱分析具有其独特的作用和意义,更主要的是红外光谱仪得到了巨大的发展,分析方法和标准的成熟。

4. 铁谱分析

铁谱分析技术是利用高梯度强磁场将机器润滑油中所含磨损微粒按其粒度大小有序的分离出来,通过对磨粒形态、大小、成分、浓度和粒度分布等方面进行定性定量观测,得到有关摩擦磨损状态的重要信息。

铁谱分析的创新之处在于它能鉴别机械设备摩擦副在不同磨损状态下所产生的各种特征磨损微粒。它着重于对金属磨粒的形貌、大小及成分的微观分析,直观地获得机器主要摩擦副表面的磨损情况。当磨粒的大小在数微米以上时,应用铁谱技术判断故障,其优越性会得到很好的体现。

5. 颗粒计数分析

颗粒计数是评定油液中固体颗粒(包括机器磨损微粒)污染程度的一项重要技术。它的特点是对油样中的颗粒进行粒度测量,并按预选的粒度范围进行计数,从而得到有关颗粒粒度分布方面的重要信息。通过与标准对比,获得对油液污染程度的评价。起初主要是依靠光学显微镜和肉眼对颗粒进行测量和计数,现在则采用图像分析仪进行二维的自动扫描和测量。但是这些都需要首先将颗粒从油液中分离出来,并且分散沉积在二维平面上。随着颗粒计数技术的发展,各种类型先进的自动颗粒计数器的研制成功,它们不需要从油液中将颗粒分离出来便能自动地对其中的颗粒大小进行测定和计数。

4.1.2 油液监测分析技术特点及适用范围

任何一种技术方法或手段都有其局限性,都有着不同的适用范围。前述的几种可用于机械故障诊断的润滑油分析技术各有特点,但是任何一种单一的方法都不能全面地给出分析研究所需的信息和数据。例如,各种技术中分析效率与润滑油中的颗粒粒度有关,图4-1和图4-2给出了各种检测技术的检测效率和检测粒度范围。

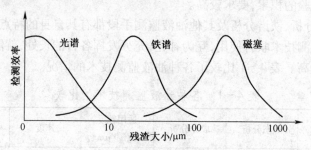

图4-1 各种检测技术的检测效率

铁谱技术在颗粒度为 $1 \sim 10^3 \mu m$ 时,分析效率可达100%,即这个粒度区间的磨粒是比较完全地被检测出的。这个区间正是机械产生磨粒的特征粒度范围。因此,采用铁谱技术开展机械设备状态监测与故障诊断是比较有效的。光谱分析对 $10^{-1} \sim 1 \mu m$ 级的磨粒分析效率最高,实际上光谱数据所测得的数值是在润滑系统中具有较长寿命的小磨粒浓度累计值。在实际监测中,人们在努力发掘一种检测技术潜力的同时,必须寻求多种检测技术的联合使用。例如,普遍采用常规理化分析、铁谱技术和光谱技术的联合应用。

在检测技术的联合应用中,理化分析主要通过测量油品的黏度、闪点、积炭、总碱值等指标来分析润滑油的状况以判断是否有机械杂质增加、酸度值增加或黏度值的下降等油品劣化现象。光谱分析的特点能快速准确提供润滑油中 20 余种元素的浓度,但是由于只对小粒子敏感,以及不能给出其他方面(如粒子的大小、分布、形貌及其数量等)的特征,难以获得必要的磨损类别和严重程度信息。铁谱技术的特点正好与它们互补。铁谱分析特别适用于较大磨粒的检测,对润滑磨损故障诊断的机理有较强的解释性。通过对机械设备所产生磨损颗粒的形状、尺寸、颜色、数量以及粒度分布等方面进行定性、定量监测,能够获得大量丰富的故障隐患信息。它尤其对分析异常磨损故障机理和预防早期、突发性故障有较大的优势。

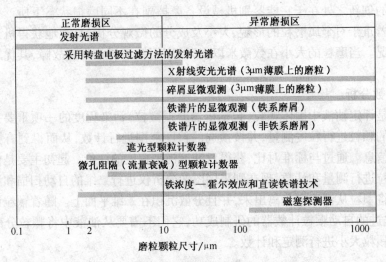

图 4-2　各种检测技术的检测粒度范围

光谱分析速度快,数据准确,适合于大量油样的数据采集。但是它所检测的润滑油中所含元素浓度,反映的是所有摩擦副磨损颗粒累计的含量,而不能反映磨粒的具体尺寸、形貌方面的信息。铁谱分析虽然具有其他检测手段所不具备的优点,但是分析速度慢,油样通过能力低,操作繁琐费时。在磨粒识别、磨损类型及磨损程度分析、故障判断等方面,铁谱技术较大程度上依赖于专业技术人员经验的积累,要求较高。

实践表明,光谱分析、铁谱分析及其他油液监测手段都有其自身的特点,它们各有长处和不足。如果将这几种监测技术联合使用,互为补充,充分发挥各自的长处,就能使机械故障的预报准确率得到进一步提高。表 4-1 比较了各种油液监测技术的情况。

表 4-1　各种油液监测技术的比较

监测技术	定量	形态分析	成分分析	适用粒度范围/μm	速度	实验室条件	投资成本
理化分析	准	不可	—	—	一般	一般	低
光谱	准	不可	可	0.1~1	快	高	高
铁谱	较准	可	可	1~1000	直读式快分析式一般	一般	一般
红外光谱	准	不可	可	分子级	较快	一般	高
颗粒计数	准	不可	不可	1~1000	较快	一般	高

4.2 油液的谱分析

油液的谱分析主要是指油液的铁谱分析和光谱分析。通过对油样进行分析,可以获得如下几个方面的信息:

(1) 根据主要磨粒的形成、颜色和颗粒大小等特征来判断机器磨损的严重程度。

(2) 磨粒的大小和形貌反映了磨粒产生的原因(如疲劳、剥落、腐蚀),即磨损形成的机理。

(3) 磨粒的材质成分反映了机器磨损的具体位置,即哪个零件哪个部位磨损。

由此可见,在数以百万计的千姿百态微观物质中准确地识别各类磨粒,便是每个运用油液分析技术开展设备故障诊断工作人员所必须掌握的一项技术。

4.2.1 磨粒形成的机理与识别

1. 正常摩擦磨损颗粒

摩擦副表面的最外层金属切混层(也称毕氏层,是机械加工过程中形成的。厚度小于$1\mu m$)在反复相对滑动和研磨作用下发生疲劳,出现纵向裂纹,然后向水平方向发展。裂纹连通后形成磨粒剥落,从而产生磨损。在接触应力和相对滑动运行的综合作用下,该金属层切混层还不断生成。因此,正常磨粒就是该金属切混层的不断产生、剥落、再产生、再剥落的过程。所以在良好运行的机械设备中,正常磨损是持续发生的,其机理就是摩擦副表面的金属切混层不断剥落的结果。

正常磨损时磨粒的形态特征是一些具有光滑表面的"鳞片"状颗粒,其特征为长度$0.15\sim0.5\mu m$ 甚至更小,厚度为$0.15\sim1\mu m$ 之间,长轴尺寸与厚度之比约为 $3:1\sim10:1$ 的剪切混合层在剥落后形成的不规则碎片。

2. 切削磨损磨粒

摩擦副表面作相对运动因为负荷或速度过高而使应力变得过大时,润滑油膜会发生破裂。当摩擦副表面的微凸接触点的接触应力大大超过摩擦副表面材料的屈服强度时,微凸接触点发生形变,在切应力的作用下,摩擦副中一个摩擦表面切入另一摩擦表面,接触点沿着强度较弱的地方断开,使得摩擦副表面材料离开本体。这类磨损的发生还可能由于润滑系统中参入的外来污染物、砂砾或者机械系统中游离的零件磨粒。

切削磨损颗粒的形态类似车床加工产生的切屑,为卷曲的细带状,只是尺寸在微米数量级。切削磨损颗粒是非正常磨损颗粒,对它们的存在数量需要重点监测。若系统中大多数切削磨损磨粒的长度为几微米,宽度小于$1\mu m$,可以判定润滑油系统中有粒状污染物存在。但是如果系统中长度大于$50\mu m$ 的大切削颗粒数量急剧增加时,则表明机器中某些摩擦副的失效已经迫在眉睫了。

3. 滚动疲劳磨粒(滚动轴承)

摩擦副两表面作相对运动特别是滚动时,在交变接触应力的作用下,应力集中的区域会发生材料疲劳。所导致的摩擦副表面力学性能降低或材料内部原始缺陷引发了疲劳裂纹。当疲劳裂纹扩展至贯通时,就会使材料剥落。这种磨损形态也称疲劳磨损。

产生于滚动轴承的疲劳点蚀或剥落过程中的磨粒包括三种不同形态:疲劳剥落磨粒、层状磨粒和球状磨粒。

（1）疲劳剥落磨粒是在滚动轴承发生了点蚀或麻点时形成的，是疲劳表面凹坑中剥落的碎屑，碎屑表面光滑，边缘不规则，片状，磨粒中的最大粒度可达 $100\mu m$。如果系统中大于 $10\mu m$ 的疲劳剥落磨粒有明显增加，这就是轴承失效的预兆，可以对轴承的疲劳磨损进行初期预报。

（2）球状磨粒是在轴承的疲劳裂纹中产生的。一旦出现球状磨粒，就表明轴承已经出现了故障，球状疲劳磨粒都比较小，直径约为 $1\sim5\mu m$。

（3）层次磨粒是磨粒被滚压面碾压而形成的薄片，在这类磨粒的表面常带有一些空洞。磨粒尺寸约为 $20\sim50\mu m$，厚度约为 $1\mu m$。层状磨粒在滚动轴承的整个使用期内都会产生。

4. 滚动—滑动复合磨损（齿轮系）

齿轮系摩擦副之间的接触形态会产生滑滚复合磨损，主要是由齿轮节圆上的材料疲劳剥落形成的。产生的残渣具有光滑的表面和不规则的外形，磨粒的长轴与厚度指比为 $4:1\sim10:1$。拉应力使疲劳裂纹在剥离之前向齿轮的更深处发展，促成块状磨粒（较厚磨粒）的产生。与滚动轴承相似，齿轮疲劳可以产生大量的尺寸大于 $20\mu m$ 的磨粒，但是不会产生球状磨粒。当齿轮因载荷和速度过高时，齿廓摩擦表面会被拉毛，这一现象一旦发生就会很快影响到每一个轮齿，产生大量的磨粒。这种磨粒都具有被拉毛的表面和不规则的轮廓，在一些大磨粒上具有明显的表面划痕。由于胶合的热效应，通常有大量氧化物存在，并出现局部氧化迹象，在白光照射下呈棕色或蓝色的回火色，其氧化程度取决于润滑剂的组成和胶合的程度。胶合产生的大颗粒磨粒比例并不十分高。

5. 严重滑动磨损

严重滑动磨损是在摩擦表面的载荷或者速度过高的情况下，当接触应力超过极限时，剪切混合层失去"动态平衡"，变得很不稳定，残渣呈大颗粒脱落，一般为片状或块状，这类磨粒表面有划痕，有直的棱边，磨粒的尺寸范围在 $15\mu m$ 以上，出现这类磨粒时表明磨损已经进入到灾难性阶段了。

4.2.2 铁谱分析

铁谱分析技术是在 20 世纪 70 年代出现的一种新的油液监测方法。它之所以能得到快速发展，是因为它具有其他机械磨损检测技术所不具备的优势。在所有有关机械磨损检测手段中，唯有利用铁谱分析技术才能按磨粒大小依序沉积和排列并实现直接观察。无论是磨料的单体特征，如形状、大小、成分、表面细节等，还是磨粒的群体特性，如总量、粒度分布等，都带有有关机械摩擦副和润滑系统状态的丰富信息，应用铁谱分析技术可以很方便地获得这些信息。但是，该技术仍然存在着一些不足：①采用磁性分离磨粒的工作原理对有色金属磨粒的灵敏度就远不及铁系磨粒；②磨粒在磁场力的作用下的沉积和排列并非是一个具有百分之百沉积效率的随机过程，这就导致其定量结果的重复性不如其他油液监测方法。

1. 铁谱分析的原理及特点

1）铁谱分析原理

在不停机的状态下从润滑油箱体中获取油样，然后按操作步骤将其稀释在玻璃试管中或玻璃片上，使油样通过一个高强度、高梯度的强磁场，油样中的微粒在谱片上迅速沉积。沉积的分布规律受微粒的尺寸、形状、密度、磁化率以及润滑油的物理特性等因素的影响。用铁谱显微镜观察残渣形貌，用光学显微镜还可以从残渣的色泽判断其成分，也可以用电子显微镜进行观察和用 X 射线能谱仪或 X 射线波谱仪对磨粒中的各种元素进行准确的测定。油样的铁谱分析可以提供磨损残渣的数量、粒度、形态和成分四种信息。目前，应用铁谱技术来分析机器的磨损状

态,主要是从以下几个方面来进行的:

(1)根据磨粒的浓度和颗粒的大小等特征,它反映机器磨损的严重程度。

(2)根据磨损量对机器的磨损进度进行量的判断。

(3)根据磨粒的大小和外形,就可以判断磨粒产生的原因,比如是由正常的轻微磨损产生,还是由跑合磨损、微切削磨损、疲劳磨损、腐蚀磨损和破坏磨损等产生。

(4)根据磨粒的材质成分来判断机器磨损的具体部位以及磨损零件,也就是磨粒的来源。

由此可见,铁谱技术是一项技术性较高、涉及面较广的磨损分析与状态监测技术。

2)铁谱技术的特点

(1)可以有效地诊断机械磨损类故障。

(2)同时进行磨粒的定性检测和定量分析,能够观察磨粒的形态、尺寸、颜色、表面特征和对磨粒进行定量分析测量磨粒量、磨损烈度、磨粒材质成分等,这不仅给分析机械设备磨损状态、故障原因和研究设备失效机理等提供了更全面而宝贵的信息,而且大大提高了机械设备状态监测与故障诊断的可靠性。

(3)能够准确监测机器中一些不正常磨损的轻微征兆、具有磨损故障早期诊断的效果。

(4)对非磁性材料难以做定量分析,故在对如柴油机这类含有多种材质摩擦副的设备进行诊断时,往往难以准确判断故障。

(5)需要反复试验才能取得有代表性的油样和分析数据。

(6)作为一门新兴技术,铁谱分析的规范化不够,分析结果对操作人员的经验有较大的依赖性,若是缺乏经验,往往会造成误诊或漏诊。

2. 铁谱仪

典型的铁谱仪有直读式和分析式两种类型。

1)直读式铁谱仪的组成及工作原理

直读式铁谱仪由微粒沉淀系统和光电检测系统两部分组成,见图4-3。

沉淀系统主要是一根斜放在高强度磁场中的玻璃沉淀管,其作用是使磨粒按尺寸大小分开沉淀。油样流经沉淀管时,油样中的铁磁性颗粒受到重力、浮力、磁力和黏性阻力的综合作用,在随着油样流过沉淀管的过程中,因磁力的大小和磨粒的体积成正比,而油的黏性阻力近似与磨粒表面积成正比,所以对大颗粒($>5\mu m$)来说磁力大于黏性阻力,以流入沉淀管便首先沉淀下来。小颗粒磨粒($1\sim2\mu m$)则继续往下流动,另一方面磁力大小还决定于磁场强度和磁场梯度,由于沉淀管倾斜放置,磁场梯度由油样入口到出口逐渐增强,较小的磨粒最终也要依尺寸大小依次沉淀下来。

光电检测系统的作用是检出因磨粒沉淀而引起的管的光强(透射)变化显示出光密度值,间接反映出磨粒的数量和尺寸分布情况,由距进口1mm左右的导光孔测出的是大颗粒沉淀区的光密度值(D_c),而距第一导光孔5mm处的第二导光孔测得的是小磨粒沉淀区光密度值(D_s)。沉淀管内磨粒的分布见图4-4。

2)分析式铁谱仪的组成及工作原理

分析式铁谱仪是最早开发出来的铁谱仪,它包含了铁谱技术的全部基本原理。实际上它是一个分析系统,由铁谱仪和铁谱显微镜组成。

(1)分析式铁谱仪。分析式铁谱仪是制备铁谱基片的装置,它的结构与工作原理如图4-5所示,它是由磁铁装置、微量泵、铁谱基片和胶管支架等组成。分析式铁谱仪工作时,先将微量泵的流量调至使分析油液沿基片连续稳定流动为宜,铁谱基片安放在高强度、高梯度的磁铁装

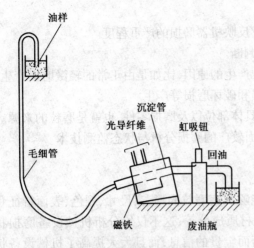

图4-3 直读式铁谱仪原理

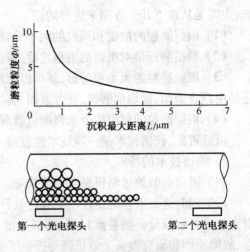

图4-4 沉淀管内磨粒的分布

置上端并与水平面成一定倾角,这样可以沿油流动方向形成一个逐步增强的高强度磁场,同时又便于油液沿倾斜的铁谱基片向下流动,从玻璃基片下端经导流管排入废油杯中。油样中的铁磁性金属磨粒在铁谱基片上流动时受到高梯度磁力、液体黏性阻力和重力的联合作用,按尺寸大小有序地沉积在玻璃基片上,磨粒在磁场中磁化后相互吸引而沿垂直于油样流动方向形成链状条带。各条带之间磁极又相互排斥而形成均匀的间距而不会产生叠置现象。铁谱基片上再经过四氯乙烯溶液洗涤,清除残余油液和固定处理后便制成了可供观察和检测的铁谱片。

图4-6为铁谱基片的磨粒尺寸分布。用于沉淀磨粒的玻璃基片又称铁谱基片,在它的表面上制有U形栅栏,用于引导油液沿基片中心流向下端的出口端到废油杯。

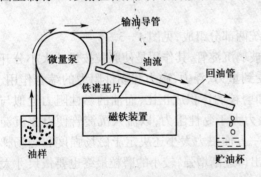

图4-5 分析式铁谱仪工作原理简图

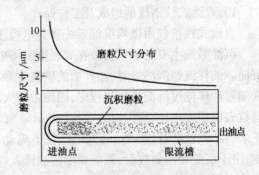

图4-6 铁谱基片的磨粒尺寸分布

(2)铁谱显微镜。铁谱显微镜是一种双色光学显微镜。配用双色显微镜或扫描电子显微镜的原因是磨粒中的金属磨粒不透明,而各种化合物、聚合物磨粒以及外来的污染颗粒是透明或半透明的。应用普通显微镜难以清楚地观察与鉴别。铁谱双色显微镜具有透射(绿色)和反射(红色)两套照明系统,两个光源可以单独使用也可以同时使用,使得分析鉴别功能大为加强。铁谱显微镜配有光密度计和铁谱读数器,可以对铁谱基片同时进行定性定量分析。它还同时带有摄影装置,可以方便地观察记录在谱片上的磨粒尺寸分布、形态、表面形貌、成分及数量等情况。

3. 铁谱分析过程

润滑油中的固体颗粒来源有三个方面:系统内部残留微粒、系统外部侵入微粒和摩擦副运行中生成的磨粒。为了获得可靠的分析结果,需要正确的取样和进行油样处理。取样的频率取决于铁谱分析所表明的变化趋势以及工作因素。

1)了解被监测的设备情况

要对被监测设备做出全面正确的监测诊断结论,就必须对该设备有一个全面的了解,主要了解的内容包括以下几个方面:

(1)功能:即机器的重要程度。

(2)使用期:上次大修后使用的时间。

(3)机器的运转条件:如机器是处于正常载荷还是超负荷、超速运行,温度情况如何,有误异常等。

(4)设备运转历史及其保养情况。

(5)润滑油性能:如生产厂家、牌号、批号等。

(6)可能有初期致命伤的新设备。

2)采样

一个合适的油样的抽取方法是保证获得正确分析结果的首要条件。关键是要保证取出的油样具有代表性,因此,铁谱技术要求采样时应遵循以下四条基本原则:

(1)取样部位:应尽量选择在机器过滤器前并避免从死角、底部等处采样。

(2)取样间隔:取样间隔要根据机器的运行情况、重要性、使用期、负载特性等因素来确定。

(3)取样范围:对某一待监测设备,除了要固定取样部位、固定停机后(或不停机)取样时间外,还应绝对保证样品容器清洁无污染,即上次使用的残油、无其他污染颗粒和水分混入。取样时动作应及其小心,不得将外界污染杂质带入所取的油样和待监测的设备。

(4)做好原始记录:认真填写样品瓶所贴的标签,包括采样日期、大修后的小时数、换油后的小时数和上次采样后的加油量、油品种类、取样部位、取样人员等。

3)油样处理

铁谱油样取出后,磨粒会在重力作用下产生自然沉降。为了使从取样瓶中取出的少量油样具有代表性,必须使磨粒重新在大油样瓶中均匀悬浮,为此需要对油样进行加热、振荡。由于油样的黏度影响磨粒在铁谱片上的沉积位置和分布,为了制取合适的铁谱基片,要求油样的黏度、磨粒浓度在一个比较合适的范围内,为此需要对油样进行稀释,调整其黏度与磨粒浓度。

4)制备铁谱基片

铁谱基片的制备是铁谱分析的关键步骤之一,是在铁谱仪上完成的。要保证制谱基片的质量和提高制谱基片的效率,需要用合适的稀释比例和流量,这样制出的谱基片链状排列明显,一般由专业操作者来完成。

4. 铁谱的定性分析

铁谱的定性分析主要是对其磨粒的形貌(包括颜色特征、形态特征、尺寸大小及其差异等)和成分检测和分析,以便识别磨损的类型,确定磨粒故障的部位,判别磨损的严重程度和失效的机理等。下面介绍几种利用铁谱显微镜光源的不同照明方式进行分析的方法。

(1)白色反射光:利用白色反射光可以观察磨粒的形态、颜色和大小。在白色反射光照射下,铜基合金呈黄色或红褐色,而钢、铁和其他金属粒子多呈银白色。有的钢质磨粒由于在形成过程中产生热效应而出现回火现象,其颜色处于黄色和蓝色之间。这样就可以判断磨损的成分和严重程度。

(2)白色透射光:磨粒有透明、半透明和不透明的,都可以利用白色透射光来观察和分析磨粒。例如游离金属由于消光率极大,所以亚微米厚度的磨粒也不透光而呈黑色。一部分元素和所有化合物的磨粒都是透明的或半透明的。显示的色调可以作为材料性质的特征,如 Fe_2O_3 磨粒呈红色。

(3) 双色照明:红色光线由谱片表面反射到目镜,而绿色光线由下方透射过谱片到达目镜,双色照明比单色照明可以有更强的识别能力。例如金属磨粒由于不透明,谱片上的金属磨粒吸收绿光而反射红光,呈现红色。化合物如氧化物、氯化物、硫化物等均为透明或半透明的,能透射绿光而显示绿色,而有的化合物的厚度达几个微米则部分吸收绿光或部分反射红光而呈黄色或粉红色。这样通过对颜色的检验就可以初步判别磨粒的类型、成分或来源。

(4) 偏振光照明:利用偏振光照明方式可更深入、快捷、简便地观察磨粒,这对于鉴别氧化物、塑料及其他各种固体污染物特别有效,同时根据基片上磨粒沉积的排列位置和方式,也可以初步识别铁磁性(铁、镍等)和非铁磁性磨粒。一般铁磁性磨粒按大小顺序呈链状排列,而非铁磁性磨粒则无规则地沉积在铁磁性磨粒行列之间。

定性分析还可以利用电子扫描显微镜、X 射线以及对基片进行加热回火处理等方法。

5. 铁谱的定量分析

铁谱技术定量分析的目的是要确定抽取油样时机器所处的磨损特征和磨损状态,这对进行设备诊断决策十分重要。因此定量分析主要是指:

(1) 对铁谱基片上大颗粒的尺寸以及它们在颗粒总数中的相对含量进行定量检测。

(2) 对铁谱基片上磨粒总数进行定量检测。

定量分析的方法是利用联装在铁谱显微镜上的铁谱读数器来完成的。铁谱读数器由光密度计和数字显示部分组成。利用光密度计检测基片上不同位置磨粒微粒沉积的光密度即可求出磨粒微粒的大小、数量和形状,提供机械设备磨损的数据,具体方法和判别指标。

直读式铁谱仪测取得定量参数是光密度值 D_i ,它的含义是透过清洁玻璃片的一束光线的亮度 I_0 与同样一束光透过带有磨粒沉积层的谱片光亮度 I_p 之比,取以 10 为底的对数,即

$$D_i = \lg \frac{I_0}{I_p} \tag{4-1}$$

读数范围为 $0 \sim 190$。

分析式铁谱仪的定量参数是覆盖面积百分比,其定义是在 1.2mm 直径视场中磨粒覆盖面积的百分数。其值可以通过测取谱片上的光密度值计算出来,光强度与透光面积成正比,即

$$\frac{I_0}{I_p} = \frac{A_0}{A_0 - A_p} \tag{4-2}$$

式中　A_0——铁谱显微镜上光密度孔径面积(mm);

　　A_p——光密度孔径被颗粒遮盖的面积(mm)。

由式(4-1)和式(4-2)可得

$$D_i = \lg\left(\frac{I_0}{I_p}\right) = \lg\left(\frac{A_0}{A_0 - A_p}\right) \tag{4-3}$$

由式(4-3)可以得到颗粒遮盖面积的百分率,亦称百分覆盖面积:

$$A_i = 1 - \frac{1}{10^{D_i}} \tag{4-4}$$

磨损指标常选用的是磨损烈度指数 I_0(或 A_0),它是一个判别磨粒发展进程的指标,利用铁谱显微镜测定谱片上分别代表大颗粒的 D_L(或 A_L)和代表小颗粒的 D_S(或 A_S),定义为

136

$$I_0 = (D_L + D_S)(D_L - D_S) = D_L^2 - D_S^2 \qquad (4-5)$$

$$A_0 = (A_L + A_S)(A_L - A_S) = A_L^2 - A_S^2 \qquad (4-6)$$

其中,$(D_L - D_S)$ 或 $(A_L - A_S)$ 代表大于 $5\mu m$ 以上的磨粒在磨损进程中所起的作用,称为磨损烈度,它是表征不正常磨损状态的严重程度的指标。制订这个指标的根据是正常磨损过程中最大磨粒尺寸在 $15\mu m$ 左右,多数为几个微米,大磨粒的光密度和小磨粒的光密度差值不大,一旦急剧磨损,磨粒数量剧升,大、中磨粒急剧增多,D_L 便要显著地大于 D_S。

$(D_L + D_S)$ 或 $(A_L + A_S)$ 是大、小磨粒覆盖面积所占百分比之和,称为磨粒浓度(也称磨损量)。其值越大表示磨损的速度越快。而磨损烈度指数 I_0 则是以上两者的组合,因而综合反映了磨损的进度和严重程度,即全面地反映了磨损的状态。但是这一指标并不是唯一的,还有其他类似指标,如大颗粒百分比,累计总磨损值等。

6. 铁谱技术的主要应用领域

在机械设备状态监测与故障诊断技术中,油液污染监测诊断技术是最能体现现代机械设备监测发展趋势特点的,它能满足设备状态监测与诊断的四个基本要求:①指明故障发生的部位;②确定故障的类型;③解释故障产生的原因;④预告故障继续恶化的时间。

铁谱分析技术对油液中的磨粒分离具有操作的简便性、观测的多样性和沉积的有序性以及对大磨粒的敏感性等优点,所以这项技术在机械设备状态监测与故障诊断领域中得到了广泛的应用。特别是对低速回转机械和往复机械来说,利用振动和噪声监测技术判断故障较为困难,铁谱分析就成为首选方法。又如煤矿机械,无论是固定设备还是采掘设备,大多数为低速、重载设备,有的还是行走设备,井下环境特别恶劣,除了大量的粉尘和煤尘外,还伴随有强烈的撞击和振动,不仅安装在线的仪器和传感器困难,而且还要求传感器具有防爆性能,因此通过采集机械中的润滑油(或液压油),对这类设备进行铁谱分析来监测机械传动系统(或液压系统)的运行状况,是煤矿机械故障诊断的重要手段。目前铁谱技术主要应用在以下几个方面:①齿轮箱磨损状态监测;②柴油机磨损状态监测;③滚动轴承和滑动轴承磨损状态监测;④飞机发动机磨损状态监测。

铁谱分析技术的应用实例请见本章第 4.4 节。

4.2.3 光谱分析

油样的光谱分析技术是最早应用于机械设备状态监测和故障诊断并取得成功的油液监测技术之一。它既可以有效地测定机械设备润滑系统中润滑油所含磨损颗粒的成分以及含量,也可以准确地检测润滑油中添加剂的状况,以及监测润滑油污染程度和衰变过程。因此,光谱分析技术已经成为机械设备油液监测的最重要的方法之一。

1. 油样光谱分析的简单原理

1) 原子光谱分析

组成物质结构的原子是由原子核和绕核在固定轨道旋转的若干电子所组成的。例如镍有 28 个电子,铜有 29 个电子,原子内部能量的变化可以是核的变化也可以是电子的变化。核外电子所处的轨道与各层电子所处的能量级有关。

在稳定状态下,各层电子所处的能量级最低,这时的原子状态称为基态。当物质处在离子状态下,其原子受到热辐射、光子照射、电弧冲击、粒子碰撞等外来能量的作用时,其核外电子就会吸收一定的能量从低能量级跃迁到高能量级的轨道上去,这时的原子处于激发态。激发态是一种不稳定状态,有很强的返回基态的趋势。因此其存在的时间很短,约为 10^{-8}s。原子由激发态返回基态的同时,将所吸收的能量以一定频率的电磁波形式辐射出去。原子吸收或释放的能量 ΔE 与激发的光辐射或发射的电磁波辐射的频率 ν 之间有以下关系

$$\Delta E = h\nu \tag{4-7}$$

其中, $h = 6.624 \times 10^{-34}$,称为普朗克常数。再利用 $\lambda\nu = c$,式(4-7)就可以改写为另一种形式:

$$\Delta E = \frac{hc}{\lambda} \tag{4-8}$$

其中, λ 为辐射波长, $c = 3 \times 10^8$ 为电磁波传递速度。式(4-8)说明,每种元素的原子在激发或跃迁的过程中所吸收或发射的能量 ΔE 与其吸收或发射的辐射线(电磁波)的波长 λ 之间是服从固定关系的。这里的 λ 又称为特征波长。一些常用元素的特征波长有表可查。

式(4-8)中若能用仪器检测出用特征波长射线激发原子后其辐射强度的变化(由于一部分能量被吸收),则可以知道所对应元素的含量(浓度)。同理,用一定方法(如电弧冲击)将含有数种金属元素的原子激发后,若能测得其发射的辐射线的特征波长,就可以知道油样中所含元素的种类。前者称为原子吸收光谱分析法,后者称为原子发射光谱分析法。

通过对光谱的分析,就能检测出油样中所含金属元素的种类及其浓度,以此推断产生这些元素的磨损发生部位以及严重程度,并依此对相对应零部件的工作状况作出判断,但是不能提供磨粒的形态、尺寸、颜色等直观形象。

2) 红外光谱分析

与原子光谱分析技术不同,红外光谱分析是在物质的分子级结构上对物质成分和数量进行检测。当用一束具有连续波长的红外光照射一物质时,该物质的分子就要吸收一部分光能,并将其转变为分子的振动和转动内能。因此,若将透过物质的光进行色散,就可以得到一条谱带。将谱带以波长(μm)或波数(cm^{-1})为横坐标,以百分透过率或吸收光度为纵坐标定量展开并加以记录,就得到了该物质的红外吸收光谱。不同的分子具有不同的振动和转动内能,因此就有不同的红外吸收光谱图。所以,根据红外光谱图上吸收峰值的位置和量值,就可以判断相应物质的存在和含量。

就一般构造而言,红外光谱仪是由红外光源、单色器(含分光元件或分束器),检测器和数据处理系统组成,其中单色器是关键元件,见图4-7。

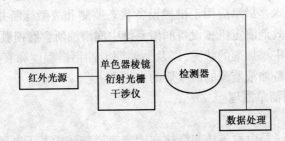

图4-7 红外光谱仪的基本构成

油液红外光谱监测的表征参量常用的有:油液的氧化、硝化、硫酸盐浓度、羧酸盐浓度、抗磨剂损失、抗氧剂损失、多元醇酯降解、燃油稀释、气体燃料稀释、水污染、乙二醇污染、积炭污染等。

红外光谱分析具有以下一些特点:①检测迅速而容易操作和识别;②对不同油样都具有较高的灵敏度和置信度;③操作简单,便于掌握。

2. 油样光谱分析的特点

原子吸收光谱分析和原子发射光谱分析的主要特点基本相同。

1）优点

（1）具有分高的分析精度。

（2）取样较少，使用范围较广。可测定的元素多大70多种，不仅可以测定金属元素也可以用间接原子吸收法测定非金属和有机化合物。

（3）其仪器设备的发展水平很高，具有很强的功能和自动化程度。

（4）仪器的操作较为简便。

2）缺点

（1）原子吸收光谱法的不足之处是对于每一种元素都要更换一种元素灯，比较麻烦。使用燃气火焰不方便也不安全，只有原子发射光谱可以同时进行多元素测定。

（2）有相当一些元素的测定灵敏度还不能令人满意。

（3）除了检测元素含量和种类外不能提供磨粒的形态、尺寸、颜色等直观形象的信息。因此，要根据油样光谱分析的结果直接对摩擦副的状态作出判断有很大困难。

（4）仪器价格昂贵，对工作环境要求苛刻，只能在专门建造的实验室内工作。实验费用高，不便于推广使用。

3. 磨损界限

光谱分析的磨粒最大尺寸不超过 $10\mu m$，一般当 $2\mu m$ 时检测效率达到最高。最新的研究结果表明，大多数机器失效期的磨粒特征尺寸多在 $20\sim200\mu m$ 之间，这一尺寸范围对于磨损状态的识别和故障原因的诊断具有特殊的意义。但是，这一尺寸范围大大超过光谱分析法分析尺寸的范围，因而不可避免地导致许多重要的信息遗漏，这是光谱法的不足之处。目前它主要用于有色金属磨粒的检测和识别。

4. 光谱分析技术的主要应用

1）检测设备磨损趋势

通过对油样进行光谱分析可以获取如下信息：

（1）磨损元素的成分和含量：根据所掌握的设备构成的材料，可以判断磨粒产生的可能部位。

（2）添加剂元素以及污染物元素的成分和含量：根据润滑油的性能要求，可以判断润滑油的劣化变质程度。

（3）磨损元素变化率：单位时间内主要磨损元素含量的变化可以表征磨损的增长速度。

（4）磨损趋势监测：对监测对象进行原子光谱的跟踪监测，可以得到主要磨损元素的变化趋势图。依据这条曲线，便可以对设备磨损状态作出评估，见图4-8。

2）确定最佳磨合规范

众所周知，对于新的重要运动零件摩擦副，都要在一定规范下进行磨合，已形成良好的工作表面。磨合期太长，既影响使用寿命又浪费能源，极不经济。但是，磨合期太短又不能达到磨合的要求。在磨合的过程中是不能拆开摩擦副进行磨合表面检查的，所以通过磨合过程的光谱分析，监测磨合过程，就可以在不停机、不拆机的情况下了解掌握摩擦副表面的变化，从而可以合理确定最佳磨合规范。

图4-9为某柴油机磨合全过程光谱分析主要元素的变化趋势。由图可以看出，在磨合50min 时，铁、硅的含量开始下降，这表明柴油机的铸铁零部件基本完成磨合过程。

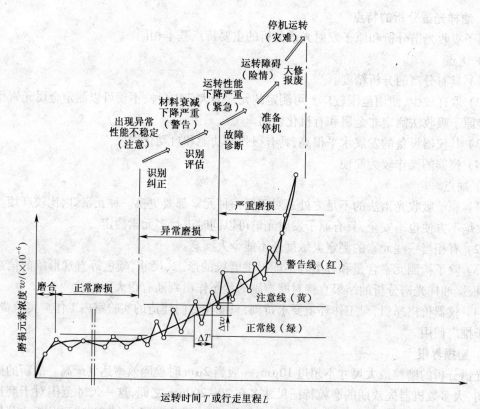

图4-8 磨损过程及其润滑油原子光谱监测

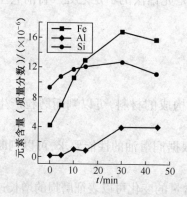

序号	t/min	Fe含量(质量 分数)/($\times 10^{-6}$)	Al含量(质量 分数)/($\times 10^{-6}$)	Si含量(质量 分数)/($\times 10^{-6}$)
0	0	4.04	0.18	9.6
1	5	6.97	0.00	10.75
2	10	10.34	0.83	11.35
3	15	12.55	0.73	12.04
4	30	17.23	3.52	12.37
5	45	15.37	3.61	10.15

图4-9 某柴油机磨合过程光谱分析磨损趋势图

3）确定合理换油期

设备的润滑系统或液压系统中润滑油或液压油的品质很重要。使用一定时期后，由于不同的原因（例如冷却系统的泄漏），油品都可能被污染或不可避免的变质。例如，出现含水过高，添加剂损耗等现象。当油品的理化性能劣化、污染、变质到一定程度就必须换油。

不同设备、不同工况其换油期限显然是不同一样的。通过油样的原子光谱分析可以确定合理的换油期限。

油液的红外光谱分析是从监测分子基团的变化获知油液性能的衰变情况，也为换油期的合理制订提供了依据，图4-10是一张在全波段上，红外谱图透过率参数 T 随时间由高向低的变化，表明油样越来越"不清澈"。

140

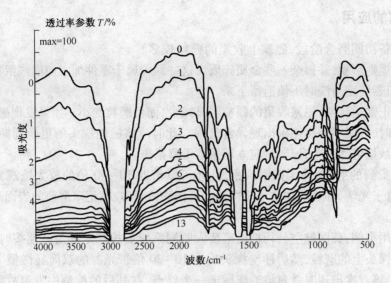

图 4-10 油液红外趋势分析原始图

0—新油；1~13—在用油(取样时间:48h)。

4.3 磁 塞 技 术

磁塞检测法是在机械设备润滑系统中普遍采用的一种磨损状态监测方法,它的历史要早于油液监测中的那些精密的仪器和手段。但是近年来磨粒分析方法的突破,给予这个同属磁性收集磨粒的技术以新的生命。

4.3.1 磁塞检测的基本原理

将一个永磁或电磁的磁塞探头插入润滑系统的管路中,收集、探测油液系统中在用润滑油所含的磁性磨粒。借助于放大镜或者肉眼来观察、分析被采集的磁性颗粒的大小、数量、形状等特征,从而简易地判断机械设备相关零件的磨损状态。这就是磁塞监测的基本原理。由于无法形成如铁谱仪中的高梯度强磁场,磁塞仅对所采集磨粒尺寸大于 $50\mu m$ 的磁性可以比较有效。

4.3.2 磁塞的基本构造

磁塞的一般结构见图 4-11,主要由磁塞体和磁塞探头组成。探头芯子可以调节,以使磁芯探头充分深入润滑油中,收集铁磁性磨粒。为了达到同一目的,必须把磁塞探测器安装在润滑系统中最容易获得磨粒的位置。一般是尽可能地置于易磨损零件附近或润滑系统回油主油道上。

采用磁性检测、磁性探头应定期更换,更换周期因设备种类、工况条件而异。更换时,收集颗粒、观察分析、作好报告,给出设备磨损状况的判断意见以及维修决策。

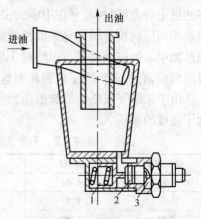

图 4-11 磁塞的一般结构
1—封油阀;2—磁塞;3—凹轮槽。

4.3.3 磁塞的应用

在机械设备初期磨合阶段,磁塞上收集的颗粒较多。
其形状呈现不规则形貌,并掺杂一些金属碎屑。这些颗粒属于零件加工切削残留物或外界侵入的污染物,因机器装配清洗时不慎遗留下来。

机器进入正常运转期,磁塞收集的颗粒明显减少,而且磨粒细小。如果发现磁性磨粒数量、尺寸明显增加时,表明零件摩擦副出现异常磨损。此时应将磁性探头的更换周期缩短,加密取样。如果磨粒数量仍然呈上升趋势,应立即采取维修措施。

对磁塞收集到的磨粒,除了肉眼观察外,还可以借助 $10 \sim 40$ 倍的放大镜观察分析。必要时,应将磨粒置于光学显微镜,如铁谱显微镜的高倍物镜下,观察记录磨粒的表面形貌以判断磨损机理和原因。

磁塞的应用举例:英国航空公司把磁塞装入监测系统后按规定的监测期按时取下,首先用肉眼检查磁塞探头上的磨粒,然后冲洗探头后在 $10 \sim 20$ 倍带光源的双筒显微镜下仔细观察磨粒,当故障的形迹首次出现时就对该油样标出一个红点,在其后的检测中发现故障有发展时改记两个红点,此后立刻大幅度降低监测间隔,如果发现故障继续发展则立刻发出警报,并建议在安全期内更换发动机。从挂在监测中心墙上的发动机运行状况记录卡上一眼就能看出参照红点进行报警的那些发动机,当最后把有故障的发动机拆开检查有了完整的报告和照片时。一个监测循环才算完成。

4.4 机械故障油液分析应用实例

【例一】 排风机轴承故障预报。

上海宝山钢铁股份有限责任公司设备监测中心在对三号烧结主排风机做油样的常规分析时,发现直读式铁谱分析数据有明显的上升趋势,见表 4-2。分析铁谱的谱片上沉积有较多的有色金属颗粒,判断这些有色金属磨粒是来自于滑动轴承轴瓦上的巴士合金,于是对此发出警告。因为当时进行的同步振动分析结果表明各个监测点的振动值均在正常范围内,故点检人员未采取任何措施。监测中心认为情况严重,再一次对其进行了油液分析,采集了包括系统油箱在内的共计五个样点的油样进行全面分析,通过仔细分析后结果发现各样点的油样中均含有较多的巴士合金磨粒,尺寸在 $10 \sim 20\mu m$,且有明显的融化现象。由此得出的结论依然是警告,并建议车间停机检查轴瓦等零部件的磨损情况。而同步进行振动分析的结论却依然为正常。后经监测中心的坚决要求下车间对 3 号烧结主排风机的轴承解体检查,发现巴士合金表面都有明显的划痕,有的还出现了龟裂和剥落现象。经过更换轴瓦并作出适当调整后,设备投入正常工作。由于采取了果断的维修措施,避免了一起重大停机事故的发生。油液监测技术的优势也得到了高度的重视。

表 4-2 3 号主排风机润滑系统磨粒浓度铁谱分析结果

分析日期	02.23	06.08	10.23	02.23	02.23
D_L	4.40	4.40	2.70	29.80	15.70
D_S	1.50	1.90	2.10	4.00	3.60
WPC	5.90	6.30	4.80	33.80	19.30
I_S	17.11	15.75	2.88	872.04	233.53

【例二】 135 型船用齿轮箱油液监测。

135 型船用齿轮箱是杭州齿轮箱厂生产、与 6135AcaB 型柴油机配套使用的船用齿轮箱。它具有倒顺、离合、减速和承受螺旋桨推力的功能,传动比为 5.81:1。传动齿轮均为圆柱斜齿轮,采用液压操纵湿式多片摩擦离合器实现输出轴向换向。大修周期为 10000h。齿轮箱主要摩擦副的材料:主、从动齿轮为 20CrMnTi,输入轴推力环和运行扭力轴支承环为铜基粉末合金,内摩擦片为 65Mn,外摩擦片为铜基粉末合金,分油塞为铝合金。

有一艘配备了 135 型船用齿轮箱的 220kW 推船右主机在使用时发生倒车反应慢的情况,原因不明。而铁谱分析发现其磨粒浓度很高,磨粒尺寸很小,存在大量亚微米级磨粒和红色氧化物微粒,同时发现有尺寸为 $30 \sim 70 \mu m$ 的微粒。分析结果为铜基粉末合金类零件有严重磨损。铁谱片上存在较多的红色氧化物微粒和亚微米级微粒,因此判断油样中很有可能含有水分而导致磨损加剧。按照标准测定其含水量严重超标,润滑油严重乳化,不能再继续使用。在此情况下,通知船舶拆开检修,发现正倒车离合器摩擦片严重磨损,油缸内存在较多金属磨粒。

而其推船左齿轮箱在运行期间,铁谱片上连续发现较大尺寸的黄色微粒,尺寸一般都在 $15 \mu m$ 以上。分析这些微粒的沉积特点和光泽,它们应是铜质磨粒,判断为铜质零件发生了严重磨损。通知轮机长拆卸检查时发现左齿轮箱输入轴的铜质推力片严重磨损并裂开。更换推力片后左齿轮箱的运转恢复正常。

【例三】 轧机连铸摆剪系统变速箱齿轮异常磨损。

广州一钢铁公司长期对进口摩根系列的轴承、变速箱、液压系统进行油液监测。其中铸轧机的连铸摆剪系统变速箱所使用的齿轮油每月都要进行油液检测。平时该齿轮黏度始终维持在正常的 $420mm^2/s$ 左右。一段时间检查发现该油的黏度不断下降,而且降幅比较大,见图 4 - 12。7 月,该油 40℃ 的黏度降为 $325mm^2/s$;8 月,该油 40℃ 的黏度降为 $248mm^2/s$;9 月,该油 40℃ 的黏度降为 $254mm^2/s$。与此同时,直读式铁谱仪 D_L 值上升至 26,达到了该机的历史最高值,见图 4 - 13。该油黏度持续地大幅下降,表明该油持续地受到低黏度油品的污染。在后期,过低的黏度导致的齿轮承载能力的下降表现出直读铁谱仪数据 DL 值的升高,系统磨损开始加大,油中磨损金属颗粒的含量变高,说明该变速箱因所用齿轮油黏度不断下降,导致润滑不良,产生了异常磨损,对此要求该厂组织检查,避免问题恶化。

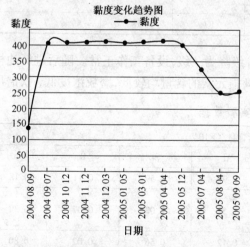

图 4 - 12　连铸摆剪系统变速箱黏度变化趋势

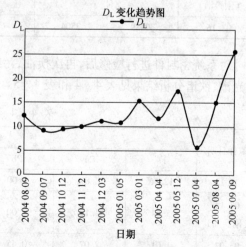

图 4 - 13　轧机连铸摆剪系统变速箱 D_L 变化趋势

后经现场检查,该轧机 ZOS80 系统的液压系统密封出现破损,液压油泄漏至齿轮箱,造成齿轮油黏度连续下降,并引起齿轮磨损加剧。经过拆机检查,齿面已经发生因承载能力不够所形成的粘着擦伤。现场立即采取措施,修复密封并更换了齿轮油,该轧机连铸摆剪系统变速箱润滑状态恢复正常。

【例四】 全断面掘进机液压系统的油液监测。

中铁隧道集团有两台德国制造的大功率全断面掘进机。在进行隧道挖掘工作时,公司运用铁谱、光谱、理化分析、污染度监测等技术对该掘进机进行工况分析。该掘进机正常的污染度应控制在 9 级以内,但是使用中通过油液分析发现达到了 12 级,污染度明显超标。光谱分析的铁、铜、铝、硅、硼等元素含量均较高。铁谱分析还发现:

(1) 有大量异常铁系严重滑动磨损磨粒、剥块状磨粒(最大 $40\mu m$)以及切削磨粒。其中细长型切屑最大 $250\mu m$,粗大型切屑最大 $20\mu m$;

(2) 油中含有大量异常铜粒(最大 $40\mu m$);

(3) 谱片上几乎全部覆盖着 Fe_2O_3 团粒(尚未深度氧化)、透明污染物和较多砂砾,说明油中含水,并受严重粉尘污染;

(4) 液压油本身已经出现少量初始摩擦聚合物和变质产物,但不严重。

通过分析认定,液压系统中属于滑动摩擦类型的铁件和铜件发生了严重滑动磨损和切削磨损。油虽尚未变质,但是其中含有大量大颗粒和水分。综合分析推断该油样不正常,应该换油并立即检查系统密封情况及液压油所经过的铁、铜工作机件。

换油后,油液污染有所改善,但是仍然超标。磨损元素含量有一定幅度下降;磨粒以铁系为主,浓度适中,有少量 $20\mu m$ 左右的严重滑动磨损颗粒,见表 4-3。

表 4-3 污染度实验数据

尺寸/μm 取样日期	5~15	15~25	25~50	50~100	≥100	NAS 污染度等级/级
03.12	8036000	99100	5400	200	0	>12
03.14 (刚换油)	466600	26200	3600	0	0	11
03.16	30489	3504	687	87	18	7

对系统密封件进行检修后,再次换油,污染度等级降为 7 级,设备工作正常。随后进行油样的光谱、铁谱分析结果见表 4-4 和表 4-5。主要磨损元素的含量均较低,磨粒浓度低,铁谱片

表 4-4 光谱实验数据

取样日期	主要元素含量/($\times 10^{-6}$)						
	Fe	Cu	Pb	Al	Si	B	Bo
03.12	12.76	8.81	0.00	3.97	4.59	0.11	0.18
03.14 (刚换油)	5.64	4.19	0.00	1.57	2.02	0.07	0.39
05.03	1.01	2.07	0.45	0.12	0.56	0.02	0.80
06.01	1.40	0.84	0.12	0.00	0.24	0.01	0.00

上金属磨粒极少,大多数磨粒尺寸小于 $15\mu m$。综合分析结论是磨损正常。现场信息反馈为机器部件运行状况良好。

表 4-5　直读式铁谱实验数据

取样日期	磨损颗粒浓度		磨损严重指数
	D_L(大磨粒读数)	D_S(小磨粒读数)	I_S
05.03	4.2	1.6	15.08
06.01	4.1	1.1	15.60

【例五】 设备故障导致油品劣化。

某港务局 1 艘船舶上有 1 台柴油机使用的是 40CC 级机油。使用中发现油的黏度增加较快,还没有到换油周期就增加到了黏度的上限报警值。对此,有关技术人员认为是该油级别较低所造成的,遂改用 40CD 级机油。但是使用一段时间后发现黏度还是增长较快,故怀疑该机油质量有问题,并且希望找出机油黏度增长过快的原因。

黏度上升的原因有很多,首先确定有关检测项目,从检测数据的变化来分析在用油品黏度升高的原因。表 4-6 是对该机所用新油和旧油的有关理化指标的检测结果。

表 4-6　新油、旧油理化性能检测结果

检测项目	旧油	新油	试验方法
运动黏度 (100℃)/(mm²/s)	18.7	14.3	GB/T 265—1988
水分/%	0.03	0.0	GB/T 260—1977
总碱值/(mgKOH/g)	5.9	7.3	ASTM D 2829
不溶物 (质量分数)/%	1.3	0.01	GB/T 8926—1988
添加剂元素(质量分数)Ca/($\times 10^{-6}$)	2117	2560	
Mg/($\times 10^{-6}$)	16	21	ASTM D6595
Zn/($\times 10^{-6}$)	551	658	
P/($\times 10^{-6}$)	517	630	

从上述检测结果来看,新油的检测结果符合 40CD 机油的质量标准,旧油的总碱值和添加剂元素含量下降不大,基本上在正常范围,说明机油的有关添加剂性能是基本稳定的。另外,旧油的水含量也在正常允许范围,但旧油的黏度不溶物都较高,超出了换油标准。

排除新油质量问题,从柴油机的运行状况来分析,导致机油黏度上升的原因主要有柴油机持续高温运行、柴油机漏气严重、油品使用时间过长,以及油中进水等多方面原因。现场了解柴油机冷却系统很好,且少有持续高温运行,油中也没有进入过量水分,使用时间也没有达到检修期。

从检测数据来看,旧机油不溶物主要是由高温氧化形成的油泥所组成。油泥增加,势必使油品黏度上升,由上述分析基本推断润滑油黏度上升的原因可能是因为燃气泄漏,是柴油机曲轴箱中润滑油局部高温氧化,造成了油泥的增加。

港务局船舶公司在接到检测分析报告后,对柴油机进行了解体检查,发现该机的缸套、活塞环尺寸普遍都超出了规定的范围。原因是该机在上次大修时,因为进口备件较贵,采用了国产活塞环,在装配以及活塞环尺寸上有些问题,从而导致了缸套和活塞环的配合间隙过大,大量燃气进入曲轴箱,使油品严重氧化。后来更换为原柴油机厂生产的进口活塞环,并且全部使用新油,柴油机在运行一段时间后,通过检测发现在用润滑油的黏度值仍然保持正常。

【例六】 大型鼓风机轴承运行油液监测

某厂高炉风机由 6 个径向轴承和 2 个轴向可倾止推轴承来承受外载荷。这些轴承都是滑动轴承,构成了一个液体动力润滑系统,见图 4-14。该系统设置了 5 个采样点,即 2 个风机轴承处和 2 个电动机轴承的回油管处以及油箱处。

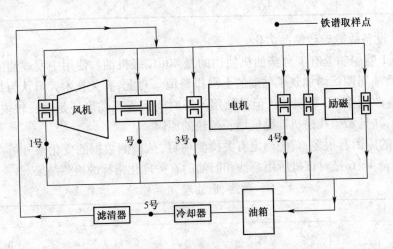

图 4-14 高炉鼓风机取样位置

表 4-7 中列出了直读式铁谱仪的两组油样数据,A 组为正常磨损状态,B 组为异常磨损状态,两组数据相接近。用分析式铁谱仪观察 A 组和 B 组的油样谱片,A 组谱片磨粒稀少,个别大于 $20\mu m$ 的磨粒都沉积在谱片的入口处,B 组谱片的入口处磨粒聚集较多,1 号轴承油样中出现大量摩擦聚合物,在 1 号、4 号轴承的谱片全长上沉积较多的巴士合金的白色金属磨粒,尺寸较大($100\sim200\mu m$),大部分磨粒平整呈剥块状,在低倍显微镜下对红色光有强反光效应,在高倍放大时磨粒表面有明显划痕以及蓝红色斑。大部分磨粒周边平直,少数周边圆滑,表面粗糙,呈黑色氧化色,也有少数磨粒表面局部出现蓝紫色。

表 4-7 直读铁谱读数 　　　　　　　　　　　　　　　　　　　　　　　　(mL^{-1})

取样点位置	A 组(3 月 13 日取样)			B 组(一年后 5 月 27 日取样)		
	D_L	D_S	WPC	D_L	D_S	WPC
1 号轴承回油管	1.9	0.4	2.3	7.2	2.9	10.1
2 号轴承回油管	2.4	1.1	3.5	2.1	1.0	3.1
3 号轴承回油管	1.8	0.5	2.3	0.9	0.7	1.6
4 号轴承回油管	1.4	0.6	2.0	1.2	0.6	1.8
油箱	2.8	1.1	3.9	2.6	1.2	3.8

A、B 两组油样的直读式铁谱读数虽然相近,但是 B 组的 1 号、4 号轴承油样中有数量较多的大尺寸的巴士合金磨粒,说明了系统中的轴瓦,特别是 1 号、4 号轴承发生了异常。

为了印证铁谱分析结果,两组油样都进行了光谱分析,表 4-8 和表 4-9 是两组油样中主要元素的光谱分析结果。

146

该机停机维修检查发现,径向轴瓦(特别是 1、4 号轴瓦)的表面有十几处尺寸为 5mm 以下的片状剥落,经分析这种剥落缺陷是由制造质量引起的。

表 4-8　A 组光谱分析结果

取样位置	A组(3月13日取样)				
	Fe	Sn	Sb	Pb	Cu
1 号轴承回油管	—	—	1.5×10^{-6}	—	1.2×10^{-6}
2 号轴承回油管	—	—	0.9×10^{-6}	—	1.4×10^{-6}
3 号轴承回油管	—	—	2.1×10^{-6}	—	1.3×10^{-6}
4 号轴承回油管	—	—	4.7×10^{-6}	—	1.3×10^{-6}
油箱	—	—	12.4×10^{-6}	—	1.4×10^{-6}

表 4-9　B 组光谱分析结果

取样位置	B组(一年后5月23日取样)				
	Fe	Sn	Sb	Pb	Cu
1 号轴承回油管	1.2×10^{-6}	4.9×10^{-6}	0.5×10^{-6}	1.3×10^{-6}	0.4×10^{-6}
2 号轴承回油管	0.1×10^{-6}	3.5×10^{-6}	—	—	0.3×10^{-6}
3 号轴承回油管	0.5×10^{-6}	2.5×10^{-6}	0.2×10^{-6}	0.5×10^{-6}	0.2×10^{-6}
4 号轴承回油管	0.6×10^{-6}	3.0×10^{-6}	5.6×10^{-6}	0.3×10^{-6}	0.2×10^{-6}
油箱	0.5×10^{-6}	3.1×10^{-6}	1.1×10^{-6}	—	0.7×10^{-6}

第5章 机械故障的温度诊断

5.1 机械故障与温度的相关性

投入运行的机械设备一般而言都会发生温度的变化,这些变化一部分来自能量转换和传递时的热损失,另一部分则来自能量转换和传递时的摩擦生热。机械设备相对稳定的运行状态会使得温度的变化也相对稳定,如果发生了不稳定变化,则代表机械设备发生了故障。比如,有相对运动的零部件表面会发生磨损,为了减缓磨损延长设备使用寿命我们采取了润滑手段,那么测量润滑介质的温度就可以间接了解相对运动表面运行的状态,常态下运行的设备其润滑介质的温度是稳定的,当这一温度发生了较为明显的改变时,则表明该设备发生了故障。

一个运行中的火车轮对(车轮)与火车箱体之间使用的是轴承来支撑,相对运动使轮对轴的温度不断提升,如果不加以控制将会导致"燃轴"事故,即高温使得轮对轴上金属被融化从而发生轴弯曲或者断裂。解决的办法是采用润滑来减小摩擦并且带走一部分热量,如果能够实时监测到这一相对运动表面的温度,则可以真实了解到轮对的运行状态,一旦发生意外变化便可以采取有效措施确保轮对和车辆的安全。

动力驱动的机械设备在正常运行时它的各部分热成像图是相对稳定的,如果发生大幅度的变化则代表该设备出现故障。多数发生故障部分的温度都是上升的,但是也有一些故障其表面温度是下降的。比如,一根旋转的轴若发生裂纹其裂纹处的热成像图温度是下降的。然而,这类机械的结构都比较复杂,通常都是包裹着一个金属外壳的,使用一般的仪器设备也只能探测到外壳的表面温度,不能有效的判断出内部零部件的真实温度分布状态。目前判断转轴和轴承的温度是通过润滑油间接得到的。对其他机械零部件的温度监测有些目前还做不到,有些则监测成本过高,相信随着科技水平的不断提升将会有越来越多廉价方便的测温手段被发明出来。

在工业生产中有许多生热、传热、载热的设备,比如,冶金行业中的炼铁高炉,炼钢转炉,热风炉以及铁水包等,这些设备都有一个隔热衬里,在正常工作和使用时其外表面的热成像图是稳定的,一旦隔热衬里脱落减薄则外表的热成像图将会发生较大改变,当这一改变发展到超过温度限制则必须停止生产进行维修。除此之外,对于没有隔热衬里的热传送管道,长期监测其表面的温度分布也能发现故障缺陷部位。

工业生产中还有一类设备是压力容器,对这类设备的故障缺陷监测目前使用的是探伤方法,比如,超声波探伤、磁粉探伤、射线探伤等。这些方法是将被测物体表面逐一进行检测从而形成检测报告。若使用热成像办法也能检测出缺陷所在,因为所有物体都会发生热辐射,通过长时间连续监测压力容器的表面热成像图,也能够检测出缺陷所在,并且热成像技术相比其他检测的方法要简便许多。

5.2 温度监测的方法及应用范围

5.2.1 温度测量的基本原理

物体的冷热程度通常用温度来表示,单一的温度值并不能表示其冷热程度,比如0℃对于我们一般人来讲是冷的,但是对于一个在零下十几度工作后的人来说这个温度是暖和的。主观感知并不能准确判断一个物体的实际温度,需要找寻一种科学的方法来衡量某种物质的温度,也就是在测量温度时借助于某种物质随温度按照一定的规律改变的物理性质来衡量。目前基本上符合要求的物质以及相应的物理性质有:液体、气体的体积或压力,热电偶的热电势,金属的电阻和物体的热辐射等,这些都可以随温度的不同而按一定规律变化,都可以作为温度测量的基础。

假设有两个热力学系统原来处于各自的平衡状态,当这两个系统互相接触时他们之间将会发生热交换。实验证明,热交换后的两个系统一般都会发生变化,但是经过一段时间后两个系统就不再变化了,这说明两个系统又达到了新的平衡,这种平衡状态是两个系统在有热交换的条件下达到的,称为热平衡。

现在取三个热力学系统A、B、C进一步进行实验。将B和C相互隔绝开,但是使它们同时与A接触,经过一段时间后,A与B以及A与C都达到了热平衡。这时如果再将B与C接触,则发现B与C的状态都不再发生变化,说明B与C也达到了热平衡。由此可得出结论:如果两个热力学系统都分别与第三个热力学系统处于热平衡,则它们彼此间也必定处于热平衡。可见,处于同一热平衡状态的所有物体都具有某一共同的宏观性质,表征这个宏观性质的物理量就是温度。温度这个物理量仅取决于热平衡时物体内部的热运动状态。也就是说,温度是物体分子运动平均动能大小的标志,即温度高的物体,其分子平均动能大;温度低的物体,其分子平均动能小。

一切互为热平衡的物体都具有相同的温度,这是用温度计测量温度的基本原理。

5.2.2 温度测量方法和应用范围

1. 接触式温度测量

接触式测温就是将测温传感器与被测物体接触,被测对象与测温传感器之间因为传导热交换而达到热平衡,根据测温传感器中的温度敏感元件的某一物理特性随温度而变化的特性来检测温度。用接触法测量温度时感温元件要与被测物体接触,这样就会破坏被测物体原有的热平衡状态,并受到被测物质的腐蚀作用,所以,对温感元件的结构和性能要求较为苛刻,但是这种方法测温的准确度比较高。目前,在工业领域应用较为广泛的接触式测温方法主要是热电偶法和热电阻法。

1) 热电偶测温的工作原理

热电偶是基于热电效应原理进行温度测量的。当两种不同材料的导体组成一个闭合回路时,如果两端结点温度不同,则在两者之间会产生电动势,并在回路中形成电流。这个电动势的大小与两种导体的性质和结点的温度有关,这种物理现象称为热电效应。根据热电效应将两种电极配置在一起就可以组成热电偶。

热电偶有两根不同材料的导体A、B焊接而成,如图5-1所示。焊接的一端T为工作端(热端),用来插入被测介质中测温,连接导线的另一端T_0为自由端(冷端)。若两端所处温度不

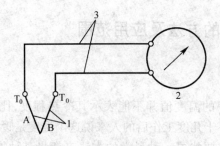

1—热电偶；
2—测量仪表；
3—导线

图5-1 热电偶测温原理图

同,仪表则指示出热电偶所产生的热电动势。热电偶的热电动势与热电偶材料、两端温度 T、T_0 有关,而与热电极长度、直径无关。若冷端温度不变,在热电偶材料已定的情况下其热电势 E 只是被测温度的函数。根据所测得的热电势 E 的大小,便可确定被测温度值。

热电偶测温的优点有:

(1) 热电偶可以把温度转换成电量,因此对于温度的测量、调节、控制以及对温度信号的放大、变换等都很方便。

(2) 价格便宜、制造容易、结构简单。

(3) 惰性小,精度比较高,是国际实用温标中温度为 $630\sim1064℃$ 范围内的标准温度计。

(4) 测温范围广,一般可以在 $-200\sim2000℃$ 范围内测温。

(5) 能适应各种测量对象的要求,比如特定部位或者狭小场所物体的温度测量,并且可以测量一个点的温度。

(6) 适应于远距离测量和自动控制。所以,在工程中和实验室中,热电偶都是一种主要的测温工具。

热电偶测温的缺点有:

(1) 测量准确度难以超过 0.2%。

(2) 必须有基准接点并使之保持恒温,因此要将热电偶延长或者采用补偿导线。

(3) 在高温或者长期使用时,因为受被测介质或者气氛的作用(如氧化、还原)而发生劣化。

常用的热电偶有普通工业用热电偶和铠装热电偶两大类。

2) 热电阻测温工作原理

导体的电阻会随着温度的变化而改变,热电阻法测温就是利用导体的这种特性来进行的。利用对温度敏感的电阻元件做成的温度传感器,通常是由良导体金属材料制造的,例如镍、铜、铂和银等。采用负电阻系数较大的半导体材料做成的温度传感器,叫做热敏电阻,这种材料往往是钴、镁和镍等金属的氧化物的某种混合物。热敏电阻的电阻温度系数较一般金属高一个数量级,使用温度通常在 $300℃$。在机械运行状态监测与故障诊断领域中,常用的热电阻有工业用热电阻、铠装热电阻、标准热电阻以及半导体热敏电阻四大类。

标准铂电阻温度计在常用温度计中准确度最高,并且作为国际实际温标中 $755℃$ 以下的标准温度计,其特点如下:

(1) 灵敏度高。

(2) 测温范围广、准确度高、稳定性好。

150

(3) 无冷端误差,由读取的电阻值可以直接求温度值。

(4) 惰性较大,抗机械冲击与振动性能差。

2. 非接触式温度测量

非接触式测温就是测量温度的仪器不接触被测物体,而是利用被测物体的热辐射能随温度变化的原理来测定物体的温度。用这种方法测量温度时,由于没有与被测物体接触,因而也就不会改变被测物体的温度分布。并且这种方法可以测量运动中的物体。从原理上看,这种方法测量温度无上限,常被用来测量500℃以上的移动的、旋转的或者反应迅速的高温物体的温度。非接触法测温的准确度通常低于接触法。

1)热辐射测温的基本原理

受热物体内的原子或者分子因获得能量而从低能量级跃升到高能量级,当它们向下跃迁时,就可能发射出辐射能,这类辐射能称为热辐射。热辐射有时也叫做温度辐射,因为热辐射的强度以及光谱成分取决于物体的温度,换言之,温度这个物理量对热辐射现象起着决定性作用。热辐射现象是普遍的,任何物体只要温度高于绝对零度($-273.15℃$),就有一部分热能转变为辐射能,物体温度不同,辐射的波长组成成分不同,辐射能的大小也不同,该能量中包含可见光与不可见的红外线两部分。

温度在千摄氏度以下的物体,其热辐射中能量最强的波均为红外辐射,物体温度达到300℃时,其热辐射中最强波的波长为$5\mu m$,是红外线;到500℃左右时才会出现暗红色辉光;温度达到800℃时的辐射已有足够的可见光成分,呈现"赤热"状态,但是绝大部分的辐射能量仍属于红外线。只有在3000℃时,近于白炽灯丝的温度,它的辐射能才包含足够多的可见光成分。红外辐射指的就是从可见光的红端到毫米波的宽广波长范围内的电磁波辐射,从光子角度看,它是低能量光子流。

科学研究证明,任何辐射物体的总辐射亮度与温度的四次方成正比。根据这一特性,并通过测量物体的辐射亮度就可以比较准确地确定物体的温度,这就是辐射测温的基本原理。

2)辐射温度计

辐射温度计在连续非接触式测温仪表中是最古老、最简单的高温计。它是基于被测物体的辐射热效应进行工作的,因而,这种温度计有聚集被测物体辐射能到感受元件的光学系统。这一系统通常采用反射镜或者透镜增加射在感受元件上的光能,以提高仪表的灵敏度。由于光学元件的吸收、受热片的反射等原因,使得入射的辐射能量不能全部用于受热片升温,而且每个受热片的性能又不完全一致,所以辐射温度计难以统一分度。为了使所有的辐射感温器都适用于同一个分度表,在感温器内一般都设有校正器,用来调节入射到受热片上的辐射能量,使其感温器的分度值一致。

辐射测温计按其光学系统的结构分为透镜式和反射式两种,它们与显示仪表和辅助装置配套后,分别构成工业上常用的辐射高温温度计和辐射中温温度计。辐射温度计的优点是灵敏度高,坚固耐用,可以测量较低温度并能自动显示和记录。缺点是对CO_2、水蒸气很敏感,其示值受环境介质影响很大。

3)比色温度计

比色温度计是通过测量物体的两个不同波长(或波段)的辐射亮度之比值来测定物体的温度的,也称双色温度计。利用三个以上工作波段的辐射亮度进行比较的温度计成为三色或多色温度计。

比色温度计灵敏度高、响应快、可观察小的目标,其特点是测温准确度高。比色温度计广泛应用于冶金、水泥、玻璃等工业部门。

接触法与非接触法测温的特点和必要条件见表 5-1。

表 5-1　接触法和非接触法的特点

	接　触　法	非　接　触　法
必要条件	1. 检测元件与测量对象有良好的热接触; 2. 测量对象与检测元件接触时,要使前者的温度保持不变	1. 由测量对象发出的辐射应全部到达检测元件; 2. 应明确知道测量对象的有效发射率或重现性
特点	1. 测量热容量小的物体的温度有困难; 2. 测量运动物体有困难; 3. 可测量任何部位的温度; 4. 便于多点、集中测量和自动控制	1. 因为检测元件不与对象接触,所以测量对象的温度不变; 2. 可以测量运动物体的温度; 3. 一般是测量表面温度
温度范围	容易测量 1000℃ 以下的温度	适于高温测量
准确度	测量范围的 1% 左右	一般在 10℃ 左右
响应速度	较慢	较快

5.3　红外监测技术

红外辐射也称为红外光,它是太阳光谱红光外面的不可见光,其波长范围为:0.75~1000μm。从紫光到红光的热效应是逐渐增大的,最大的热效应位于红外光处。红外光又称红外线,红外线按波长的大小通常分为:近红外线 0.75~3μm;中红外线 3~40μm;远红外线 40~1000μm。

红外线最早发现于 1800 年,而红外线波段范围到 20 世纪 30 年代才被确定。1800 年英国物理学家赫胥尔通过实验发现从紫外区到红外区的温度成阶梯型递增,最高温度不在有色光区,而是在可见红外光的不可见区。

1830 年,辐射热电偶探测器的研制成功提高了对红外辐射的观察范围和测量精度,促进了对红外辐射性能的研究。1840 年,赫胥尔等人根据物体的不同温度分布制定了温度谱图。19世纪下半叶,最先由基尔霍夫提出了"黑体"概念,并在 1859 年发表了基尔霍夫定律。

红外线的成功应用技术始于军事领域。在第二次世界大战中出现了军用红外仪器,战后以半导体为基础出现了光子型红外探测器,促进了红外技术的进一步发展。从 20 世纪 50 年代到现在,红外制导、红外夜视、红外侦查等技术得到了迅猛发展,20 世纪 60 年代红外热像技术开始应用于工业领域。

5.3.1　红外基本名词和术语

1. 吸收、反射与透射

与可见光的情况相似,当红外辐射能投射到实际物体表面上时,其总的辐射能将有一部分被反射,另有一部分被吸收,其余部分则透过物体。吸收、反射与透射辐射能之间满足如下关系:

$$Q_o = Q_\rho + Q_\alpha + Q_\tau \tag{5-1}$$

或

$$\frac{Q_\rho}{Q_o} + \frac{Q_\alpha}{Q_o} + \frac{Q_\tau}{Q_o} = 1 \tag{5-2}$$

式中　Q_o——总的辐射能；

　　　Q_ρ/Q_o——反射率,用 ρ 表示；

　　　Q_ρ、Q_α、Q_τ——反射能、吸收能和透射能；

　　　Q_α/Q_o——吸收率,用 α 表示；

　　　Q_τ/Q_o——透射率,用 τ 表示。

2. 辐射能量 Q_e

辐射能量指光源辐射出来的光的能量(可见与不可见光),单位:焦耳。

3. 辐射通量 Φ_e

单位时间内通过某一面积的辐射能量称为通过该面积的辐射通量,单位:瓦。即辐射能量随时间的变化率 $\Phi_e = \dfrac{\mathrm{d}Q_e}{\mathrm{d}t}$。

4. 辐射强度

辐射强度是单位时间内从单位面积上所发出的包含单位立体角内的辐射能,单位:瓦特/米 ^{2},符号:W/m^2。

5. 黑体、白体、透明体和灰体

根据 ρ、α、τ 各值的相对变化,而有黑体、灰体、白体和透明体的概念。

(1) 黑体:在任何温度下,对于各种波长的电磁波的吸收系数恒等于1的一类物体,称为黑体。严格地讲黑体是指辐射特性不随温度和波长而改变,并与入射辐射的波长、偏振方向、传播方向无关的物体。在同样的温度、同样的表面下,黑体的辐射功率最大。

(2) 白体:当 $\rho = 1$,而 $\alpha = \tau = 0$ 时,说明入射到物体表面上的辐射能全部被反射,若反射是有规律的,则此物体为"镜体";若反射没有规律,则称此物体为"绝对白体"。

(3) 透明体:当 $\tau = 1$ 时,说明入射到物体表面上的辐射能全部被透射出去,具有这种性质的物体被称为"绝对透明体"。

(4) 灰体:所谓灰体是指其辐射特性不随波长的变化而变化(但是与温度有关)的一类物体。

在自然界中,绝对黑体、灰体、绝对白体或者绝对透明体都是不存在的,它们都是为了研究问题的方便而提出来的理想物理概念。

6. 辐出度 M 与光谱辐出度 M_λ

辐出度又称为辐出射度,它表示从物体单位表面积,在单位时间内对所有波长的辐射能,单位为:瓦特/米 ^{2},符号:W/m^2。

从物体单位表面积,在单位时间内波长在 $\lambda \sim \lambda + \mathrm{d}\lambda$ 波长范围内的辐射能,称为单色辐出度或者光谱辐出度 M_λ,单位:瓦特/米 ^{3},符号:W/m^3。

7. 发射率、光谱发射率(或称辐射系数)与定向发射率

相同温度及条件下实际物体与黑体的辐出度之比称为该物体的发射率,也称为黑度,用符号 ε 表示,即

$$\varepsilon = M/M_b$$

实际物体的光辐出度 M_λ 与同温度下黑体的光辐出度 $M_{b\lambda}$ 之比称为该物体的光谱发射率(或光谱黑度):

$$\varepsilon_\lambda = M_\lambda/M_{b\lambda}$$

实际物体在 θ 方向上的定向辐出度 M_θ 与同温度下黑体在该方向上的定向辐出度 $M_{b\theta}$ 之

比,称为该物体在该方向上的定向发射率:

$$\varepsilon_\theta = M_\theta / M_{b\theta}$$

8. 选择性辐射体

选择性辐射体指发射率随波长而变的辐射体。一般物体均为选择性辐射体。

9. 辐射源

辐射源分为点源与面源。

(1)点源:尺寸小的辐射源(相对于到探测器的距离而言),距离大于光源最大尺寸10倍时称点源。当观察系统采用光学系统时,探测器表面成像小于探测器,即不能充满光学系统视场的源称为点源。

(2)面源:尺寸大的辐射源。探测器表面成像充满光学系统视场的称为面源。

5.3.2 红外辐射基本定律

1. 基尔霍夫定律

在同样的温度下,各种不同物体对相同波长的单色辐射出射度与单色吸收比之比值都相等,并等于该温度下黑体对同一波长的单色辐射出射度。

该定律表明,善于发射的物体必定善于吸收,善于吸收的物体也必定善于发射。物体发射系数与吸收系数的比值与物体的性质无关,所有物体的该比值均是波长和温度的普适函数,但是吸收和发射系数随物体的不同而不同。

2. 普朗克定律

普朗克利用光量子理论推导出了黑体辐射公式,即单位面积黑体在半球面方向发射的光谱辐射率为温度和波长的函数。其数学表达式为

$$M(\lambda, T) = C_1 \lambda^{-5} (e^{C_2/\lambda T} - 1)^{-1} \text{ W/m}^3 \qquad (5-3)$$

式中　C_1——第一辐射常数,$C_1 = 2\pi hc^2 = 3.7418 \times 10^{-16}$ W/m²;

　　　λ——入射波长(μm);

　　　C_2——第二辐射常数,$C_2 = ch/k = 1.438786$ cm · K;

　　　T——热力学温度(K);

　　　h——普朗克常数,等于 6.6256×10^{-34} W · s²;

　　　c——光速,$c = 2.9979 \times 10^8$ m/s;

　　　k——玻耳兹曼常数,$k = 1.3805 \times 10^{-23}$ W · s/K。

不同温度下黑体的光谱辐射率随波长的变化情况如图5-2所示。

由图5-2可知,黑体的光谱辐射特性随波长和温度变化具有以下特点:①温度越高,同一波长下的光谱辐射率越大;②当温度一定时,黑体的光谱辐射率随波长连续变化,并在某一波长处取得最大值;③随着温度的升高,光谱辐射率取得最大波长 λ_{max} 越来越短,即向短波方向移动。

3. 维恩位移定律

在一定温度下,绝对黑体与辐射本领最大值相对应的波长 λ 和绝对温度 T 的乘积为一个常数,即 $\lambda_{max} T = b$,由此得到黑体的峰值辐射波长:

$$\lambda_{max} = b/T, \ b = 2.8976 \times 10^3 \ \mu m \cdot K \qquad (5-4)$$

式中　T——黑体温度(K);

　　　λ_{max}——峰值波长(μm)。

据此可以确定任一温度下黑体的光谱辐射率最大的峰值波长。

4. 斯忒藩—玻耳兹曼定律(全辐射定律)

斯忒藩—玻耳兹曼定律描述了绝对黑体的辐射能沿波长从零到无穷大的总和,即全辐射,公式表示为

$$M(T) = \int_0^\infty M(\lambda, T)\,\mathrm{d}\lambda = \frac{2\pi^5 k^4}{15c^2 h^3} T^4 = \sigma T^4$$

(5-5)

式中 σ ——斯忒藩—玻耳兹曼常数, $\sigma = 5.6703 \times 10^{-12} \ \mathrm{W/cm^2 \cdot K^4}$

该定律表明,黑体的辐射率与热力学温度 T 的四次方成正比,故又称为四次方定律。

5. 维恩公式与瑞利—金斯公式

在普朗克公式中,当 λT 的值较小时,即 $\mathrm{e}^{C_2/\lambda T} - 1 \approx \mathrm{e}^{C_2/\lambda T}$ 时,可由维恩公式来代替:

$$M_b(\lambda, T) = \frac{C_1}{\lambda^5} \frac{1}{\mathrm{e}^{C_2/\lambda T}}$$

(5-6)

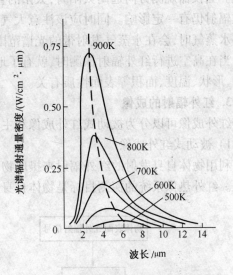

图5-2 黑体辐射的光谱特性

当 λT 较大($\lambda T \geq 72\mathrm{cm \cdot K}$)时,普朗克公式可用如下的瑞利—金斯公式来代替:

$$M_b(\lambda, T) = \frac{C_1 T}{C_2 \lambda^4}$$

(5-7)

5.3.3 红外辐射的传输、衰减和成像

红外辐射也是一种电磁波,与其他波长的电磁波一样,可以在空间和一些介质中传播,但是在传输过程中它还有自己的特点。实验研究表明,当红外辐射在大气中传输时,它的能量由于大气的吸收而衰减。大气对红外辐射的吸收与衰减是有选择性的,即对某种波长的红外辐射几乎全部吸收;相反,对于另外一些波长的红外辐射又几乎一点也不吸收。通过对标准大气中红外辐射的研究发现,能够顺利透过大气的红外辐射主要有三个波段:1~2.5μm、3~5μm 和 8~14μm,一般将这三个波长范围称为大气窗口。但是,即使波长在这三个范围的红外辐射,在大气中传输时还会有一定能量的衰减,衰减的程度与大气中的杂物、水分等密切相关。

1. 大气的衰减作用

大气的衰减作用主要来源于两个方面:即大气中各种气体对红外辐射的吸收作用和大气中悬浮颗粒对红外辐射的散射作用。

大气中的主要气体氮气、氧气、氩气,它们在广阔的红外波长领域对红外辐射的吸收很少,对波长 15μm 以下的红外辐射没有吸收作用。但是多原子气体分子如:水蒸气、二氧化碳等对红外辐射有强烈的吸收作用,对大气中的红外辐射影响很大,基本上决定了大气的红外透过特性。

另外大气中还含有许多固态和液态悬浮物,如灰尘、烟、雾、雨、雪等,红外辐射在被传输过程中遇到微粒,会偏离原来的方向,是原有的传输方向的辐射变弱。

2. 背景辐射的影响

在进行红外辐射探测时,除了目标本身的红外辐射,还存在目标对太阳辐射和环境辐射的反射以及设备本身和周围设备的辐射。

在红外辐射探测过程中,经常面对天空背景,天空背景辐射主要由太阳和大气中的热辐射

组成。当仪器观测方向远离太阳时,太阳的直接辐射是可以忽略的,但是此时大气散射的太阳长波辐射仍有一定影响。同时应该注意大气成分对天空背景辐射的重要影响。当大气中含有较多水蒸气时,会在水蒸气发射带的光谱范围内有比较高的天空背景辐射。

当在高空进行红外辐射探测时,就有了地面背景辐射。地面背景辐射的组成与发射表面的材料、形状、温度、面积等表面性质有关。

3. 红外辐射的成像

红外成像可以分为被动式红外成像和主动式红外成像。

1）被动式红外成像

利用物体自身发射的红外辐射来摄取物体的像,称为红外热像,显示热像的仪器为红外热像仪。红外热像系统的探测目标是物体自身发射的热辐射,其流程如图5-3。

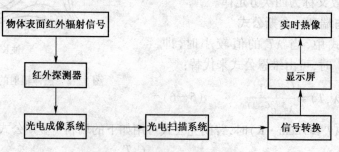

图5-3 被动式红外成像流程

2）主动式红外成像

在进行红外探测时对被测目标通过加热注入热量,使被测目标失去热平衡,在它的内部温度尚不均匀,具有导热的过程中即进行红外探测,来摄取物体的热像。加热的方式有稳态和非稳态两种。根据探测形式可以分为单面法(或向后散射式)和双面法(或透射式),如图5-4。

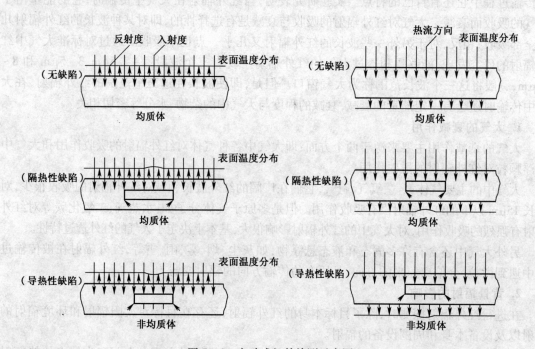

图5-4 主动式红外检测示意图

156

5.3.4 红外探测器

1. 红外探测器分类及性能

红外探测器是利用红外测温敏感器件把入射的红外辐射能转换成其他能量的转换器。一般可分为热敏型和光电型两大类,如图 5-5 所示。

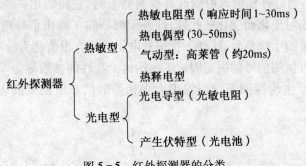

图 5-5 红外探测器的分类

按工作原理主要可分为红外红外探测器、微波红外探测器、被动式红外/微波红外探测器、玻璃破碎红外探测器、振动红外探测器、视频运动检测报警器、声音探测器等许多种类。

若按探测范围的不同又可以分为点控红外探测器、线控红外探测器、面控红外探测器和空间防范红外探测器。

1) 热敏探测器

热敏探测器是利用某些物体接受红外辐射后,由于温度变化而引起这些材料物理性能等一些参数变化而制成的器件。响应时间较长(在毫秒级以上),对入射的各种波长的辐射线基本上有相同的频率响应率。

2) 光电探测器

光电探测器是利用某些物体中的电子吸收红外辐射而改变其运动状态这一原理工作的。响应时间比热敏探测器短,一般为微妙级,最短可达到纳秒。常用的光电探测器有光电导型和光生伏特型。

(1) 光电导型(光敏电阻):当红外辐射照射到半导体光敏电阻上时,其内部电子接收了能量,处于激发状态,形成了自由电子及空穴载流子,是半导体材料的电导率明显增大,这种现象称为光电导效应。光电导探测器是利用光电导效应工作的一种红外探测器。光电导探测器是一种选择性探测器。

(2) 光生伏特型(光电池):如果以红外或者其他辐射照射某些半导体的 PN 结,则在 PN 结两边的 P 区和 N 区之间会产生一定的电压,该现象称为光生伏特效应,简称光伏效应,其实际是把光能转换成电能的效应。根据光伏效应制成的红外探测器,叫光伏型探测器。光伏型探测器也是有选择性探测器,并具有确定的波长,具有一定的时间常数,但在探测率相同的情况下,光伏型探测器的时间常数远小于光电导型探测器。

3) 红外探测器的特性参数

不同的红外探测器不但工作原理不同,而且其探测的波长范围、灵敏度和其他主要性能都不同。下面的几个参数常用来衡量各种红外探测器的主要性能。

① 响应率:表示红外探测器把红外辐射转换成电信号的能力。等于输出电压与输入红外辐射能之比,用 R 表示,单位为伏每瓦,V/W,即

$$R = U/W \tag{5-8}$$

② 光谱响应:通常将红外探测器对不同波长的响应曲线称为光谱响应曲线。如果红外探测器对不同波长的红外辐射响应率不相等,则称为选择性探测器。选择性探测器的光谱响应曲线有一个峰值响应率(R_m),它对应的波长称为峰值响应波长(λ_m),当光谱响应曲线下降到峰值响应率的一半时,所对应的波长称为截止波长(λ_c)。

③ 等效噪声功率:当红外辐射入射到红外探测器上时,它将输出一个信号电压,这个信号电压随着入射的红外辐射变化而变化。此外,红外探测器除了输出信号电压外,还同时输出一个与目标红外辐射无关的干扰信号,这种干扰信号电压的均方根值称为噪声电压。噪声电压是确定某一探测器最小可探测信号的决定因素。表示这个特性的参数称为等效噪声功率,用符号NEP表示,其定义为:产生与探测器噪声输出大小相等的信号所需要的入射红外辐射能量密度,可以用下式计算:

$$NEP = \frac{\omega A}{U_s/U_n} \tag{5-9}$$

式中 ω——红外辐射能量密度;

A——红外探测器的有效面积;

U_s——红外探测器的输出信号电压;

U_n——红外探测器的噪声电压。

④ 探测率:等于等效噪声功率的倒数,是表示红外探测器灵敏度大小的又一个参数,即

$$D = 1/NEP \tag{5-10}$$

其单位是$1/W$或$1/\mu W$。

由上式可知,探测率越大,其灵敏度就越高。探测率与红外探测器的有效面积(A)和频带宽(Δf)的平方根成反比。

通常采用归一化探测率用以消除面积和带宽的影响,该参数用符号D^*表示,即

$$D^* = D\sqrt{A\Delta f} \tag{5-11}$$

⑤ 时间常数:它是表示红外探测器对红外辐射的响应速度的一个参数,其定义为:当红外探测器加有一个理想的矩形脉冲信号时,它输出的信号幅值由零上升至63%所需要的时间,单位是ms或μs。

红外探测器的时间常数越小,说明它对红外辐射的响应速度越快。

4)探测器的噪声源

红外探测器的噪声源有以下四个方面:①探测器本身;②放大器及其他电子线路;③周围环境热辐射涨落;④被探测信号本身涨落。

2. 红外点温仪

这类仪器常用来测量设备、结构、工件等表面的某一局部区域的平均温度。通过特殊的光学系统,可以将目标区域限制在$1mm^2$以内甚至更小,这种测温仪的响应时间可以小到1s,其测温范围可以达到$0\sim3000℃$。

不足之处:①测量精度受多种因素的影响大;②对远距离的小目标测温困难,要实现远距离测温,需要使用视场角很小的测温仪,并且难以对准目标。

常用的红外点温仪主要有两大类:非致冷型和致冷型,采用致冷型的红外点温仪可以提供探测灵敏度,能对低温目标进行测量。

3. 红外热像仪

红外热像仪是目前世界上最先进的测温仪器,根据其获取物体表面温度场的方式不同,常分为单元二维扫描、一维线阵扫描、焦平面(FPA)以及 SPRITE 等。

1)工作原理和特点

由于红外辐射同样符合几何光学的相关定律,因此可以利用红外探测器探测并接收目标物体的红外辐射,通过光学转换,信号处理等手段,将目标物体的温度分布图像转换成视频图像传输到显示屏等处显示出来,这样我们所观察到的就是物体的一幅热图。目前高速的热像仪可以做到实时显示物体的红外热像。

红外热像仪有:①能探测物体表面的温度场,并以图像的形式显示出来,非常直观。②分辨率强,现代热像仪可以分辨 0.1℃甚至更小的温差。③显示方式灵活多样,温度场的图像可以采用伪色彩显示,也可以通过数字化处理,采用数字显示各点的温度值。④能与计算机进行数据交换,便于存储和处理等优点。

红外热像仪的主要不足之处是:红外热像仪一般都需要采用液氮或热电致冷,以保证探测器在低温下工作。这样就使得仪器的结构复杂,使用不便。此外,光学机械扫描装置结果也比较复杂,操作维修不方便。另外,红外热像仪的价格也非常昂贵。

2)红外成像系统

利用红外探测器、光电成像物镜和光电扫描系统,在不接触的情况下接收物体表面的红外辐射信号;该信号转换成电信号后,经过电子系统处理传至显示屏上,得到物体表面热分布相应的"实时热图像"。

(1)热成像系统的基本组成:热成像系统是一个利用红外传感器接收被测目标红外线信号,经放大和处理后送返显示器上,形成该目标的温度分布二维可视图像的装置。其基本组成如图 5-6。

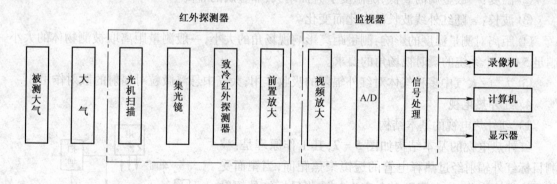

图 5-6 热成像系统的基本组成

其中红外探测器部分(又称扫描仪、红外摄像机)由成像物镜、光机扫描结构、致冷红外探测器、控制电路组成。光机扫描结构由垂直、水平扫描棱镜及同步系统组成。致冷红外探测器用于接收目标的红外信息并能转化为电信号的红外敏感器件。控制电路消除由于制造和环境条件变化产生的非均匀性,使目标能量的动态范围变化能够适应电路处理中的有限动态范围。

(2)热成像特点:红外热成像系统可以给出空间分辨率和温度分辨率都较好的设备温度场二维图形,可以自一定距离外提供非接触、非干扰式的测量,可以提供快速和实时的测量,从而可以进行温度瞬态研究和大范围的快速观察,具有全被动式、全天候的特点。

(3) 红外成像系统探测波段的选择:由于热成像红外探测器工作时受到大气的阻尼,阻尼源之一是空气中的二氧化碳以及水分等对红外辐射的吸收。因此,为了使大气的影响减到最小,可以根据红外波长与大气传导率的关系选择探测器的波长。可选探测波段为:$1\mu m$ 左右的近红外波段;$2\sim2.5\mu m$ 波段;$3.5\sim4.2\mu m$ 波段,短波段,常用的波段;$8\sim14\mu m$ 波段,长波段,用于低温及远距离测温。

(4) 红外热像仪测温精度分析:探测器输出视频信号幅度:

$$U_s \propto \frac{\omega\sigma T^5}{\pi}\int_{\lambda_1}^{\lambda_2}\varepsilon(\lambda T)\tau_a(\lambda)R(\lambda)\mathrm{d}\lambda \qquad (5-12)$$

式中　λ_1、λ_2——热像仪工作波长范围;

　　　σ——辐射常数;

　　　$\tau_a(\lambda)$——大气透过率;

　　　ω——热像仪瞬时视场角;

　　　$\varepsilon(\lambda T)$——被测物体光谱辐射率;

　　　T——被测物体热力学温度;

　　　$R(\lambda)$——热像仪总光谱响应。

由式(5-12)可知,测温精度与很多因素有关,主要影响因素有:测试背景情况;辐射率的影响,并且辐射率 ε 直接影响测量结果。

影响辐射率的因素如下:

① 表面状态:金属及大多数材料都是不透明的,影响辐射率的主要因素有:有色皮或涂层表面,ε 主要取决于表面的涂层;粗糙表面对 ε 影响大,粗糙度增大,ε 增大;表面薄膜、污染层也会影响 ε;表面有氧化膜时,ε 会增大10倍以上。

② 温度:一般金属的 ε 低,随温度上升而增大;非金属的 ε 高。

③ 波长:ε 随红外线波长的变化而变化。

④ 距离对测量温度的影响:测量距离影响视场角的大小,一般测量距离取被测物体的大小满足 $5\sim10$ 个系统的瞬时视场角的要求。

⑤ 大气:大气中多种气体对红外辐射的吸收作用;大气中悬浮微粒对辐射的散射作用。

4. 红外热电视

1) 红外热电视的基本结构

红外热电视的基本结构如图5-7,其工作原理是:被测目标红外辐射经过热释电管的透镜聚焦靶面,当靶面受热强度发生变化时,在靶面上会产生与被测目标红外辐射能量分布组成的图像相对应的点位起伏信号,与此同时,电子束在扫描电路的控制下对靶面进行逐行或场扫描,在靶面信号板上产生相应的脉冲电流,该电流经负载形成视频信号输出。

2) 红外热电视的主要技术性能

红外热电视的主要技术性能包括测温范围、工作模式、温度分辨率、空间分辨率、任意空间频率下的温度分辨率、目标辐射范围、对不同辐射率被测目标的响应范围、测温准

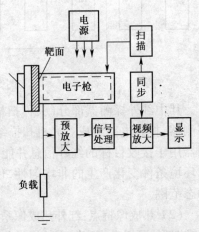

图5-7　红外热电视的基本结构框图

确度、最大误差与仪器量程之比、红外物镜、镜头的聚焦范围、工作波段，一般 3～5μm 或 8～14μm、显示方式、最大工作时间。

5.4 红外测温技术在机械故障诊断中的应用

自 20 世纪 70 年代末以来，红外测温技术在故障诊断领域得到了愈来愈广泛的应用，尤其是在电力、冶金、石油化工、交通运输、机械、材料、建筑等领域已经获得了显著的经济效益和社会效益。下面简要介绍其在各工业部门中的应用情况。国内较早使用红外测温技术并取得良好效果的是在铁路交通领域。

5.4.1 红外测温技术在铁路交通运输中的应用

红外线轴温监测技术是一种在不停车的情况下检测轴温的技术。即利用车辆运行中经传导发热的轴箱所发射出红外辐射的强弱来早期发现热轴故障。

1973 年利用红外测温方法检测机车车辆轴温的技术首先在上海铁路局南翔列检所试验成功。截止到 1986 年，全国铁路 90% 的列检所已经安装使用了 800 多套红外线轴温探测器，准确率达到 99%，防止了大量"燃轴"事故。目前，所有在运行中的铁路客货车辆都安装有红外测温装置，确保了铁路交通的安全运行。

铁路车辆在运行中，轮对与箱体支撑之间是有相对运动的，为保证安全运行必须采取润滑措施，利用红外测温技术直接测量轮对转轴、间接测量润滑介质或者轮对轴箱都能实时掌握轮对的运行状况。

1. 轮对轴温的红外测量方法

红外线轴温探测器安装在铁路两旁或者安装在车辆箱体下部靠近轮对轴的部位，红外探头中的光学系统将车辆轴箱的红外热辐射聚集到红外探测元件上，把红外热辐射转变成微弱的电脉冲信号，这一信号经过电子放大处理后，由仪表记录显示出来，如图 5-8 所示。

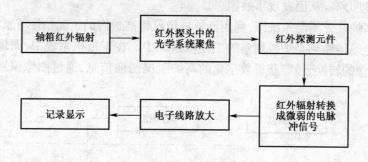

图 5-8 红外轴温监测流程

2. 处理方法

我国目前使用的红外线轴温探测器采用的是相对温度测量法，即以环境温度为背景，红外探头输出的是轴箱温度和环境温度的差值电脉冲信号，轴的温度越高，输出的电脉冲信号就越大。一旦有热轴信息，监测系统将自动报警，并将所测得的数据以及热轴位置等数据传输到主控室甚至铁路局调度室，以便调度和控制人员迅速做出应有的调整。

有一个统计数据，1978—1986 年，经过红外线探测器发现和防止车辆燃轴事故达到 291 万件,这类事故的次数从 1978 年的 5930 件减少到 1986 年的 402 件,等于每年为铁路增加了运行车辆 43 万辆次,相当于增加运输收入 2 亿多元。

5.4.2 红外测温技术在冶金工业中的应用

红外测温技术在冶金工业中的应用主要有以下几方面。

(1) 隔热内衬的缺陷诊断:包括高炉、热风炉、转炉、钢水包、铁水包、回转窑等设备的隔热内衬缺陷;

(2) 冷却壁损坏监测;

(3) 隔热内衬剩余厚度估算;

(4) 高炉炉瘤诊断;

(5) 工艺参数的检测与控制;

(6) 热损失的计算。

利用红外测温技术对冶金设备进行监测的目的是:实时掌握设备的运行状况并据此制定设备维修方案、提高设备使用寿命、提高设备利用指数、减少设备单耗、降低散热节约能耗以及据此调整工艺等。

1. 应用红外测温技术对炼铁高炉进行监测

一座高炉的生产基本上就是将铁矿石、焦炭以及根据工艺需要添加的其他矿石按要求铺设在高炉内,通过鼓入的热风进行燃烧冶炼。现在的炼铁生产中,高炉越来越趋向于大型化,鼓入的热风风温也在不断提高,掌握高炉和热风炉炉内的隔热内衬是否完整就显得极为重要。通过红外测温技术可以监测高炉炉内隔热内衬的侵蚀、冷却壁的大量损坏和热风炉炉顶崩穿等事故隐患。

红外测温是通过探测炉皮表面温度进行的。高炉在没有冷却器存在的部位,若某处温度持续上升时,可以认为是炉衬侵蚀;而有冷却器存在的部位,要根据相对温升来判断。由于高炉的炉温比环境温度高出很多,尽管炉壁有炉皮、铁屑填料、冷却壁、碳素填料、碳砖等多层的结构,热像仪还是能较准确地扑捉到温度异常的信息。热像中过分明亮的区域表明该处材料或炉衬已经变薄而使温度升高,从而发现事故隐患。

图 5-9 是高炉红外测温系统图,利用红外摄像仪将高炉内的工况拍摄下来,变成黑白视频图像,通过视频电缆传输到高炉控制室的工控机系统中。在工控机系统中,图像采集卡完成视频图像到数字图像的转换,最终获得数字化的高炉工况图像信息,通过图像识别建立温度场分布模型。

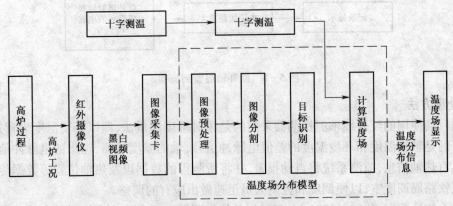

图 5-9 高炉红外测温系统

高炉红外图像的分析可以分为图像预处理、图像分割和目标识别。图像预处理的主要功能在于滤除图像噪声;图像分割是按照一定的图像特征,如图像的灰度特征、图像的纹理特征、图像的运动特征等等将图像分割为若干个有意义的区域,使得同一区域内的像素满足同质性,而不同区域内像素的性质互不相同。图像的分割将原始的图像转化为更抽象、更紧凑的形式,使得更高层的分析和理解成为可能。目标识别是根据识别对象的某些特征,如物理特征、形态特征等,提取图像感兴趣的目标特征。

为了使高炉炉料铺设时分布合理,达到降低焦比的目的,可以使用热像仪测定炉内料面的温度,经过处理后由计算机来控制炉料的铺设。红外测温还可以用于高炉铁水以及炉渣流出时的温度测定,并据此来调整生产工艺。

【例】 某钢铁厂一座高炉大修后投产不久,发现其风口和炉体上腹部炉皮出现过热现象,同时冷却水的温差也比较大,为了查清故障原因并为检修提供准确依据,通过红外热像仪查出了两处高温区,温度分别为131℃和123℃。根据这个监测结果安排短暂休风,将相应位置的炉皮剖开检查,发现这两处正是炉腹立冷板间位置,并且间隙内填料层已经松动,松动深度分别达到了181mm和135mm(总深度为255mm),判断是大修时筑炉勾缝质量不良造成的,随之进行了填充处理生产回复正常。依据红外测温对高炉进行监测可以有针对性地进行小范围处理,消除了事故隐患,同时也取消了原定的停炉返修计划,增加了生产时间,节约了维修经费。

2. 应用红外测温技术提高钢水包使用寿命,降低能耗

钢水包使用情况的好坏直接影响到炼钢的成本、钢锭质量和能量消耗。为此,可以使用红外测温技术对钢包进行监测。

(1)对钢包烤包工艺的监控和改进:钢包在注入钢水前要对其进行烤包,即使用煤气等对钢包内部进行烧烤以提升其内壁温度。

某钢铁厂使用红外测温技术发现原有的烤包工艺是不合理的,并据此进行了调整获得了满意的效果。

① 原烤包工艺的初期升温过快,2 h升温至515℃,4 h升温至720℃,因此,阻碍了钢包内衬中水分的散发,使得在烤包初期就产生了裂纹和鼓包,末期有时产生内衬剥落。原来的温升曲线如图5-10所示。还据此试验设计出"低温—高温"(图5-11)和"低温—中温—高温"两种烘烤工艺,提高了钢包的使用寿命,降低了能耗,节约了生产成本。

② 由于烤包时间过长,一般在50个小时左右,而实际上25个小时钢包外皮的温度就已经稳定在200℃左右,说明已经干燥好了,这样就造成了能源的很大浪费。另外,由于火焰控制手段不完备,现场无煤气压缩空气调节器和流量计,火焰不能合理控制并保持稳定状态,增加了煤气压缩空气调节器和流量计后,改善了原有的生产工艺,实现了对火焰的合理控制。

(2)确定钢包使用间歇时间的降温曲线:经过红外线温度监测找出了钢包使用间歇时间中的降温曲线,为合理控制出钢温度,提高钢锭质量提供了依据。

(3)判断钢包内衬壁厚:通过对钢包皮表面温度的监测,利用热传导模型来进行实测和分析钢包内衬厚度,用实验验证来修订热传导模型的边界值,使得数学模型更趋于完善和准确。这种研究不仅对钢包,而且对转炉、高炉等工业炉窑的内衬壁厚都是极为有意义的。

3. 应用红外测温技术改善轧制工艺,降低设备事故

由于轧钢的工艺过程一般是从开坯到成材,钢锭、钢坯在轧制过程中始终处于运动状态,很难采用接触式测温方式,利用红外测温技术可以实时掌控被轧物料的温度,以便于及时调整轧制工艺。

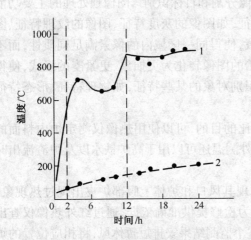

图 5‒10 原钢包烘烤升温曲线
1—钢包内壁温度;2—钢包外壁温度。

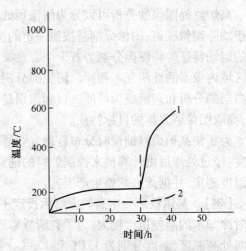

图 5‒11 "低温—高温"烘烤升温实测曲线
1—钢包内壁温度;2—钢包外壁温度。

初轧时利用红外测温可以连续测定并记录每块钢锭的开轧温度和轧制过程的温度变化,再将信号反馈给均热炉,适时地对"烧钢"工艺进行调整,可以防止"过烧"或低温钢锭进入轧机,从而保证开坯质量和避免轧辊断裂事故的发生。在热连轧和镀锌炉、加热炉上使用红外测温,对保障钢材的质量具有极其重要的作用。在轧钢工艺中使用红外测温技术可以更快实现轧钢自动化。

某钢铁厂研究人员对 72 块钢锭在轧制过程中的热像进行了测量和处理,提出了在加热炉内增加挡墙的方案,该方案实施后,由热像仪测定的在长坑均热炉中加热的钢锭出炉后,钢锭在轧制过程中的温度分布结果,可以得出:加挡墙的方案使得同炉各钢锭间的温差大幅度缩小到了 ±60℃,保证了轧机的稳定生产,轧制工艺的基本一致。

5.4.3 红外测温技术在机械工业生产中的应用

1. 机床主轴热变形的诊断

一台精密加工机床使用一段时间后发现加工精度有较大降低,此时通过其他手段监测并未发现任何异常,采用红外热像仪进行监测时找到了问题的根源。

机床主轴箱如图 5‒12 所示。主轴箱的主要热源是支撑主轴的两个滚动轴承,主轴运行时

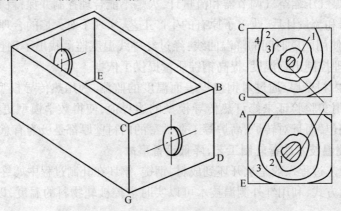

图 5‒12 车床主轴箱及前后面的温度场

由于润滑不良轴承内必然会产生热量,一部分传导给主轴并散入到空气中,另一部分则传导给了箱体。箱体在受热后,由于材质的不均匀以及前后轴承润滑情况的不一致,导致各部分的温升不同,从而产生了不同程度的热膨胀,使得主轴箱体发生了不均匀热变形,最终导致加工精度的下降。

测量中是采用红外热像仪来测量箱体轴承孔周围的具体温度。当主轴箱运行达到热平衡后,先后测量两个轴承支撑面的温度场。

其中一面,靠近热源最内圈 1 的温度为 56.5℃,第 2 圈为 40.5℃,第 3 圈为 39℃,第 4 圈为 34℃。另一面,最内圈 1 的温度为 45℃,第 2 圈为 40℃,第 3 圈为 35.5℃。

根据温度场计算,其中一面轴承中心升高了 34.2μm,而另一面轴承中心升高了 27.7μm,即在 400mm 的长度内,主轴轴线倾斜了 6.5μm,据此,找到了加工精度降低的原因,经过开箱检查发现轴承润滑都不好,调整后解决了问题。

2. 磨削工艺的红外温度检测

磨削工艺中磨削温度直接影响到工件的精度和磨削表面的质量。以往是在工件表面埋置热电偶,但是这种方法只能测量到磨削区域的平均温度,且不能在线监控,实现困难,也不便于大规模推广。红外测温技术的应用解决了这一难题。

检测方法如图 5-13 所示。磨削火花是从砂轮与工件的交界面放射出来的,在交界面的切线 AA 附近密集,远离 AA 线就逐渐分散,其温度也由磨削点的最高温度逐渐向 AA 线的两侧降低。为了测得稳定的数据,要求被测面积要小,并尽可能接近 AA 线,所以应采用小目标红外测温仪。磨削温度一般在 1000℃ 左右,仪器的测温范围可以选用 600~1500℃,与此温度相对应的红外线最大波长为 1.7~2.8μm。

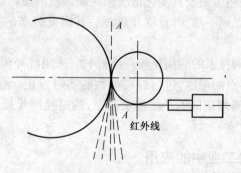

图 5-13 磨削火花温度红外监测

测量方向应垂直于工件轴线,瞄准火花密集区 AA 线附近,磨削火花的温度就可以很方便地测量。虽然磨削火花的温度不等于磨削区域的温度,但是两者之间存在着密切的关系,实验证明,当磨削条件(例如干磨、湿磨、磨削量、走刀量、工件转速等)发生改变时,磨削火花温度的变化规律与磨削区温度的变化规律是一致的。

利用红外测温技术可以将温度图谱数字化通过计算机进行处理,在线控制磨削加工工艺,从而消除加工表面层因为高温而引起的表面层残余应力、纤维组织硬化、烧伤等缺陷。

3. 机床胶接结构热特性诊断

随着高强度结构胶的出现,在机床制造中不但在零部件中采用胶接,而且制造出了全胶接结构机床,这种机床不仅静刚度好,而且动刚度也有很大的改进。由于胶接剂的存在,改善了机床的结构阻尼,提高了机床的抗震性,也提高了机床的加工精度,降低了切削时的噪声。但是,胶接剂的热特性如何? 对热变形的影响又怎样? 这些都必须搞清楚,而采用热像仪来识别是很方便的。

如图5-14所示,是胶接车床主轴箱主轴承所在面的热像图,靠近热源(图中小阴影部分)最内圈的温度为47.5℃,依次向外的温度为46.5℃、45℃、42℃、41.3℃、40.6℃、39.8℃、38℃和36.3℃。从温度场分布图中可以看出主轴承所在面的温度分布是完全符合传热学规律的,其左右方向的温度梯度基本对称,下部温度则因箱底散热而较上部为低。胶接部分在主轴承所在面的底部和两侧,从热像图中可以看出,胶接箱体并没有因胶接剂的存在而使温度聚集,对传热的影响不明显,证明其热特性较好。同时也说明热像技术为新型胶接机床的设计制造提供了有效的诊断手段。

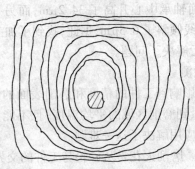

图5-14　车床主轴承面的等温度场分布图

4. 焊接质量的热像检查

对焊接质量进行热像检查时,应使样件的温度高于室温,即采用外部热源给焊点加热,利用红外热像仪检测焊点的红外热像图及其变化情况来判断焊点的质量。无缺陷的焊点,其温度分布比较均匀,而有缺陷的焊点则不然,并且移开热源后其温度分布的变化过程与无缺陷焊点相比有较大差异。

在焊接过程中,红外检测技术的应用比较广泛,例如,采用红外测温仪在焊接过程中实时检测焊缝或热影像区某点或多点的温度,进行焊接参数的实时修正。在自动焊管生产线上,可以采用红外线阵CCD实时检测焊接区的一维温度分布,通过控制焊接电流的大小来保证获得均匀的焊缝成型。

5.4.4　红外测温在石化工业中的应用

石油化工企业的设备多为反应塔、罐、管道、泵阀类等,生产基本上是在高温高压下的流水作业、长期运行,加之生产原料和产品的易燃性、易爆性,使得石油化工企业的生产具有潜在的危险性。因此,对生产工艺和设备本身的在线监测是非常必要的。热像技术非常适合于这种监测的要求,有着广泛的应用范围。

1. 热像仪用于点巡检

在石化企业中,对设备的检测是有规则和计划的。设备管理人员按计划携带便携式红外热像仪,对所管辖的设备定时、定点地进行检测和记录,对重要的关键设备,设立精密检测点,建立设备档案,从热像图中提取各种重要信息,以便于对设备的运行状况进行长期监测,对不正常运行设备的潜在故障以及发展趋势作出准确的判断和预报。

使用热像仪进行设备的状态监测和故障诊断多采用比较法,即,首先建立各个设备的安全标准的热像图,也就是建立标准图谱。然后对生产中的设备定时定点地进行巡回检测,将实时测出的热像图与标准热像图进行比较,根据差异变化的程度,并结合生产工艺、设备结构、材料

166

特性等进行综合分析,判断设备生产状况是否属于正常范围,或者判断出已发生故障的类型、性质、程度、大小和部位,为采取正确的处理措施提供科学的依据。

有一家炼油化工厂在使用热像仪进行现场设备运行状态的监测时发现,被测物体的材料、温度、表面状态对辐射系数都有影响。为了解决测试精度,他们进行了大量实验,确定了工业材料在不同温度下的辐射系数,并作出了相应的参数曲线,使得热像仪的使用更加可靠和完善,确保了设备诊断工作的准确无误。

2. 热像仪用于生产流程

热像仪用于检测换热器的漏洞和堵塞是非常有效的,它也可以用于检测密封油故障。另外,热像仪也多用来检测转化炉炉墙温度,通过检测转化炉,可以掌握其保温状况和热损失部位,将特别异常的部位用录像机进行记录,以便于综合分析,整体评价,并作为大修时检查更换的依据,同时还可以合理地选择绝热保温材料以减少热损耗。

有一家炼油厂使用热像仪对减压炉以及换热器保温结构进行了定期监测,同时对管道泄漏,加热炉炉管和变电所配电盘也进行了定期监测,通过监测发现了大量的事故隐患,重大隐患得到了及时定位处理,一般隐患也为科学制定维修计划提供了重要依据。

5.4.5 红外测温技术在电力生产和传输过程中的应用

经济社会的快速发展对电力的依赖度越来越高,这就迫使电力生产技术不断进步,电网运行电压不断增高。随着电网增大,发电机组容量增大,输电距离更长了,而且设备的密封性和组合性也在不断加强。目前,电力企业的设备事故在全部事故中的比率最高达92%。而电力工业的生产设备、锅炉、发电机、输变电各部分,都分别是在高温、高压、高速旋转、高电压、大电流的状态下运行,都与热有着极其密切的关系。

在众多停电事故中,因为设备局部过热而引起的停电检修时有发生。因此,对电力生产和传输设备的温度监测和管理一直是国内外电力企业的重要工作。但是对温度的监测过去一直采用的是"接触式"测温方法,不论是水银温度计、热电偶或是蜡片,都要与被测设备有良好的接触才能进行测量,当然带电的、高速旋转的和处在高空部位的设备,除了有预埋测温元件外,都必须进行停电、停机或者登高爬上设备方可进行测量,这对经济、安全发供电带来了极大的困难。

对电力企业的锅炉和发电设备等进行红外测温可以按照红外测温技术在冶金行业和机械行业的应用方式进行。然而,电力企业还有数量众多的设备就是线缆接头、绝缘部件、变压器绕组和各类电气开关等,这些设备由于长期使用的老化和接触不良非常容易发热而导致事故,有统计显示由于接触不良导致发热引起的设备事故占总设备事故的60%以上。鉴于此,电力企业是较早应用红外测温技术的行业,由于可以不接触被测物体,所以测试时不需要停电和停机,满足了电力企业稳定,不间断供电的需要。

1. 监测内容

红外测温在电力系统中的应用有:电力设备的计划检测和电力设备的临时检测。

电力设备的计划检测主要检测发电厂、高压和超高压变电站、输电线路连接头等。其检测内容包括设备温度场的分布及温升,可以通过设备温度的变化判断设备的潜在缺陷和位置。

电力设备的临时检测常用于关键重大设备的检测。例如:发电机停机后电气实验时,铁芯过热点的检测;发电机碳刷发热,端子箱及密封母线的检测;锅炉外壁、汽轮机及管道的隔热材料效能的检测。

2. 判断异常的方法

电力设备的红外检测判断异常的方法有以下几种。

① 模型比较法：实测与标准比较；

② 三相比较法：正常时电力设备三相温升是平衡的，所以比较三相温度分布可以判断有无异常；

③ 相邻部位的比较；

④ 检测设备的整体温度：重点检查是否有过热点。

3. 监测中的注意事项

对电力设备进行红外测温应该注意如下问题。

① 通电电流：热像仪主要检测的是被检测对象在通电后的发热程度，所以通过的电流越大测量精度越高。因此，应该选择高负荷季节，高负荷时间来进行检测。

② 气候条件：气温对测定的结果影响不大，日照会造成误差，所以应该在阴天或者日落后进行监测；临风会冷却发热部位造成测量误差；雨雾能使红外线衰减或散乱，水分还有冷却效果，所以应该避免在雨雾天气中检测。

③ 距离：测量对象太远时，摄入图像超过了空间分辨率的范围，测出的温度是对象物体与空间的平均温度，导致误差。

④ 发射率：为了取得监测对象的真实温度，必须掌握对象物体的红外发射率，但是，事先得到输电线路上每个卡子、每个接头的发射率是比较困难的，可以先将发射率定到 $0.7 \sim 0.9$，实际上的误差很小。

红外温度检测技术已经成为电力设备监测、普查、及时发现隐患、及时抢修和杜绝恶性突发性设备事故的一种先进手段。由于大部分电力设备事故都不是突发性的，往往或快或慢有一个变化过程。电气元部件逐渐出现松动、破裂、锈蚀等，造成接触电阻增加，致使电气元部件温度升高，出现热异常现象。采用红外热像仪可以直接观察和测量这些异常现象，掌握潜在的故障位置和严重程度。

第6章　机械故障的智能诊断

6.1　基于专家系统的故障诊断

6.1.1　专家系统的定义

1982 年,第一款专家系统 DENDRAL 的开发者 Feighbaun 教授给出了专家系统的定义:专家系统(Expert System)是一种智能的计算机程序,这种计算机程序使用知识与推理过程,求解那些需要杰出人物的专家知识才能求解的高难度问题。

故障诊断专家系统是将人类在故障诊断方面的多位专家所具有的知识、经验、推理、技能综合后编制成的大型计算机程序,它可以利用计算机系统帮助人们分析解决只能用语言描述、思维推理的复杂问题,扩展计算机系统原有的工作范围,使计算机系统有了思维能力,能够与决策者进行对话,并应用推理方式提供决策建议。

故障诊断专家系统具有如下特点:

(1)知识可以从设备工作实际、诊断实例中获取,即知识来源比较规范。

(2)诊断对象多为复杂的、大型的动态系统。这种系统的大部分故障是随机的,普通人很难判断,这时就需要通过讨论或请专家来进行诊断。

6.1.2　专家系统的基本结构和功能

专家系统内部含有大量某领域的专家水平的知识和经验,能够运用人类专家的知识和解决问题的方法进行推理和判断,模拟人类专家的决策过程,来解决该领域的复杂问题。专家系统的结构是指专家系统各组成部分的构造方法和组织形式。

专家系统的基本结构如图 6-1 所示。

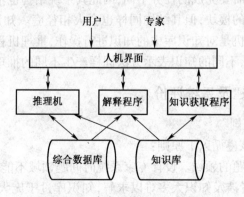

图 6-1　专家系统的基本结构

其组成各部分及其主要功能如下:

(1)知识库。知识库(Knowledge Base)是专家知识、经验与书本知识、常识的存储器,内部包括事实和可行的操作与规则等。知识库的结构形式取决于所采用的知识表示方式。常用的有:逻辑表示、语义网络表示、规则表示、框架表示和子程序表示等。用产生式规则表达知识的方法是目前专家系统中最普遍的一种方法。

(2)综合数据库。数据库(Data Base)又称为黑板、全局数据库或总数据库,是专家系统中用于存放系统领域问题的初始数据和推理过程中得到的中间数据,数据包括用户输入的事实、已知的事实以及推理过程中得到的中间结果。数据库的内容是在不断变化的,在求解问题开始时,它存放的是用户提供的初始事实,在推理过程中它存放每一步推理所得到的结果,推理机根据数据库的内容从知识库选择合适的知识进行推理,然后又把推出的结果存入数据库中。

(3)推理机。推理机(Inference Engine)从本质上讲是用以控制、协调整个系统的一组计算机程序。它根据动态数据库的当前内容,从知识库中选择可匹配的规则,并通过执行规则来修改数据库中的内容,再通过不断的推理导出问题的结论。推理机中包括如何从知识库中选择规则的策略和当有多个可用规则时如何消解规则冲突的策略。

(4)解释程序。解释程序模块主要是一个解释器(Expositor),它用于向用户解释专家系统的行为,包括向用户解释"系统工作情况"、"系统是怎样得出这个结论的"等一系列问题。为用户了解推理成果及维护提供方便的手段,便于软件使用和调试,增加用户的信任感。

(5)知识获取。知识获取(Knowledge Acquisition)是研究如何把知识从人类专家脑子里提取和总结出来,并且保证所获取知识的一致性,它是专家系统开发中的一道关键工序。

知识获取有两种方式,一种是人工获取,指知识工程师从领域专家那里获得将要纳入知识库的知识,获取过程一般包括确定知识源、知识的概念化、知识的形式化等几个阶段。另一种方式是机器自动获取,即系统具有自学习功能,它不仅可以直接与领域专家对话,从专家提供的原始信息中学习知识,还能从系统自身的运行实践中总结、归纳出新知识并发现以前知识中的错误,不断自我完善。知识表示是指如何使用计算机能够识别的形式来表示和存储知识。

(6)人机接口。人机接口(Interface)是专家系统与用户进行对话的界面。人机接口要实现两方面的信息传递:①接受来自用户的信息输入,比如专家系统在获取知识过程中可以接受用户的观察结果,将该结果作分析判断后修正知识库中的知识;②向用户给出专家系统的分析结果以及对结果的处理意见或者针对用户的提问给出答案,所以人机接口也是专家系统自我完善和体现人性化的一个重要途径。

由于每个专家系统所需要完成的任务不同,因此其系统结构也不尽相同。知识库和推理机虽然是专家系统中最基本的模块,但其结构同样也会大相径庭。知识表示的方法不同,知识库结构也就不同。由于推理机是对知识库中的知识进行操作,推理机程序与知识表示方法以及知识库结构有着紧密的关系,不同的知识表示方法同样产生不同的推理机。

6.1.3 专家系统的构建及系统评价

1. 专家系统的构建原则

专家系统构建时,应该遵循以下原则:

(1)恰当划定求解问题的领域。设计专家系统时问题领域不能太窄也不能太宽,前者导致求解问题的能力较弱;后者涉及知识太多难以求解,知识库过于庞大会大大影响系统的运行效率,难以维护和管理,具体设计时可以从系统的设计目标和领域专家的知识面及水平来考虑。

(2)获取完备的知识和维护知识库的能力。应使系统在运行中具有获取知识的能力以及对知识进行动态检测和及时修正错误的能力,为了确保知识的可靠,还应对知识库进行维护,比如知识库及时备份。

（3）知识库与推理机分离。知识库与推理机分离是专家系统有别于一般程序的重要特征，这是专家系统设计时的基本原则，它使得知识库易于维护和管理，也使得对推理机的修改不致影响到知识库。

（4）选择合适的统一的知识表示方法。这便于对系统中的知识统一处理、解释和管理。

（5）推理过程应能模拟领域专家求解问题的思维过程。

（6）建立友好的交互环境。要充分了解未来用户的实际情况和知识水平，建立起适于用户方便使用的友好接口。

（7）渐增式的开发策略。专家系统是比较复杂的程序系统，一方面因为系统本身比较复杂，需要设计并建立知识库和数据库，编写知识获取、推理机、解释程序等模块的程序，工作量较大；另一方面是由于所设计的知识库及推理机模型不一定完全符合领域问题的实际情况，需要边建立，边验证，边修正。

2. 专家系统的开发过程

专家系统开发过程：可分为问题选择与任务确定，需求分析，原型化设计，规划与设计，系统实现，测试与评价，系统维护与完善 7 个阶段，如图 6-2 所示。

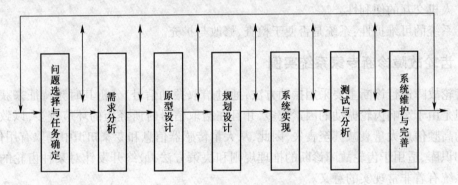

图 6-2　专家系统开发过程

（1）问题选择与任务确定。选择合适的应用问题是专家系统是否理想并能否开发成功的关键问题。这一阶段的工作主要是：问题调研、确定候选问题、候选问题分析和确定最终入选问题。

（2）需求分析。需求分析阶段的主要任务是对用户及领域专家进行调查研究，确定专家系统的目标和任务以及应达到的性能，进行可行性分析，形成相应的书面报告。

（3）原型化设计。原型化设计（Expert System Prototyping）是指对比较大型或难度较大的专家系统的一种研制与开发方法，即在开发一个实用专家系统之前先开发一个专家系统原型，然后在对原型开发取得一定经验基础上，逐步开发实用的专家系统，对于一般小型专家系统，这一步可以省去。

（4）规划与设计。这一阶段的主要任务是：问题的详细定义，确定项目规划，对系统各个方面进行设计，如基本知识描述、系统结构、工具选择、知识表示方式、推理方式及对话模型等；制订测试规划；制订完善规划；提出实施规划等。

（5）系统实现。其任务就是要对专家系统进行编程开发，因此应该首先选择适当的语言环境和软件开发工具。主要工作包括原型系统修改、系统实现、系统集成与验证。

（6）系统测试与评价。测试时需要使用一定数量的典型实例，这些实例不仅应该事先知道它的结论,而且应该有较宽的覆盖面,使系统的各主要部分都能被测试到。测试的内容主要有:可靠性、知识的一致性、运行效率、解释能力。

(7)系统维护。系统在运行过程中总会发现新的问题,用户也会提出一些新的要求,这就需要对系统进行维护工作。

3. 专家系统的评价

系统评价是贯穿于专家系统整个建造过程的一项重要工作,从需求分析开始直到完成都要反复多次地进行评价,以便及时地发现问题,及时修正。从建造专家系统的设计目标、结构、性能等方面来看,一般可从以下几方面进行:

(1)知识的完备性:考察系统是否具有求解领域问题的全部知识包括元知识;知识是否与领域专家的知识一致;知识是否一致完整,是否有冗余、矛盾、环路等问题。

(2)表示方法及组织方法的适当性:考察能否充分表达领域知识;是否有利于对知识的利用,有利于提高搜索及推理的效率;是否便于对知识的维护与管理。

(3)求解问题的质量:以专家的结论对系统的问题求解加以衡量,当问题发生时,知识工程师应与领域专家一起分析产生错误的原因,找出改进的方法。

(4)系统的效率。

(5)人机交互的便利性。

(6)系统的可维护性:系统是否便于检查、修改与扩充。

6.1.4 齿轮故障诊断专家系统实例

对齿轮故障进行诊断主要采用振动方法,通过拾取振动信号,分析其时频特征来获得故障类型。但是由于影响齿轮振动的因素较多,并且在拾取信号时所经历的环节较多,以致包含重要信息的高频信息大量衰减甚至丧失,因此,从大量传感器信息和专家知识中提取有用信息,构建专家知识库,适用于齿轮故障诊断的推理规则和决策方法,最终开发针对某种齿轮的故障诊断专家系统有着非常现实的意义。

专家系统的核心是知识,知识库中拥有知识的多少及知识的质量决定了一个专家系统所具有解决问题的能力。除此之外,基于专家系统的故障诊断结果,还与知识学习方法与推理机制有很大的关系,由于本章后面几节将重点介绍一些智能方法,因此本节在建立齿轮故障诊断系统时,对知识学习方法和推理机制的相关内容只做一下简单介绍。

1. 齿轮诊断参数的选择

在设计齿轮故障诊断专家系统时主要采用振动分析的方法,提取齿轮振动信号的时域、频域特征值作为故障识别的特征参数。时域分析中选用振动信号的峰值、均值、波形系数、脉冲系数、裕度指标、峭度系数等参数;频域分析中选用一阶啮合频率幅值、二阶啮合频率的幅值、三阶啮合频率幅值、四阶啮合频率幅值、轴频率对应幅值、总能量;包络分析中,选用轴频对应幅值和啮合频率对应幅值。

2. 齿轮故障诊断专家系统构成

齿轮诊断专家系统结构如图6-3所示,它是由知识获取、知识库、推理机、解释、数据库、数据分析、特征提取等部分组成。知识获取主要从领域知识工程师那里获取齿轮故障知识。

齿轮故障现象是齿轮某个故障各个参数组成的一个集合体的综合表象,一个齿轮故障是受所有与其相关联的参数影响的。因此,系统出现故障时,通过对齿轮故障原理的分析,就一定能找出故障类型;但由于专家的大部分知识是不精确的,反映在规则上,条件与结论之间就不一定

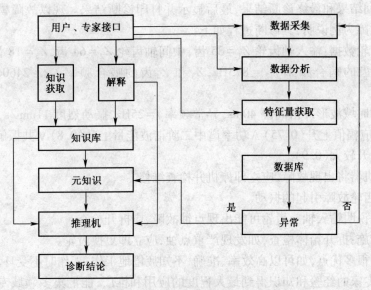

图 6-3 齿轮诊断专家系统结构

有百分之百的对应关系,为了反映条件与结论之间的不确定关系,系统引入可信度因子(CF)的概念,可信度因子是表示条件命题可信赖性的一个量度,它的值越大,则表明该规则的把握越大。

系统中知识库以规则集的形式表示:"∧"表示或,"∨"表示逻辑与。

规则1:

IF{功率谱中啮合频率对应幅值上升(0.75)} ∧ {功率谱中二阶谐波能量上升(0.5)} ∨ {包络谱中啮合频率对应幅值上升明显(0.9)} ∨ {共振解调分析中啮合频率对应幅值上升较大(0.9)}

THEN 齿面产生疲劳点蚀故障

规则2:……

规则3:……

……

齿轮故障推理机包括推理方式和控制策略两个问题,由于齿轮系统故障具有不确定的因素,因此采用模糊推理方式(模糊推理相关知识与理论在6.3节论述),在不同情况下选择不同的推理方式:

(1)在证据不确定性的描述中,引入模糊集合中的隶属度的概念,所谓隶属度是用来反映一个对象符合某种概念的程度,它的值是取区间[0,1]中的某一个值。系统中证据的隶属度是通过该证据的隶属函数求得的。

(2)在知识不确定性的描述中,系统引入可信度因子的概念,推理的控制策略采用元知识控制下的反向推理机制,首先利用元知识预选推理目标,然后用反向推理给予证实。

系统采用追踪解释法对推理结果进行解释,它有两种功能:①解释结论是如何得来的;②解释结论为什么不成立。

3. 齿轮故障诊断专家系统诊断结果

在诊断推理过程中,推理机根据在线监测齿轮工况所得到的故障信息,在激活的知识库中搜索合适的知识,完成故障信息与假设间的匹配过程,并通过动态数据库记录与诊断有关的各种初始数据、中间结果和最终诊断结果,最后显示并打印诊断结果。现以故障模拟实验台齿轮箱的齿轮点蚀故障为例说明,其诊断过程如下:

(1)输入齿轮数据:输入轴齿轮 $Z_1 = 35$ 齿,中间轴齿轮 $Z_2 = 64$ 齿,$Z_3 = 18$ 齿,输出轴 $Z_4 = 81$ 齿。Z_1 和 Z_2 齿的啮合频率 $f_{12} = 875\mathrm{Hz}$,Z_3 和 Z_4 齿的啮合频率 $f_{34} = 24606\mathrm{Hz}$。转速 $n = 1500\mathrm{r/min}$。

(2)测得的时域波形冲击间隔40ms,异常频率 $f = 25\mathrm{Hz}$,振动烈度 $11\mathrm{mm/s}$,功率谱中啮合频率(875Hz)对应幅值上升(0.75) $\wedge$ 功率谱中二阶谐波能量上升(0.8) $\vee$ 共振解调分析中啮合频率对应幅值上升较大(0.9)。

(3)警告:机器将出现故障,应立即停机并检查维修。

(4)原因:齿轮故障引起的振动。

(5)此频率说明输入轴—齿轮可能出现点蚀故障,应拆开检查。

(6)维修措施:拆开箱体检查,如发现严重点蚀,应立即更换齿轮。

专家系统有很多优点,如可以高效率、准确、不知疲倦地工作;工作时不受环境的影响,也不会遗忘;可以使专家的经验和知识得到最大程度的应用和推广;能汇集多领域专家的知识和经验解决重大问题等。但专家系统亦存在一些先天不足,主要表现在:知识获取困难,人类专家很难明确的将所有他用到的规则罗列出来,程序员亦难以将所有规则转化机器可理解知识;推理过程中容易出现"匹配冲突"、"无穷递归"和"组合爆炸"等致命问题;诊断系统的建立周期长、知识库维护困难等,这些都制约了专家系统的发展。随着控制理论、信号处理、人工智能、模式识别等学科的发展,它们与故障诊断专家系统的结合将促进故障诊断准确度的不断提高。

6.2 基于神经网络的故障诊断

6.2.1 神经元模型

早在十九世纪末,人们就开始认识到人脑包含着数量大约在 $10^{10} \sim 10^{12}$ 之间的神经元,这些神经元存在着复杂的联结,并形成一个整体,使得人脑具有各种智能行为。尽管在外观性状上,这些神经元各不相同,然而他们都由三个区组成:细胞体(信息处理器)、树突(信息输入端)、轴突(信息输出端)和突触(两神经元的结合部)等组成,如图6-4所示。大脑的每个神经元既是信息的存储单元又是信息的处理单元,它们一起感受作业即接受外部(包括其他神经元)传来的信息。轴突只有一条,用于传递和输出消息。神经元之间通过突触联结,突触是一个神经元轴突的末梢与另一个神经元的细胞体或树突相接触的地方,每个神经元大约有 $10^3 \sim 10^4$ 个突触与其他神经元有连接,正是因为这些突触才使得全部大脑神经元形成一个复杂的网络结构。

由上可见,人脑是一种分布式信息存储,并通过兴奋、抑制所控制的并行信息处理的复杂网络系统,人脑神经系统的工作原理就是:外部刺激信号或上级神经元信号经合成后由树突传给神经元细胞体处理,最后由突触输出给下级神经元或做出响应。研究表明,这种信息的存储、处理和控制方式是人类在一些职能问题上的表现(如学习、概括、抽象、识别等),远远超过现行串行式程序计算机的主要原因。这对于人工神经网络模型的提出是一个巨大的启发和推动。

基于神经细胞的这种理论知识,在1943年McCulloch和Pitts提出的第一个人工神经元模型以来,人们相继提出了多种人工神经元模型,其中被人们广泛接受并普遍应用的是图6-5所示的模型。

图 6-4　神经元的图解表示

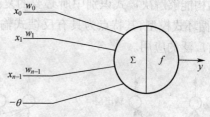

图 6-5　人工神经元模型

图 6-5 中的 $x_0, x_1, x_2, \cdots, x_{n-1}$ 为实连续变量,是神经元的输入,θ 称为阈值(也称为门限),$w_0, w_1, w_2, \cdots, w_{n-1}$ 是本神经元与上级神经元的连接权值。

神经元对输入信号的处理包括两个过程:

第一个过程是对输入信号求加权和,然后减去阈值变量 θ,得到神经元的净输入 net,即

$$net = \sum_{i=0}^{n-1} w_i x_i - \theta \qquad (6-1)$$

从式(6-1)可以看出,连接权大于 0 的输入对求和起着增强的作用,因而这种连接又称为兴奋连接,相反连接权小于 0 的连接称为抑制连接。

第二个过程是对净输入 net 进行函数运算,得出神经元的输出 y,即

$$y = f(net) \qquad (6-2)$$

$f(\cdot)$ 通常被称为变换函数(或特征函数),简单的变换函数有线性函数、阈值函数、Sigmiod 函数和双曲正切函数。

6.2.2　人工神经网络

单个的神经元只具备简单的处理功能,但按照一定的规则组织成神经网络时就具备了强大的非线性学习与分析功能。神经网络就是由大量的这种简单计算单元广泛相互连接而构成的,具有高度并行处理能力的一个非线性动力系统,可以用来建立输入输出之间复杂的映射关系,对于非线性映射具有较强的逼近、自组织及自学习和联想记忆功能。

人工神经网络(Artificial Neural Network),简称神经网络,是模拟人脑结构而开发的一种并行运算的数学算法,它是在现代生物学研究人脑组织所取得的成果基础上,用大量简单的处理单元广泛连结组成复杂网络,用以模拟人类大脑神经网络结构与行为,通过对人脑结构和行为的模拟,神经网络已具有人脑的学习、记忆和归纳的基本功能。学习功能,即人工神经网可以被训练,通过训练实践来决定自身行为。记忆功能,即人工神经网络对外界输入信息的概括功能,即使信息少量丢失或网络组织的局部缺损,依然能够实现大脑的记忆功能。联想功能,即对信息的归纳和演绎分析和判断功能。

研究表明,人工神经网络模型的特征主要由网络的拓扑结构、神经元的特性函数和学习算法等要素所决定。

1. 神经网络的拓扑结构(即神经元之间的几何连接模式)

神经网络的拓扑结构可分为单层式、多层式和循环式三种形式,如图 6-6 所示。其中图 6-6(a)为单层式,最早提出的 Perceptron 模型就是属于这种模式,网络只有输入和输出。图 6-6(b)为两层式模型,网络具有输入层、输出层和隐含(或中间层),其中输入层的节点数等于模式向量振荡或者故障特征向量的维数,输出层的节点数等于代检模式的类型或故障类别数,

这种结构能够解决模式识别中所必要的复杂决策域,因此广泛应用于故障诊断领域。图 6-6 (c)为循环式模型,其特点为具有反馈式输入而构成一个复杂的非线性动力系统,在自适应控制中有广泛的应用。

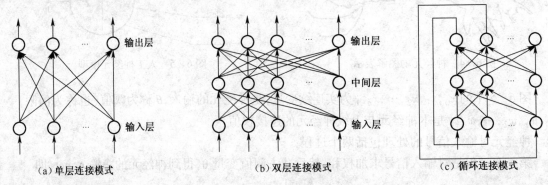

（a）单层连接模式 　　　　　　（b）双层连接模式 　　　　　　（c）循环连接模式

图 6-6　人工神经网络的拓扑结构

2. 神经网络的传递函数

在人工神经网络系统中,其输出是通过传递函数 $f(\cdot)$ 来完成的。传递函数的作用是控制对输出的激活作用,把可能的无线域变换到给定范围的输出,对输入、输出进行函数转换,以模拟生物神经元线性或非线性转移特性,将可能的无限域转换到一指定的有限范围内输出。表 6-1 就是几种常见的传递函数。

表 6-1　几种常见的传递函数

类　型	表达式	图　像	类　型	表达式	图　像
线性型	$f(x) = x$		Sigmoid 型	$f(x) = \dfrac{1}{1+e^{-x}}$	
阶跃型	$f(x) = \begin{cases} 1 & x > 0 \\ 0 & x \leqslant 0 \end{cases}$		双曲正切型	$f(x) = \tan A(x)$	
符号型	$f(x) = \begin{cases} 1 & x > 0 \\ -1 & x \leqslant 0 \end{cases}$		高斯函数型	$f(x) = \exp\left(-\dfrac{(x-c)^2}{2s^2}\right)$	
斜坡型	$f(x) = \begin{cases} r & x > a \\ x & \lvert x \rvert \leqslant a \\ -r & x < -a \end{cases}$ $r, a > 0$				

176

由表中可以看出,除线性变换外,其他变换给出的均是累计信号的非线性变换。因此,人工神经网络特别适合于解决非线性问题。

3. 神经网络的学习规则

神经网络最有价值的是它的自学习功能,任何一个神经网络模型要实现某种功能的操作,必须先对它进行训练,即使得它学会所要完成的任务,并把这些学得的知识记忆在网络的权重中。神经网络的学习规则有以下几种:

(1)相关规则:仅仅依赖于连接间的激活水平改变权重,如 Hebb 规则及其各种修正形式。

(2)纠错规则:依赖于输出节点的外部反馈改变网络权重,如感知器学习规则,δ 规则及广义 δ 规则等。

(3)竞争学习规则:类似于聚类分析,学习表现为自适应于输入空间的事件分布,如 LVQ 算法、SOM 算法以及 ART 算法等。

(4)随机学习规则:利用随机过程、概率统计和能量函数的关系来调节权重,如模拟退火算法、蚁群算法和遗传算法等。

按照学习方式,神经网络学习可分为两大类:有教师学习(Supervised Learning)和无教师学习(Unsupervised Learning)。在有教师学习的方式中,网络的输出和希望的输出(即教师信号)进行比较,如果存在差错,则利用一些算法改变网络权值使差错减小。通常训练一种网络要求有许多这样配对的训练范例,通过使用训练范例集的范例,逐渐调整权值,直至整个训练范例集的差值达到可接受的程度。

将人工神经网络应该用于故障诊断,是通过对故障事例和诊断经验的训练学习,用分布在网络内部的连接权表达所学习的故障知识,具有对故障的联想记忆,模式匹配和相式归纳等能力,可以实现故障与征兆之间的复杂的非线性映射关系。

6.2.3 常见的人工神经网络模型

目前已有数十种神经网络模型,可分为三大类:前向网络(Feedforward NNs)、反馈网络(Feedback NNs)和自组织网和(Self-Organizing NNs)。有代表性的神经网络模型有感知器、线性神经网络、BP 网络、Hopfield 网络、自组织竞争网络等。以下分别介绍几种有代表性的网络。

1. 感知器(Perceptron)

1958 年,美国心理学家 Frank Rosenblatt 提出一种具有单层计算单元的神经网络,称为 Perceptron,即感知器。感知器是模拟人的视觉接受环境信息,并由神经冲动进行信息传递的层次型神经网络。感知器研究中首次提出了自组织、自学习的思想,而且对所能解决的问题存在着收敛算法,并能从数学上严格证明,因而对神经网络研究起了重要推动作用。

单层感知器是指只有一层处理单元的感知器,如果包括输入层在内,应为两层,如图 6-7 所示。图中输入层也称为感知层,有 n 个神经元节点,这些节点只负责引入外部信息,自身无信息处理能力,每个节点接收一个输入信号,n 个输入信号构成输入列向量振荡 X。输出层也称为处理层,有 m 个神经元节点,每个节点均具有信息处理能力,m 个节点向外部输出处理信息,构成输出列向量 O。两层之间的连接权值用权值列向量 W_j 表示,m 个权向量振荡构成单层感知器的权值矩阵 W。

3 个列向量振荡分别表示为

$$X = (x_1, x_2, \cdots, x_i, \cdots, x_n)^T$$

$$O = (o_1, o_2, \cdots, o_i, \cdots, o_n)^{\mathrm{T}}$$
$$W_j = (w_{1j}, w_{2j}, \cdots, w_{ij}, \cdots, w_{nj})^{\mathrm{T}}, j = 1, 2, \cdots, m$$

对于处理层中任一节点,其净输入 net_j^i 为来自输入层各节点的输入加权和:

$$\mathrm{net}_j^i = \sum_{i=1}^{n} w_{ij} x_i \tag{6-3}$$

输出 o_j 为节点净输入与阈值之差的函数,离散型单计算层感知器的转移函数一般采用符号函数。

$$o_j = \mathrm{sgn}(\mathrm{net}_j^i - T_j) = \mathrm{sgn}\left(\sum_{i=0}^{n} w_{ij} x_i\right) = \mathrm{sgn}(W_j^{\mathrm{T}} X) \tag{6-4}$$

考虑到训练过程是感知器权值随每一步调整改变的过程,为此用 t 表示学习步数和序号,将权值看做 t 的函数。$t=0$ 对应学习开始前的初始状态,此时对应的权值为初始化值。

训练可按如下步骤进行:

(1) 对各权值 $w_{0j}(0), w_{1j}(0), \cdots, w_{nj}(0)$,$j = 1, 2, \cdots, m$,(m 为计算层的节点数)赋予较小的非零随机数。

(2) 输入样本对 $\{X^p, D^p\}$,其中 $X^p = (-1, x_1^p, x_2^p, \cdots, x_n^p)$,$D^p = (d_1^p, d_2^p, \cdots, d_m^p)$ 为期望的输出向量(教师信号),上标 p 代表样本对的模式序号,设样本集中的样本总数为 P,则 $p = 1, 2, \cdots, P$。

(3) 计算各节点的实际输出 $o_j^p(t) = \mathrm{sgn}[W_j^{\mathrm{T}}(t) X^p]$,$j = 1, 2, \cdots, m$。

(4) 调整各节点对应的权值,$W_j(t+1) = W_j(t) + \eta[d_j^p - o_j^p(t)] X^p$,$j = 1, 2, \cdots, m$,其中 η 为学习速率,用于控制调整速度,η 值太大会影响训练的稳定性,太小则使训练的收敛速度变慢,一般取 $0 < \eta \leq 1$。

(5) 返回到步骤(2)输入下一对样本。

以上步骤周而复始,直到感知器对所有样本的实际输出与期望输出相等。

许多学者已经证明,如果输入样本线性可分,无论感知器的初始权向量如何取值,经过有限次调整后,总能够稳定到一个权向量,该权向量振荡确定的超平面能将两类样本正确分开。应当看到,能将样本正确分类的权向量并不是唯一的,一般初始权向量不同,训练过程和所得到的结果也不同,但都能满足误差为 0 的要求。

2. 线性神经网络

线性神经网络也是一种简单的神经元网络模型,它可以由一个或多个线性神经元构成。与感知器输入的 1 或 0 不同,线性神经网络中每个神经元的传递函数为线性函数,其输出可以取任意值。线性神经元模型如图 6-8 所示,输出 $a = f(\omega \times p + b)$,线性神经网络输出 a 可以取任意值,而不仅仅是 0 或 1。图 6-9 为单层多输入线性神经网络模型。

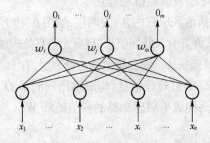

图 6-7 单层感知器

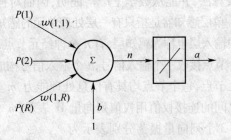

图 6-8 线性神经元模型

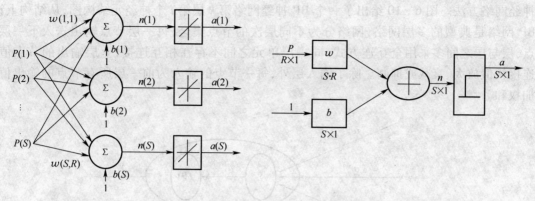

图 6-9　单层多输入的线性神经网络模型

线性神经网络采用 Widrow-Hoff 学习规则,又称为最小均方误差 LMS(Least Mean Square Error)学习算法来调整网络的权值和阈值,由 Widrow-Hoff 提出,属于有导师学习算法。

LMS 学习规则定义如下:

$$\text{mse} = \frac{1}{m}\sum_{k=1}^{m}e^2(k) = \frac{1}{m}\sum_{k=1}^{m}(d(k) - y(k))^2 \tag{6-5}$$

其目标是通过调节权值,使 mse 从误差空间的某点开始,沿着 mse 的斜面向下滑行,最终使 mse 达到最小值。

LMS 算法的实现有五个步骤:

第一步　初始化。给各个连接赋一个较小的随机值。

第二步　输入一个样本,计算连接权值的调整量。

$$\frac{\partial e^2(k)}{\partial \omega_{ij}} = 2e(k)\frac{\partial e(k)}{\partial \omega_{ij}} \tag{6-6}$$

$$\frac{\partial e^2(k)}{\partial b} = 2e(k)\frac{\partial e(k)}{\partial b} \tag{6-7}$$

$$\frac{\partial e^2(k)}{\partial \omega_{ij}} = \frac{\partial e}{\partial \omega_{ij}}\Big[d(k) - \Big(\sum_{i=1}^{R}\omega_{ij}p_i(k) + b\Big)\Big] \tag{6-8}$$

第三步　调整连接权值。

根据负梯度下降的原则,网络权值和阈值修正公式如下:

$$\begin{cases}\omega(k+1) = \omega(k) + 2\eta e(k)p^{\text{T}}(k)\\ b(k+1) = b(k) + 2\eta e(k)\end{cases} \tag{6-9}$$

式中 η 为学习率,当其取较大值时,可以加快网络的训练速度,但是如果其值太大,会导致网络稳定性的降低和训练误差的增加。所以,为了保证网络进行稳定的训练,学习率的值必须选择一个合适的值;

第四步　计算均方误差:

$$\text{mes} = \frac{1}{m}\sum_{k=1}^{m}e^2(k) = \frac{1}{m}\sum_{k=1}^{m}(d(k) - y(k))^2 \tag{6-10}$$

第五步　判断误差是否为零或者是否达到预选设定的要求。如果是,则结束算法,否则输入下一个样本,返回第二步进入下一轮求解过程。

3. BP 神经网络

BP(Back Error Propagation)神经网络又称为误差反向传播神经网络,是应用最为广泛的神经网络方法。图 6 - 10 给出了一个 BP 神经网络第 k 层第 i 个神经元结构图,从结构上讲,BP 网络是典型的多层网络,网络分为不同层次的节点集合,每一层节点输出送入下一层节点,层与层之间多采用全互连方式,同一层单元之间不存在相互连接,上层输出的节点值被连接权值放大、衰减或抑制。除了输入层外,每一节点的输入为前一层所有节点的输出值的加权和。

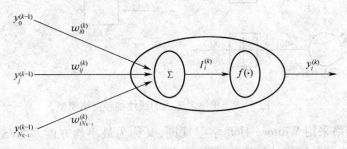

图 6 - 10 第 k 层第 i 个神经元的结构

这种网络的显著功能就是通过网络自身的学习来实现高度复杂的非线性映射,映射关系可用数学表达式来描述:

$$Y = F_2 \left[\boldsymbol{W}_{n \times m} \cdot F_1 (\boldsymbol{W}_{m \times l} \cdot \boldsymbol{X}) \right] \qquad (6-11)$$

网络的学习训练过程由两部分组成:前向计算和误差的反向传播计算。在正向传播过程中,输入信息从输入层经隐层逐层处理传向输出层,每一层神经元的状态仅影响下一层的神经元状态,如果在输出层得不到期望的输出,则将误差反向传入网络,并向输入层传播,通过修改各层神经元状态权值使误差信号最小。

1) BP 神经网络前向计算

网络输入模式的各分量作为第 i 层(输入层)节点的输入,这一层节点的输出 O_i 完全等于他们的输入值 I_i,即

$$O_i = I_i \qquad (6-12)$$

网络第 j 层(即隐层)节点的输入值为

$$net_j = \sum_i W_{ji} O_i + \theta_j \qquad (6-13)$$

式中 W_j——隐层节点 j 与输入层节点 i 之间的连接权值;

θ_j——隐层节点 j 的阈值。

而该隐层节点的输出值为:

$$O_j = f(net_j) \qquad (6-14)$$

式中 f——该节点的激励函数。

这里我们取单调递增的 Sigmoid 为激励函数:

$$O_i = \frac{1}{1 + \exp\left[(net_j + \theta_j)/\theta_0 \right]} \qquad (6-15)$$

网络的第 K 层(输出层)节点的输入值为

$$net_j = \sum_j W_{kj} O_j + \theta_k \qquad (6-16)$$

该节点的输出值为

$$O_k = f(net_k) \qquad (6-17)$$

式中 f——线性激励函数。

180

2) BP 神经网误差的反向传播计算

误差的反向传播计算就是根据网络输出与学习范例的目标向量之间的误差,用计算法按误差减小的方向修改网络连接权值的过程。

对于输出层与隐层之间,有如下的连接权值公式:

$$\Delta W_{kj}(n+1) = \eta \delta_k O_j + \alpha \Delta W_{kj}(n) \qquad (6-18)$$

即

$$W_{kj}(n+1) = W_{kj}(n) + \eta \delta_k O_j + \alpha [W_{kj}(n) - W_{kj}(n-1)] \qquad (6-19)$$

式中:

$$\delta_j = f'(\mathrm{net}_k)(t_k - O_k) = O_k(t_k - O_k)(1 - O_k) \qquad (6-20)$$

式中　t_k——标准模式输出值。

对于隐层与输入层之间,有如下的连接权值调节公式

$$\Delta W_{ji}(n+1) = \eta \delta_j O_i + \alpha \Delta W_{ji}(n) \qquad (6-21)$$

即

$$W_{ji}(n+1) = W_{ji}(n) + \eta \delta_j O_i + \alpha [W_{ji}(n) - W_{ji}(n-1)] \qquad (6-22)$$

式中:

$$\delta_j = f'(\mathrm{net}_j) \sum_k (\delta_k W_{kj}) = O_j(1 - O_k) \sum_k \delta_k W_{kj} \qquad (6-23)$$

这里,$n+1$ 表示第 $n+1$ 次迭代。α 为动量因子,用于调整网络学习的收敛速度。适当的 α 值会有益于抑制网络的振荡。η 为学习步长,又叫做权值增益因子,合适的步长有益于提高网络的稳定性。

综上所述,我们可以得出 BP 神经网络算法的基本流程如图 6-11 所示。

4. Hopfield 网络(反馈网络)

J. Hopfield 在 1982 年发表的论文宣告了神经网络的第二次浪潮的到来,他表示,Hopfield 模型可用作联想存储器。如果可把 Lyapunov 函数定义为最优函数的话,Hopfield 网络还可用来解决快速最优问题。Hopfield 网络的传递函数采用了对称饱和线性函数。

$$f(x) = \begin{cases} -F & x \le -F \\ x & -F < x \le F \\ +F & x > F \end{cases} \qquad (6-24)$$

Hopfield 网络是有反馈的全互联型网络,其形式如图 6-12 所示,N 为神经元的数目,V 表示神经元的输入向量,U 表示输出向量,W 为神经元之间的权值。离散 Hopfield 网络中每个神经元的输出只能取"1"或"-1"两种状态,各神经元的状态可用向量 V 表示:$V = \{v_1, v_2, \cdots\cdots, v_n\}$。网络中各神经元彼此互相连接,即每个神经元将自己的输出通过连接权传给其他神经元,同时每个神经元接受其他神经元传来的信息。

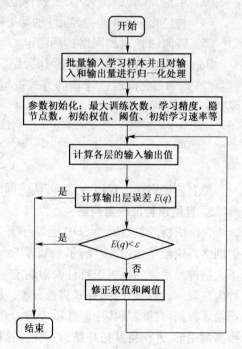

图 6-11　BP 神经网络算法流程图

Hopfield 网络的稳定性是由能量函数来描述的,即对网络的每个状态发生变化时,能量函

181

数 E 随网络状态变化而严格单调递减,这样 Hopfield 模型的稳定与能量函数 E 在状态空间的局部极小点将一一对应。

设有 N 个神经元构成的 Hopfield 网络,其中第 i 个和第 j 个神经元节点状态分别记为 v_i 和 v_j;w 是神经元 i 和 j 的连接权,θ 为神经元 i 的阈值。节点的能量可表示为

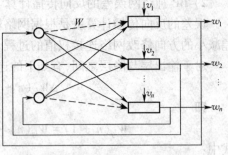

图 6-12 有反馈的全互联型网络

$$E_i = -\left(\sum_{j=1}^{n} w_{ij}v_i - \theta_i \right) v \qquad (6-25)$$

则整个 Hopfield 网络整体能量函数定义为

$$E = -\frac{1}{2} \sum_{i=1}^{n} \sum_{j \neq 1}^{n} w_{ij}v_iv_j + \sum_{i=1}^{n} \theta_iv_i \qquad (6-26)$$

设有 N 个神经元构成的 Hopfield 神经网络,第 i 个神经元在 t 时刻所接收的来自其他 $N-1$ 个神经元输入信号的总和记为 $u_i(t)$,$t+1$ 时刻第 i 个神经元的输出值 $v_i(t+1)$ 是符号函数作用于 $u_i(t)$ 的某个阈值时,该神经元将触发成兴奋状态。据此可知 Hopfield 网络的运行规则为:

(1) 在网络中随机地选择一个神经元;

(2) 求所选神经元 $i(1 \leq i \leq N)$ 的输入总和:

$$u_i(t) = \sum_{j \neq 1}^{n} w_{ij}v_i - \theta_i \qquad (6-27)$$

(3) 根据 $u_i(t)$ 的值大小,更新神经元的状态;

(4) 神经元 i 以外的神经元 j 的状态不变化;

(5) 转向(1),直到网络达到稳定。

Hopfield 网络作为记忆的学习时,稳定状态是给定的,通过网络的学习求适合的权矩阵 W(对称阵),学习完成后以计算的方式进行联想。对给定的 M 个模式,Hopfield 网络可按 Hebb 规则来进行学习。

$$W_{ij} = \begin{cases} 0 & i = j \\ \sum_{k=1}^{M} v_i(k)v_j(k) & i \neq j \end{cases} \qquad (6-28)$$

按上述规则求出权矩阵后,可认为网络已经将这 M 个模式存入到网络的连接权中。

5. 自组织特征映射网络

自组织特征映射网络 SOM 是基于无监督学习方法的神经网络的一种重要类型。自组织映射网络理论最早是由芬兰赫尔辛基理工大学的 Teuvo Kohonen 于 1981 年提出的,这种模型模拟了大脑神经系统的自组织特征映射功能。它通过学习可以提取一组数据中的重要特征或者某种内在规律,按离散时间方式进行分类。网络可以把任意高维的输入映射到低维空间,并且使得输入数据内部的某些相似性质表现为几何上的特征映射。这样,就在输出层映射成一维或二维离散图形,并保持其拓扑结构不变。这种分类反映了样本集的本质区别,大大减弱了一致性准则中的人为因素。

SOM 的网络结构如下图 6-13 所示,由输入层和输出层两层构成,输入层为一维矩阵,输出层则是二维节点矩阵,该矩阵由神经元按一定的方式排列成一个平面。输入层的神经元与输出层的神经元通过权值相互联结在一起。输出层各神经元之间实行侧抑制连接,当 SOM 网络接

收到外部的输入信号以后,输出层的某个神经元就会表现为兴奋状态。

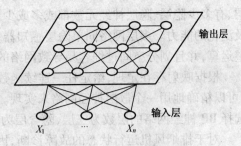

图 6-13 SOM 的网络结构

SOM 神经网络算法具体描述如下:

设训练向量数为 N,训练向量集表示为 $X=(X_1, X_2,\cdots,X_N)$,网络有 N 个输入节点,竞争层有 Q 个神经元,由输入层到竞争层的连接权值为 W_{ij},$i=[1,\cdots,Q]$,$j=[1,\cdots,N]$,其算法如下:

(1) 网络状态的初始化。将初始化连接权值 W_{ij} 赋予随机值并进行归一化处理,可得到 $W_{ij}(0)$;确定初始学习速率 $\alpha(0)$,$0<\alpha(0)<1$;确定邻域 $N_r(t)$ 的初始值 $N_r(0)$,同时确定总的学习次数 T。

(2) 从训练集合中选择训练向量 X_k,$k\in[1,\cdots,N]$,并进行归一化处理,用并行的方式输入到竞争层的每一个神经元。

(3) 计算 X_k 与各神经元(即 W_{ij})间的距离,选择具有最小距离的神经元 g 及 g 的拓扑邻域内,按式(2)调整神经元 g 及 g 的拓扑邻域内的神经元的权值,其他的神经元权值保持不变,即:

$$d_i = \min_{0<i<Q} | \sum_{j=0}^{N} [X_{kj} - W_{ij}(t)] \qquad (6-29)$$

$$W_{ij}(t+1) = W_{ij}(t) + \alpha(t)[X_k - W_{ij}(t)] \qquad (6-30)$$

其中 $i\in NE_j(t)$,$NE_j(t)$ 为获胜神经元 g 的拓扑邻域,t 为当前迭代次数。$\alpha(t)$ 为学习速率因子,一般选为

$$\alpha(t) = \alpha_0 \times \left(1 - \frac{t}{t_{max}}\right) \qquad (6-31)$$

其中,t_{max} 为总的迭代次数,α_0 取 $[0,1]$。

(4) 对所有训练输入模式,重复步骤(2)、(3),直到算法收敛或达到初始设定的最大迭代次数。

人类神经网络不论结构还是功能都是经历了漫长的历程演变而成,而今天人工智能研究者提出的任何一个人工神经网络都只能说是对大脑组织与功能的一种朴素的模仿。任何一个神经元的结构都忽略了一些生物原形的特性,如没有考虑影响网络动态特性的时间延迟,输入立即产生输出;更重要的是,它们不包括同步或异步的影响(而这个特性原本十分关键)。但既便如此,人工神经网络这种朴素的模仿依然取得了很有影响的效果,显示了比一般方法更具有人脑的特征。如:从经验中学习的能力,在已有知识上进行概括的能力,完成抽取事物特征的能力等。

6.2.4 BP 人工神经网络模型在大型排烟风机故障诊断中的应用

某氧化铝厂的排烟风机,主电机的功率均为 475kW,额定转速 735r/min,运行于灰尘、强电磁的非常恶劣环境中。当设备监测量出现不同寻常的增加时,比如振动峰值,有效值,烈度等指标异常时,才开始启动故障诊断系统。在对其进行诊断时,选择振动信号的六个特征频率作为故障判别的依据,设转速基频为 f,则排烟风机六个特征频率分别为 $f/3$、$f/2$、f、$2\times f$、$3\times f$ 和 $5\times f$。在建立 BP 神经网络模型时,其结构的选择,参数的确定,算法的改进等问题将决定模型用于故障诊断的效果的优劣。

1. BP 神经网络结构选择

BP 网络中的隐层神经元在网络中起着极其重要的作用,在达到同样误差的情况下,有无隐

层、有多少隐层、隐层神经元数都或多或少地影响着网络能否收敛,收敛速度的快慢,记忆力以及泛化的能力。多层网络同单隐层感知器相比,在达到同样误差的情况下,需要更多的权值调整运算,并且划分空间过细容易导致网络的归纳和泛化能力的下降。

根据映射存在定理,给定任一连续函数 $f:U^n \rightarrow R^m, f(X)=Y$。这里 U 是闭单位区间[0,1], f 可以精确地用一个散层神经网络来实现。任意连续函数可由一个三层感知器网络逼近,因此,选择 BP 神经网络的层数为三层,隐含层为一层。

对于排烟风机运行状态的故障诊断,因为有六个故障征兆(特征频率),八个故障原因(识别目标),故输入层节点数为六,输出层节点数为八。隐含层节点数的选择是由所要求的学习误差来决定的,使用过少的隐层节点数,模式空间划分粗糙,可能使网络学习得不到训练样本的特征即起不到特征抽取器的作用,而节点过多,模式空间划分过细,往往又容易造成过拟合现象,即网络容易学习到样本中无关紧要的细节,抓不住主要特征。一般的旋转机械,有这样一个经验公式可以大致确定隐层节点数的取值范围:

$$n_H = \sqrt{n_0 + n_1} + l \qquad (6-32)$$

式中　n_H——隐层节点数;

　　　n_0——输入层节点数;

　　　n_1——输出层节点数;

　　　l——1~10 之间的整数。

在具体构造时,网络的隐层节点数主要还是通过实验试凑出来的,通过比较不同的隐层节点数下的最少迭代次数来得出最佳节点。由下面的平均迭代次数可以看出,当隐层节点数小于 10 时,基本上是减少的,当等于 10 时,减到最小,节点数为 11、12 时,变化不很大,所以选用的隐层节点数为 10,见表 6 - 2。

表 6 - 2　不同的隐层节点数下的迭代次数

隐层节点数		5	6	7	8	9	10	11	12
实验次数	实验 1	54	25	18	36	28	32	10	49
	实验 2	13	29	8	32	30	21	17	19
	实验 3	43	46	36	9	11	12	14	35
	实验 4	19	31	28	41	33	28	23	7
	实验 5	15	53	25	14	17	11	32	8
	实验 6	65	39	30	10	35	33	13	22
	实验 7	39	55	42	26	37	18	22	18
	实验 8	45	57	9	22	16	15	37	23
	实验 9	17	7	39	39	34	23	9	27
	实验 10	57	28	21	24	6	20	47	18
平均次数		36.7	36.3	25.6	25.3	24.7	21.3	22.4	22.8

2. BP 神经网络参数选择

在 BP 神经网络模型中,一般包括如下参数,初始权值 ω 和偏差 b、学习步长 η、动量因子 a、期望误差 E、最大循环次数 n_{max} 等。对于初始权值 ω 和偏差 b,一般采用由计算机随机生成小的随机数,以保证对每一层的权值和偏差进行初始化时,网络不会被大的加权输入饱和。

学习步长 η 的选择非常重要,因为如果 η 过大,则容易导致不稳定,引起振荡,而 η 过小,则收敛速度太慢。一般来说,取 $0 < \eta < 1$,最佳值的确定需要根据实际工况来确定。通过比较 η 取不同值下的最少迭代次数,网络取输入节点为6,输出节点为8,隐层节点为10。

由表6-3可知,当 $\eta = 0.7$、0.8、0.9 的时候,网络出现了不同程度的振荡,是不可取的,而在0.1到0.6之间,$\eta = 0.4$ 时平均迭代次数最小。BP算法采用的是梯度下降法,为提高网络的收敛速度,并且尽最大可能地减少网络振荡,故而采用了改进的BP算法,即增加了一个动量项如式(6-11)中的 $\alpha \Delta W_{ji}(n)$ 项,其中 α 为动量因子,它取值合适与否也直接影响网络性能,动量因子推荐取值为0到1,表6-4取不同动量因子时比较其迭代次数以及迭代次数波动情况(步长 η 取0.4)。

表6-3 不同步长 η 下的迭代次数(/表示振荡)

学习步长 η		0.1	0.2	0.3	0.4	0.5	0.6	0.7	0.8	0.9
实验次数	实验1	50	32	22	50	28	44	53	7	19
	实验2	62	11	12	37	39	15	23	62/	31
	实验3	23	25	54	21	38	17	24	15	22
	实验4	49	18	32	14	16	29	32	8	80/
	实验5	24	42	4	13	12	23	6	5	58/
	实验6	5	13	26	17	26	53	15	25/	40
	实验7	52	9	19	5	56	16	80/	28/	18
	实验8	17	42	8	6	20	20	27	15	32
	实验9	7	12	5	18	29	7	22	7	22
	实验10	31	23	38	10	31	23	75/	27	33/
平均次数		32.0	22.7	22.0	19.1	29.5	24.7	/	/	/

表6-4 步长 η 取0.4时不同动量因子 α 对应的迭代次数(/表示振荡)

动量因子 α		0.1	0.2	0.3	0.4	0.5	0.6	0.7	0.8	0.9
实验次数	实验1	5	25	23	50	24	34	23/	8	23
	实验2	26	28	12	8	30	19	25	65/	31
	实验3	18	12	9	26	36	45	103/	42	32
	实验4	17	54	11	36	9	10	42/	32/	33
	实验5	13	32	9	24	12	17	8	31	36
	实验6	21	4	13	5	46	11	31	11	41
	实验7	14	26	28	12	23	16	25	36	36/
	实验8	37	19	18	17	7	31	91/	28	33
	实验9	10	8	25	7	6	36	45/	31	30/
	实验10	38	5	22	31	16	7	23/	12	66/
平均次数		19.9	21.1	17.0	21.6	20.9	22.6	/	/	/

由表6-4可知,当 $\alpha = 0.7$、0.8、0.9 的时候,网络出现了不同程度的振荡,是不可取的,而在0.1~0.6之间,$\alpha = 0.3$ 时平均迭代次数最小,故取 $\alpha = 0.3$。

由上面的分析可看出,在理想情况下,迭代循环次数一般不大于100,即时在工作时,其最大循环次数选择为500已经足够了,当期望误差为0.005时,网络就可以训练到期望的接近理想的目标输出,在这里设定为0.001。

3. 排烟风机的 BP 神经网络故障诊断模型

这样,用于排烟风机故障诊断的 BP 神经网络模型的参数可汇总如下表:

表 6-5　BP 神经网络模型参数汇总表

输入层节点数	6	期望误差	0.001
输出层节点数	8	最大循环次数	500
隐层节点数	10	学习规则	带动量项的梯度下降法
学习步长	0.4	学习方式	批处理的学习方式
动量因子	0.3	权重初始化方式	随机初始值

BP 神经网络采用的是有导师的学习方式,一般的导师都是标准的目标输出,在本模型中,设定的标准目标输出信号如表 6-6 所示,图中 1 表示对应故障发生,0 表示没有对应故障发生。

表 6-6　标准输出信号(1 表示故障发生,0 表示故障不发生)

故障类型	输出节点							
	0	1	2	3	4	5	6	7
转子不平衡	1	0	0	0	0	0	0	0
转子不对中	0	1	0	0	0	0	0	0
转子弯曲	0	0	1	0	0	0	0	0
转子支承松动	0	0	0	1	0	0	0	0
油膜涡动	0	0	0	0	1	0	0	0
转子碰磨	0	0	0	0	0	1	0	0
转子横向裂纹	0	0	0	0	0	0	1	0
滚动轴承失效	0	0	0	0	0	0	0	1

经过网络训练后,样本的实际输出见表 6-7。

表 6-7　训练后的样本实际输出信号

故障类型	输出节点							
	0	1	2	3	4	5	6	7
转子不平衡	0.9942	0.0000	0.0000	0.0000	0.0041	0.0121	0.0000	0.0019
转子不对中	0.0005	0.9829	0.0003	0.0025	0.0048	0.0064	0.0099	0.0106
转子弯曲	0.0003	0.0000	0.9518	0.0134	0.0000	0.0049	0.0041	0.0020
支承松动	0.0010	0.0003	0.0098	0.9649	0.0107	0.0027	0.0000	0.0000
油膜涡动	0.0052	0.0025	0.0001	0.0180	0.9952	0.0000	0.0001	0.0048
转子碰磨	0.0040	0.0002	0.0042	0.0014	0.0000	0.9841	0.0050	0.0018
横向裂纹	0.0011	0.0270	0.0022	0.0000	0.0001	0.0159	0.9748	0.0147
轴承失效	0.0070	0.0128	0.0069	0.0001	0.0031	0.0076	0.0061	0.9670

4. 排烟风机的支承松动故障的诊断

对于排烟风机的一组实际测量的故障数据,比如图 6-14 和图 6-15 是当风机正常运行和

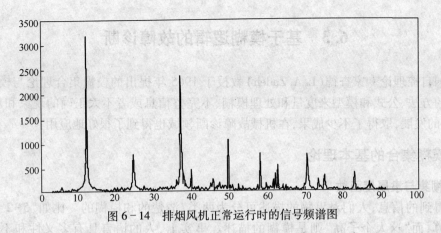

图 6-14　排烟风机正常运行时的信号频谱图

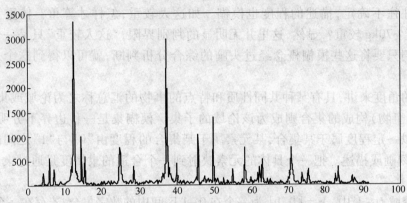

图 6-15　排烟风机支承松动时的信号频谱图

出现支承松动故障时的一组靠近风机的前轴承座处测量的加速度频谱图。

六个特征频率变化归一化后的数值如表 6-8 所示,经 BP 神经网络运算后的输出结果如表 6-9。

表 6-8　故障特征频率幅值变化及其归一化数据

输入节点	1	2	3	4	5	6
对应频率	$f/3$	$f/2$	f	$2f$	$3f$	$5f$
正常时幅值	23.30	115.71	3153.40	758.12	2929.32	361.61
故障时幅值	259.72	559.28	3336.15	803.45	2970.57	367.17
变化值	236.42	443.57	182.75	45.33	41.25	5.56
对应数据	0.5330	1.000	0.412	0.1022	0.0930	0.0123

由表 6-8 可神经网络的输出结果可知,在第 3 种状态值时输出为 0.9897,接近于 1,而其他值则相对比较小,故可确定故障状态为转子支承系统连接松动。

表 6-9　神经网络输出结果

输出节点	0	1	2	3	4	5	6	7
对应数据	0.0000	0.0000	0.0002	0.9897	0.0020	0.0107	0.0000	0.0000
对应故障	不平衡	不对中	转子弯曲	支承松动	油膜涡动	转子碰磨	横向裂纹	轴承失效

6.3 基于模糊逻辑的故障诊断

由美国自控理论专家查德(L. A. Zadeh)教授于1965年提出的模糊集合理论与模糊逻辑,采用精确的方法、公式和模型来度量和处理模糊、不完整信息或者不太正确的现象和规律。经过40多年的发展,取得了不少成果,在机械故障诊断领域也得到了很好地应用。

6.3.1 模糊集合的基本理论

1. 模糊集与隶属度函数

人们得到的信息,人们对事物的描述可分为两类,清楚的和模糊的。比如"5-2=3"这是精确的计算,而"这人个子高"则是模糊的描述。事实上,人的语言具有多义性和不确定性,描述的对象往往不确定,描述的程度也模糊。如这人较重,怎样才算重? 体重为40~80kg中,50kg偏轻? 70kg较重? 显然,这里并无明显的判别界限,"这人较重"只是一个模糊的概念。但是人们只要将这些模糊概念经过头脑的综合分析判断,就可以得到这个人体重的基本情况。

从集合的角度来讲,具有某种共同性质和特点的事物的汇总称之为论域或集合,由论域中一些元素(事物)构成的集合则成为该论域的子集。模糊集是一种边界不分明的集合,可以使某元素以一定程度属于某集合,某元素属于某集合的程度由"0"与"1"之间的一个数值(隶属度)来刻画或描述。把一个具体的元素映射到一个合适的隶属度是通过隶属度函数来实现的。

设给定论域 U、V 中,$V = [0,1]$ 为一个在0~1区间内的数字集合,若存在一个映射法则: $\mu_A(u):U \rightarrow V = [0,1]$,$u \mid \rightarrow \mu_A(u) \in [0,1]$,则称 $\mu_A(u)$ 在 U 上确定了一个模糊子集 A,而 $\mu_A(u)$ 称为 A 的隶属度函数,当隶属度函数的变量 u 取具体值时,则称 $\mu_A(u_i)$ 为 u_i 对模糊子集的隶属度。隶属度可在0~1的闭区间取任何值,当 $\mu_A(u)$ 只取0或1时,模糊子集 A 就是经典子集,而 $A(x)$ 就是它的特征函数。经典子集是模糊子集的特殊情形。经典集合具有两条基本属性:元素彼此相异,即无重复性,范围边界分明。

比如我们用一个0~1之间的数 μ 来表示其体重"重"的程度,如:体重40kg,"重"的程度为 $\mu = 0$;体重60kg,"重"的程度为 $\mu = 0.5$;体重80kg,"重"的程度为 $\mu = 1.0$。这样,我们就给了体重 $x$kg 的人的"重"的程度,这样一个模糊量就可以以一个"量值"来描述,这个描述关系称为隶属度函数。如图6-16就是描述体重 $x$kg 的人的"重"的程度隶属度函数。

隶属度函数可以是任意形状的曲线,在不同的问题中有不同的结构形式,它是根据实验、理论分析及经验方法确定的。唯一的约束条件是隶属度函数的值域为 $[0,1]$。模糊系统中常用的隶属度函数有以下几种:

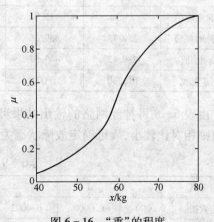

图6-16 "重"的程度

（1）高斯型隶属度函数。该函数有 2 个特征参数 σ 和 c，其函数形式为

$$f(x,\delta,c) = \mathrm{e}^{-\frac{(x-c)^2}{2\delta^2}} \tag{6-33}$$

（2）钟形隶属度函数。该函数有 3 个特征参数 a、b 和 c，其函数形式为

$$f(x,a,b,c) = \cfrac{1}{1 + \left(\cfrac{x-c}{a}\right)^{2b}} \tag{6-34}$$

（3）sigmoid 函数型隶属度函数。该函数有 2 个特征参数 a、c，其函数形式为

$$f(x,a,c) = \frac{1}{1 + \mathrm{e}^{-a(x-c)}} \tag{6-35}$$

（4）梯形隶属度函数。该函数有 4 个特征参数 a、b、c 和 d，其函数形式为

$$f(x,a,b,c,d) = \begin{cases} 0 & x \leqslant a \\ \dfrac{x-a}{b-a} & a \leqslant x \leqslant b \\ \dfrac{d-x}{d-c} & c \leqslant x \leqslant d \\ 0 & x \geqslant d \end{cases} \tag{6-36}$$

（5）三角形隶属度函数。该函数有 3 个特征参数 a、b 和 c，其函数形式为

$$f(x,a,b,c) = \begin{cases} 0 & x \leqslant a \\ \dfrac{x-a}{b-a} & a \leqslant x \leqslant b \\ \dfrac{c-x}{c-b} & b \leqslant x \leqslant c \\ 0 & x \geqslant c \end{cases} \tag{6-37}$$

模糊逻辑的基本思想就是隶属函数的思想，应用模糊数学方法建立模型的关键是构造隶属度函数。构造方法有模糊统计法，指派法，择优比较法，二元对比排序法等，这里主要介绍常用的模糊统计法。

模糊统计方法：与概率统计类似，但有区别：若把概率统计比喻为"变动的点"是否落在"不动的圈"内，则把模糊统计比喻为"变动的圈"是否盖住"不动的点"。此法构造隶属函数的步骤：

（1）作模糊统计试验（如发放调查表）。

（2）对获得的统计数据区间进行分组处理，并求组号、组中距、覆盖频率等。

（3）列统计表，并求各分组区间的覆盖频率或隶属频率。

（4）画隶属函数曲线图（即为所求的隶属函数的曲线）。

2. 模糊集的运算

与经典的集合理论一样，模糊集也可以通过一定的规则进行运算，亦有并集、交集、补集等基本运算。

（1）交集（逻辑"与"）$A \cap B$（A and B）：

$\mu_{A \cap B} = \mu_A(x) \wedge \mu_B(x)$（取两隶属度 μ_A 与 μ_B 中的最小值）

（2）并集（逻辑"或"）$A \cup B$（A or B）：

$$\mu_{A\cup B} = \mu_A(x) \bigvee \mu_B(x)$$ （取两隶属度 μ_A 与 μ_B 中的最大值）

（3）补集（逻辑"非"）：

$$\mu_{\bar{A}}(x) = 1 - \mu_A$$

（4）模糊集的基。隶属度函数的积分或求和：

$$\text{Card}(A) = \sum_i \mu(x)$$

$$\text{Card}(A) = \int_x \mu(x)\mathrm{d}x$$

3. λ-截集

λ-截集描述了模糊集与普通集的转换关系。设 $A \in F(U)$，对任意 $\lambda \in [0,1]$，则有

$$A_\lambda = \{u \mid u \in U\}, \mu_A(u) \geqslant \lambda \qquad (6-38)$$

模糊集的 λ-截集 A_λ 是一个经典集合，由隶属度不小于 λ 的成员构成，λ 为阈值或者置信水平。

6.3.2 模糊变换与模糊综合评判

1. 模糊变换

设 $A = \{\mu_A(u_1), \mu_A(u_2), \cdots, \mu_A(u_n)\}$ 是论域 U 上的模糊集，$B = \{\mu_B(u_1), \mu_B(u_2), \cdots, \mu_B(u_n)\}$ 是论域 V 上的模糊集，R 是 $U \times V$ 的模糊关系，则

$$B = A \circ R$$

称为模糊变换。模糊变换可用于模糊综合评价，此时 A 对应评判问题的因素集，B 对应评判中的评语集，$R = (r_{ij})_{n \times m}$ 对应评判矩阵，$\circ$ 为模糊算子。

2. 模糊推理基本过程

模糊推理是采用模糊逻辑由给定的输入到输出的映射过程。模糊推理包括五个方面：

（1）输入变量模糊化，即把确定的输入转化为由隶属度描述的模糊集。

输入变量是输入变量论域内的某一个确定的树，输入变量经模糊化后，变换为由隶属度表示的 0 和 1 之间的某个数。模糊化常用隶属度函数或查表求得。

（2）在模糊规则的前件中引用模糊算子（与、或、非）。

应用模糊算子，输入变量模糊后，我们就知道每个规则前件中的每个命题被满足的程度。如果给定规则的前件中不止一个命题，则需用模糊算子获得该规则前件被满足的程度。模糊算子的输入是两个或多个输入变量经模糊化后得到的隶属度值，其输出是整个前件的隶属度，模糊逻辑算子可取 T 算子和协 T 算子中的任意一个，常用的与算子有 min（模糊交）和 prod（代数积），常用的或算子有 max（模糊并）和 probor（概率或）。

（3）根据模糊蕴含运算由前提推断结论。

模糊蕴含，模糊蕴含可以看作一种模糊算子，其输入是规则的前件被满足的程度，输出是一个模糊集。规则"如果 x 是 A，则 y 是 B"表示 A 与 B 之间的模糊蕴含关系，记做 $A \rightarrow B$。

（4）模糊合成每一个规则的结论部分，得出总的结论。

模糊合成，模糊合成也是一种模糊算子。该算子的输入是每一个规则输出的模糊集，输出是这些模糊集合成后得到的一个综合输出模糊集。常用的模糊合成算子有 max（模糊并）、probor（概率或）和 sum（代数和）。

（5）反模糊化，即把输出的模糊量转化为确定的输出。

反模糊化，反模糊化把输出的模糊集化为确定数值的输出，常用的反模糊化得方法有以下五种：中心法、二分法、输出模糊集极大值的平均值、输出模糊集极大值的最大值和输出模糊集极大值的最小值。

3. 模糊综合评价方法

模糊综合评价是通过构造等级模糊子集把反映被评事物的模糊指标进行量化（即确定隶属度），然后利用模糊变换原理对各指标综合。模糊评价的一般步骤如下：

（1）确定评价对象的因素论域：

$$P \text{ 个评价指标}, u = \{u_1, u_2, \cdots, u_p\}$$

（2）确定评语等级论域：

$$v = \{v_1, v_2, \cdots, v_p\}, \text{即等级集合。每一个等级可对应一个模糊子集。}$$

（3）建立模糊关系矩阵 $\boldsymbol{R}$。

在构造了等级模糊子集后，要逐个对被评事物从每个因素 $u_i(i = 1, 2, \cdots, p)$ 上进行量化，即确定从单因素来看被评事物对等级模糊子集的隶属度（$\boldsymbol{R} \mid u_i$），进而得到模糊关系矩阵：

$$\boldsymbol{R} = \begin{bmatrix} R \mid & u_1 \\ R \mid & u_2 \\ \vdots \\ R \mid & u_p \end{bmatrix} = \begin{bmatrix} r_{11} & r_{12} & \cdots & r_{1m} \\ r_{21} & r_{22} & \cdots & r_{2m} \\ \vdots & \vdots & \vdots & \vdots \\ r_{p1} & r_{p2} & \cdots & r_{pm} \end{bmatrix}_{p,m} \quad (6-39)$$

矩阵 $\boldsymbol{R}$ 中第 i 行第 j 列元素 r_{ij}，表示某个被评事物从因素 u_i 来看对 v_j 等级模糊子集的隶属度。一个被评事物在某个因素 u_i 方面的表现，是通过模糊向量 $(\boldsymbol{R} \mid u_i) = (r_{i1}, r_{i2}, \cdots, r_{im})$ 来刻画的，而在其他评价方法中多是由一个指标实际值来刻画的，因此，从这个角度讲模糊综合评价要求更多的信息。

（4）确定评价因素的权向量。

在模糊综合评价中，确定评价因素的权向量：$A = (a_1, a_2, \cdots, a_p)$。权向量 A 中的元素 a_i 本质上是因素 u_i 对模糊子集｛对被评价事物重要的因素｝的隶属度。现在使用层次分析法来确定评价指标间的相对重要性次序，从而确定权系数，并且在合成之前归一化，即使 $\sum a_i = 1$，$a_i \geqslant 0, i = 1, 2, \cdots, n$。

（5）合成模糊综合评价结果向量。

利用合适的算子将 A 与各被评价事物的模糊关系矩阵 $\boldsymbol{R}$ 进行合成，得到各被评价事物的模糊综合评价结果向量 B，即

$$A \circ \boldsymbol{R} = (a_1, a_2, \cdots, a_p) \begin{bmatrix} r_{11} & r_{12} & \cdots & r_{1m} \\ r_{21} & r_{22} & \cdots & r_{2m} \\ \vdots & \vdots & \vdots & \vdots \\ r_{p1} & r_{p2} & \cdots & r_{pm} \end{bmatrix} = (b_1, b_2, \cdots, b_m) = B \quad (6-40)$$

其中 b_1 是由 A 与 $\boldsymbol{R}$ 的第 j 列运算得到的，它表示被评事物从整体上看对 v_j 等级模糊子集的隶属程度。

（6）对模糊综合评价结果向量进行分析。

实际中最常用的方法是最大隶属度原则。最大隶属度原则是直接由样本的隶属度来判断其对数的方法，这种方法的效果十分依赖建立的已知模式类隶属函数的技巧。

设 $A_1, A_2, \cdots A_m \in F(U)$ ，x 是 U 中的一个元素，若

$$\mu_{A_I}(x) > \mu_{A_j}(x), j = 1, 2, \cdots, m, i \neq j$$

则 x 隶属于 A_i ，即将 x 判定为 i 类。

6.3.3 模糊故障诊断原理

在许多情况下，机器或系统都运行在一个模糊环境中，运行中各种状况和参数都相互影响，难以用精确数学方法进行描述。模糊故障诊断是一种基于知识的诊断系统，因为在诊断过程中对模糊症状、模糊现象等的描述要借助于有经验的操作者或专家的直觉经验、知识等。模糊故障诊断系统的诊断过程，从对模糊信息的获取，到利用模糊信息进行模糊推理，到最后做出诊断，就如同医生根据病人的模糊症状进行准确诊断一样。

设一个系统中所有可能发生的各种故障原因的集合为：

$$Y = \{y_1, y_2, \cdots, y_n\}$$

其中 n 为故障原因种类的总数。由 n 个故障原因所引起的各种征兆集合为

$$X = \{x_1, x_2, \cdots, x_m\}$$

其中 m 为故障征兆种类的总数。

由于故障征兆界限的不分明性，因此通过建立隶属函数来表征各种征兆隶属于故障原因的程度。构造隶属函数是实现模糊故障诊断方法的前提。

设观测到的一征兆群样本为 $x_1, x_2, \cdots, x_m$ ，同时得出此样本中各分量元素 x_i 对征兆 X_i 的隶属度 $\mu_{x_i}(x_i)$ ，于是故障征兆可以用模糊向量表示为：

$$X = (\mu_{x_1}(x_1), \mu_{x_2}(x_2), \cdots, \mu_{x_M}(x_m))$$

假设该征兆样本是由故障原因 y 产生的，y 对各种故障原因的隶属度为 $\mu_{y_i}(y_i)$ ，同样故障原因用模糊向量表示为

$$Y = (\mu_{y_1}(y_1), \mu_{y_2}(y_2), \cdots, \mu_{y_M}(y_m))$$

因为故障原因与征兆之间存在因果关系，所以，根据模糊推理合成原则可得 Y 与 X 之间的模糊关系方程为 $Y = X \circ R$ ，其中 R 为模糊关系矩阵，又称模糊诊断关系矩阵，简称模糊诊断矩阵，R 为 $m \times n$ 维矩阵，其中行表示故障征兆，而列表示故障原因。其中，矩阵 R 的元素 $r_{ij} \in [0,1]$ ，$i = 1, 2, \cdots, n, r_{ij}$ 表示第 i 种征兆对第 j 种故障原因的隶属度，即 $r_{ij} = \mu_{yj}(x_i)$ 。

由于模糊关系方程式可以看出，对于某系统如果已经观测得到故障征兆群样本 $X = \{x_1, x_2, \cdots, x_m\}$ ，即故障征兆模糊向量 X 已知，又根据现场运行数据及诊断专家的经验已经事先构造好了模糊关系矩阵 R 。那么，就可以通过模糊关系合成求得故障原因模糊向量 Y ，进而对各种故障原因进行分析与综合做出故障诊断结果。

6.3.4 基于模糊诊断算法的柴油机故障诊断

柴油内燃机作为一个复杂的机械系统，其工作过程包括与外界的工质交换。工质的准备及物理化学反应过程都受到大量内外部因素的影响，而某些零部件失效或者性能下降时，必然会带来其工作状况的变化或者恶化。从内燃机工作过程中提取准确而有价值的信息，充分利用已有经验知识，并和科学的方法相结合可以实现内燃机准确故障诊断，运行质量状态检测、评估。

内燃机模糊故障诊断技术要点如下：

（1）确定通过现有数据采集手段及数据处理方法所能获得的内燃机工作过程特征参数，通过理论分析和实验，从上述参数中提取对常见故障敏感参数，从而获得能够表征柴油机工作状

态本质信息的故障征兆集合;

（2）分析柴油机常见故障原因,应用专家经验知识,确定各故障原因对应的故障现象(征兆),建立原因与征兆之间的初步对应关系;

（3）应用数理统计分析方法确定故障征兆集合中参数的正常值范围,并确定各参数的隶属函数,从而对数据进行样本分析,得到各故障征兆是否出现及征兆的严重程度;

（4）模糊故障诊断矩阵的确定,应用机理分析与经验统计相结合的方法获得各故障征兆对各故障原因的隶属度。在系统开始运行阶段,故障诊断矩阵主要通过对故障原因与故障征兆之间关系的机理分析决定,在获得一定诊断经验知识后,对故障原因与故障征兆对应进行统计学分析,得到统计学意义上的故障原因与故障征兆对应关系,将二者按一定权重结合即得故障诊断矩阵;

（5）选择有效模糊故障诊断算子及故障原因确定方法。现存有多种模糊故障诊断算子模型,各有一定的特点,可以结合柴油机故障诊断的需要及软件实现方案,选择适当的算子模型。故障原因确定过程可以采用最大隶属度法、权值法,或者两者相结合的方法。

1. 某型号柴油机常见故障机理

某型号柴油机的基本参数如下:四冲程,废气涡轮,增压中冷;直喷式燃烧室,浅 ω 型, 压缩比为 12.5;汽缸缸径 240mm 标定转速 1000r/min,行程 275mm,标定功率 2400kW;16 缸 V 型排列,最高爆发压力 11.96MPa,单缸/总排量 12.44L/199.05L,空载压缩压力 2.65 – 2.84MPa。其工作过程如图 6–17 所示。

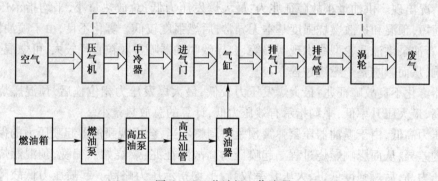

图 6–17　柴油机工作流程

从柴油机工作流程可以将其工作循环分为三部分,燃烧准备阶段 1(换气或者是配气阶段),燃烧准备阶段 2(燃油供给与混合过程),燃烧过程。配气过程与燃油供给与混合过程一起形成了可燃混合气,而可燃混合气形成的是否及时,质量是否良好,是影响柴油机工作状态优劣的主要原因。常见故障主要出现在配气过程与燃油供给与混合过程,而通过对两者过程特征值与燃烧过程特征值的分析可以得出前两者是否工作正常。

1）配气系统

增压器故障:表现为增压器转速过低,导致增压效率过低,缸内进气量不足,影响燃烧的正常进行,严重的会导致燃烧不完全,排气管发红等,降低柴油机的效率,影响其工作安全。增压器转速过低导致的故障征兆为:整机各缸进气压力偏低,IMEP 偏低,着火始点偏晚,后燃强度较大。

配气相位异常:配气凸轮磨损严重,正时齿轮装配误差,气门间隙调整不当等都可能导致配气相位偏离设计值。进气门开启过早,废气会从汽缸流入进气道;开启过晚、关闭过早则影响充气效率;关闭过晚则导致缸内气体从进气门回蹿;排气门开启过早,降低有效工作行程,排气温度过高;开启过晚则影响换气效率;关闭过早,残留废气过多;关闭过晚则会出现新鲜空气从排气管排出现象,降低充气效率。配气相位异常的故障征兆为:充气效率低,燃烧质量不高,压缩压力异常,进排气泵波动损失功过大,最大爆发压力或高或低。

汽缸漏气,由于活塞环断裂、对口或者磨损严重,气门与气门座口漏气,汽缸垫装配压紧力矩不均匀,缸盖出现裂纹,会出现汽缸漏气。汽缸漏气的故障征兆为:压缩压力过低,压缩过程多变指数异常,最大爆发压力低,燃烧恶化。

进排气管路堵塞、不畅,导致新鲜气体进入汽缸及废气排出汽缸的阻力加大,影响换气的效果,进而影响燃烧的组织。进排气管路阻塞的故障征兆为:进排气泵波动损失功过大,最大爆发压力异常,燃烧恶化。

2) 供油系统

供油过早或过晚、由于供油正时齿轮的装配误差、供油凸轮型线的磨损、油泵上体下体之间垫片的调整不当都可能导致供油的早晚。供油过早故障征兆为:燃烧始点提前,最大爆发压力较高,最大爆发压力相位提前,预混燃烧强度较高,后燃强度较低,最大压力升高率较高。供油过晚故障征兆为:燃烧始点拖后,最大爆发压力较低,最大爆发压力相位拖后,IMEP 较低。

供油过多或过少,由于油泵齿条位置调整的误差,或者凸轮型线误差或者磨损,导致油泵柱塞有效行程的变化,会产生供油量过多或过少。供油量大故障征兆为:最大爆发压力过高,总放热量大,平均有效压力高,燃烧各阶段强度都较大,尤其时后燃阶段,由于供油时间长,会有燃烧不完全的情况出现。供油量小故障征兆为:最大爆发压力低,总放热量小,平均指示压力低,由于供油时间短,预混和扩散燃烧强度基本无异常,后燃强度较低。雾化不良,由于喷油器针阀偶件失效,或者油泵供油凸轮型线出现磨损等,会导致喷油器喷雾颗粒直径较大,可燃混合气的形成受到影响,从而影响整个燃烧过程。

喷油器雾化不良故障征兆:最大爆发压力较低,最大爆发压力相位拖后,预混燃烧强度低,后燃强度高,最大压升率低,平均指示有效压力低,计算的总放热量小。

起喷压力高低,由于喷油器压紧弹簧预紧力调整不当,会出现喷油器起喷压力的偏差,引发喷油质量的差异,从而影响燃烧过程。起喷压力高故障征兆:燃烧始点偏晚,预混燃烧强度高,最大爆发压力高,后燃强度低,最大压升率较高,平均指示压力略高。起喷压力低故障征兆:燃烧始点偏早,但预混燃烧强度低,最大爆发压力低,最大压升率低,平均指示压力低。柴油机部分工作过程参数来源及特征表见表 6 – 10。

针对上述常见故障及其征兆,选择对故障敏感且凭借现有测量计算手段可以比较准确获得的 m 个参数建立故障征兆集合 X。设故障征兆集为 $X = \{x_1, x_2, \cdots, x_m\}$,其中 x_i 代表最大爆发压力低、最大爆发压力高、后燃强度大、后燃后强度小等。n_1 个配气系统故障原因集合 $Y_A = \{y_{A_1}, y_{A_2}, \cdots, y_{A_{n_1}}\}$,其中 y_{A_1} 表示增压器故障、汽缸漏气……进排气管路阻塞等;n_2 个供油系统故障原因集合 $Y_B = \{y_{B_1}, y_{B_2}, \cdots, y_{B_{n_2}}\}$,其中 y_{B_1} 表示供油量大、供油量小……起喷压力低等。

两个故障原因集合分别与故障征兆集合之间的联系即为相应的故障诊断矩阵。配气系统故障诊断矩阵 $\boldsymbol{R}_{m \times n_1}$,其中行表示 m 个故障征兆,列表示 n_1 个配气系统故障原因,矩阵元素 r_{ij} 表示第 i 种征兆对第 j 种配气系统故障原因的隶属度。供油系统故障诊断矩阵 $\boldsymbol{R}_{m \times n_2}$,其中行表示 m 个故障征兆,列表示 n_2 个配气系统故障原因,矩阵元素 r_{ij} 表示第 i 种征兆对第 j 种供油系统故障原因的隶属度。

表 6-10　柴油机部分工作过程参数来源及特征表

参　数　名　称	符　　号	来　　源	精　　度
最大爆发压力	P_{max}	测量	高
最大爆发压力相位	$P_{max}-\Phi$	测量	高
最大压力升高率	$(dp/d\Phi)_{max}$	计算	高
最大压升率相位	$(dp/d\Phi)_{max}-\Phi$	计算	高
压缩压力	P_{comp}	测量+计算	高
传热指数	n	计算	高
进气压力	P_{in}	测量+计算	中
排气门开启时刻压力	P_{out}	测量	中
燃烧始点	Heat _ start	计算	高
燃烧始点缸内压力	P_{comb}	计算	高
预混燃烧强度	Hear _ pre	计算	高
扩散燃烧强度	Heat _ diff	计算	高
后燃强度	Heat _ post	计算	高
总放热量	$Heat_{sum}$	计算	高
平均指示压力	IMEP	计算	高
进排气过程指示功	P_{pump}	计算	高
进气门关闭时刻	Φ_{ic}	计算	低
排气门开启时刻	Φ_{oo}	计算	低
进气质量	M_a	计算	低

2. 柴油机模糊故障诊断技术实现

采集完柴油机缸内压力数据后,经过数据的平均、滤波等预处理操作后,得到各缸平均示功图。调用燃烧分析计算程序获得各缸燃烧放热过程数据。从示功图与放热过程曲线中提取预定的故障征兆参数,应用各故障征兆隶属度函数对故障征兆模糊化,获得故障征兆集合。调入故障诊断矩阵数值,应用模糊故障诊断算法进行模糊诊断计算,获得故障原因隶属度集合,集合中的元素表明出现各故障原因的可能性程度。通过设定的故障原因确定方法给出各缸的最终诊断结果。模糊故障诊断程序流程图如图 6-18 所示。

在系统开发过程中,采集了大量的柴油机示功图压力数据并进行数据处理和计算,获得柴油机各工作状态参数 x_i ,如:峰值压力、压缩压力、总放热量、指示功、燃烧始点、预混合燃烧强度和后燃强度等参数的分布特性,确定其正常波动量 δ_i ,故障征兆隶属度:

$$\mu_i = \begin{cases} 0 & \nabla_i \leqslant \delta_i \\ (\nabla_i - \delta_i)/\delta_i & \delta_i \leqslant \nabla_i \leqslant \delta_i \\ 1 & \nabla_i \geqslant 2\delta_i \end{cases} \quad (6-41)$$

式中　∇_i ——参数的实际波动量。

以峰值压力为例:对采集到的柴油机各缸峰值压力计算平均值及各缸峰值压力与平均值之差,对 160 个压力数据进行正态分布 $N(\mu_i, \sigma_i^2)$ 拟合得到其分布特征,确定峰值压力正常波动范围为 $\pm 1.95 \times 10^5 \text{Pa}$。若某缸峰值压力偏差为 $-2.3 \times 10^5 \text{Pa}$,则故障征兆"峰值压力低"的隶属度为 $(2.3 - 1.95) \times 10^5 / 1.95 \times 10^5 = 0.18$,若某缸峰值压力偏差为 $4 \times 10^5 \text{Pa}$,则故障征兆"峰值压力高"的隶属度为 1.0。

以供油系统模糊故障诊断矩阵 $R_{m \times n_2}$ 为例,m 种故障征兆分别对供油量大小、供油早晚、喷油器雾化不良等 n_2 种故障原因的隶属度即在各种故障发生时各故障征兆出现的可能性程度,其值分布在 $[0,1]$ 区间内。

诊断中每一具体征兆 x_i 对所需判断的各个故障原因 y_i 作用大小(贡献)是不相同的,即对相应的隶属度不相等,显然,某一征兆 x_i 对诊断某一原因 y_i 的作用越大,其相应的隶属度 r_{ij} 也越大,r_{ij} 的确定必须综合考虑多种因素。首先考虑经验统计资料 l_1,其次为了弥补统计资料不足,还必须考虑机理分析因素 l_{21},要针对这两项因素对每一征兆进行评分。

对 l_1 的评分 $K_{ij}^{l_1}$ 可直接从统计资料算出:

$$k_{ij}^{l_1} = p(x_i / y_j) = N_{x_i} / N_{y_j} \tag{6-42}$$

式中:N_{x_i}、N_{y_j} 为故障原因 y_j 发生的总次数与在此条件下征兆 x_i 出现的次数。

根据对柴油机工作特征理解的专家经验得到机理分析因素 l_2 的评分 $K_{ij}^{l_2}$。若某一故障征兆 x_i 在某一故障 y_i 发生时必然出现,则设定 $r_{ij} = 1$;若为很可能出现,则设定 $r_{ij} = 0.7$。

得到每一故障征兆 x_i 对每一故障原因 y_i 的评分集合:

$$\tilde{k}_{ij} = (k_{ij}^{l_1}, k_{ij}^{l_2}) \tag{6-43}$$

在确定故障诊断矩阵时,对上述两个因素应区别对待有所侧重,故需给出相应权数,组成权数的集合为

$$\tilde{L} = (L_1, L_2) \tag{6-44}$$

式中:l_1、l_2 分别为统计资料因素和机理分析因素在决定隶属度时所占的权重,其中 $l_1 + l_2 = 1$。按下式计算出相应的隶属度:

$$r_{ij} = \tilde{k}_{ij} \tilde{L} \tag{6-45}$$

综合考察所有故障原因与故障征兆后即可得到模糊故障诊断矩阵 $\boldsymbol{R}$。

$$y_j = \min(1, \sum_{i=1}^{m} x_i r_{ij}), \qquad j = 1, 2, \cdots, n \tag{6-46}$$

式中:y_i 为柴油机对第 i 个故障原因的隶属度,即柴油机出现此故障的可能性。

获得故障原因模糊集合 Y 后,系统应用阈值原则确定最终故障诊断结果。阀值 λ 通过人工设置柴油机故障标定获得,确保不漏判,不误判。柴油机模糊故障诊断计算子程序流程图,如图 6-19 所示。

天津大学苏万华教授等采集了 200 余台某机车柴油机缸内压力数据,获得了对柴油机工作特征参数和故障形式的大量数据,开发了基于模糊故障诊断方法开发的柴油机智能状态跟踪与故障诊断系统。2005 年 6 月天津北机务段 DF4B9228 号机车柴油机检测结果部分数据如图所示。

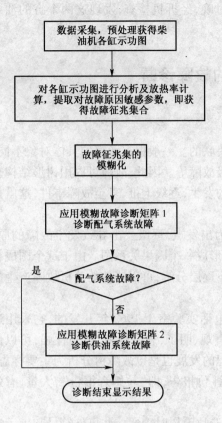

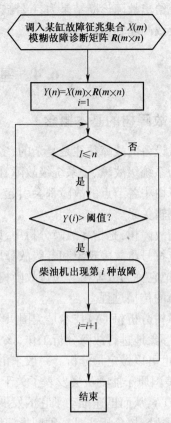

图 6-18 模糊故障诊断程序流程　　　　　　图 6-19 柴油机模糊故障诊断计算子程序流程

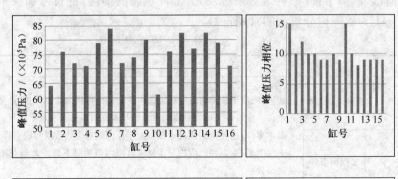

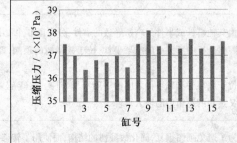

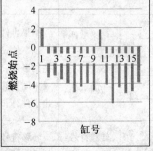

图 6-20 DF4B9228 号机车柴油机检测结果

系统给出故障诊断结果为:1号缸、10号缸供油过晚,经拆机检查,发现这两个缸的油泵调整不当导致凸轮轴作用过晚。

6.4 基于故障树的故障诊断

6.4.1 故障树的基本概念

机械设备的故障往往是复杂的、多层次的、相互关联的。一般根据考察的具体对象不同,故障可分为系统级故障、子系统级故障、模块及元器件级故障等。因此,故障可以用树形结构来表示。故障树中各节点的故障都会引起上级故障事件的发生,逐级上推,直至故障事件,这就是故障树的逻辑关系。

所谓故障树,是指在故障分析中,以出现的故障为出发点,逐级找出导致发生故障的原因,并用相应符号将故障现象和各级故障原因连接起来,形成一个因果关系图。由于这个图成树状结构,故把它称为故障树。通过故障树模型,从上往下逐层分解,可以清楚的分析故障产生的原因和故障的传播过程。

故障树分析(FTA)技术是美国贝尔电报公司的电话实验室于1962年开发的,它采用逻辑的方法,形象地进行故障分析工作,该方法的特点是直观、明了,思路清晰,逻辑性强,可以做定性分析,也可以做定量分析。一般来讲,安全系统工程的发展也是以故障树分析为主要标志的。1974年美国原子能委员会发表了关于核电站危险性评价报告,即"拉姆森报告",大量、有效地应用了FTA,从而迅速推动了它的发展。

由于故障树分析法是一种图形演绎法,因而在建造故障树时需要一些事件符号和表示逻辑关系的门符号,用来表示事件之间的逻辑关系和因果关系。因此故障树分析中应用的基本符号可分为两类,即代表故障事件(事件是对系统及元、部件状态的描述)的符号和联系事件的逻辑门符号。表6-11为故障树分析法的常用符号。

表6-11 故障树分析法的常用符号

分类	符 号	名称	说 明
事件	○	基本事件	底事件:位于故障树最底层无需再深究的事件称为底事件,它是某个逻辑门的输入事件。底事件又可以分成基本事件与未探明事件。 基本事件:已经探明或尚未探明发生原因但有失效数据的底事件。
	◇	未探明事件	未探明事件:原则上应进一步探明其原因但暂时不必或者暂时不能探明其原因的底事件
	⊟	结果事件	结果事件:由其他事件或事件组合所导致的事件,分为顶事件和中间事件。 顶事件:故障树分析中所关心的结果事件,位于故障树的顶端,即系统不希望发生的事件。
	▭	中间事件	中间事件:位于底事件和顶事件之间的中间结果事件。它既是某个逻辑门的输出事件,同时又是别的逻辑门的输入事件
	△	转移符号 (转入、转出符号)	转移符号:为了避免画图重复,简化故障树的结构,而使用了转移符号,分为转入符号和转出符号。转入符号用于故障树的底部,表示树的部分分支在另外的地方;转出符号用于故障树的顶部,表示该树是另外一棵故障树的子树

分类	符号	名称	说　　明
逻辑门	⌒ ·	与门	与门:仅当所有输入事件同时发生时,输出事件才发生
	⌒ +	或门	或门:至少一个输入事件发生时,输出事件才发生
	⌒ ~	非门	非门:输出事件是输入事件的对立事件
	⌒ (r)(n)	表决门	表决门:仅当 n 个输入事件中有 r 或 r 个以上的事件发生时,输出事件才发生
	⌒ +	异或门	异或门:仅当单个输入事件发生时,输出事件才发生
	⬡	禁门	禁门:仅当条件事件发生时,输入事件的发生才导致输出事件的发生

图 6-21 就是一个简单的故障树。图中,顶事件为系统故障,由中间事件(部件 A 故障或部件 B 故障)引发,而部件 A 的故障又是由底事件(两个元件 1、2 中的一个失效)引起,部件 B 的故障是由底事件(两个元件 3、4 同时失效)引发。

6.4.2　故障树分析的基本过程

1. 建造故障树

将拟分析的重大风险事件作为顶事件,顶事件的发生是由于若干中间事件的逻辑组合所导致,中间事件又是由各个底事件逻辑组合所导致。这样自上而下的按层次的进行因果逻辑分析,逐层找出风险事件发生的必要而充分的所有原因和原因组合,构成了一个倒立的树状的逻辑因果关系图。

建造故障树的步骤大致如下:

（1）熟悉系统:进行故障树分析,要求建树人员首先应收集系统的技术资料、设计说明书、安全报告、运行规程以及有关维修、制造方面的资料,同时对系

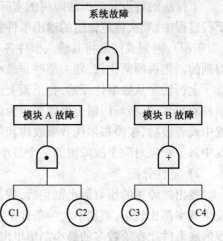

图 6-21　简单的故障树

统的功能、结构原理、故障状态、故障因素进行深入透彻的理解,这也是建造故障树的一个基础的要求。

（2）确定顶事件:顶事件是系统最不希望发生的事件,根据系统的不同要求可以有多个具体的顶事件,因此也就可以从顶事件出发建立几个不同的故障树,在各个故障树中,部件以特定的方式与其他的部件相关联,但一个故障树只能分析一个不希望发生事件。也就是说顶事件的确定要从我们的研究对象出发,根据系统的要求,选择与设计、分析目的紧密相关联的事件为顶

事件。

（3）构造发展故障树：由顶事件出发，逐级找出导致各级事件发生的所有可能直接原因，并用相应的符号表示事件及其相互的逻辑关系，直至分析到底事件为止。

2. 故障树规范、简化与模块分解

（1）将建造好的故障树简化变成规范化故障树，规范化故障树是仅含底事件、结果事件及"与"、"或"、"非"三种逻辑门的故障树。故障树的规范化的基本规则为：按规则处理未探明事件、开关事件、条件事件等特殊事件；保持输出事件不变、按规则将特殊门等效转换为"与"、"或"、"非"门。

（2）按集合运算规则（结合律、分配律、吸收律、幂等律、互补律）去掉多余事件和多余的逻辑门。

（3）将已规范化的故障树分解为若干模块，每个模块构成一个模块子树，对每个模块子树用一个等效的虚设的底事件来代替，使原故障树的规模减少。可单独对每个模块子树进行定性分析和定量分析。然后，可根据实际需要，将顶事件与各模块之间的关系转换为顶事件和底事件之间的关系。

3. 求故障树的最小割集与定性分析

割集指的是故障树中一些底事件的集合，当这些底事件同时发生时顶事件必然发生。若在某个割集中将所含的底事件任意去掉一个，余下的底事件构不成割集了（不能使顶事件必然发生），则这样的割集就是最小割集。最小割集是底事件的数目不能再减少的割集，一个最小割集代表引起故障树顶事件发生的一种故障模式。

1）求最小割集

求最小割集的方法有"下行法"和"上行法"：

下行法的特点是根据故障树的实际结构，从顶事件开始，逐级向下寻查，找出割集。规定在下行过程中，顺次将逻辑门的输出事件置换为输入事件。遇到与门就将其输入事件排在同一行（布尔积），遇到或门就将其输入事件各自排成一行（布尔和），直到全部换成底事件为止。这样得到的割集再两两比较，划去那些非最小割集，剩下的即为故障树的全部最小割集。

上行法是从底事件开始，自下而上逐步地进行事件集合运算，将或门输出事件表示为输入事件的布尔和，将与门输出事件表示为输入事件的布尔积。这样向上层层代入，在逐步代入过程中或者最后，按照布尔代数吸收律和等幂律来化简，将顶事件表示成底事件积之和的最简式。其中每一积项对应于故障树的一个最小割集，全部积项即是故障树的所有最小割集。

2）定性分析

找出故障树的所有最小割集后，按每个最小割集所含底事件数目（阶数）排序，在各底事件发生概率都比较小，差别不大的条件下：阶数越少的最小割集越重要；在阶数少的最小割集里出现的底事件比在阶数多的最小割集里出现的底事件重要；在阶数相同的最小割集中，在不同的最小割集里重复出现次数越多的底事件越重要。

在数据不足的情况下，进行上述的定性比较，找出了顶事件（风险事件）的主要致因，定性的比较结果可指示改进系统的方向。

4. 定量分析

在掌握了足够数据的情况下，可进行定量的分析。

1）顶事件发生概率（失效概率）的计算

在掌握了"底事件"的发生概率的情况下，就可以通过逻辑关系最终得到顶事件即所分析的重大风险事件的发生概率,用 p_f 表示,又称为失效概率。故障树顶事件 T 发生概率是各个底事件发生概率的函数,即:

$$p_f(T) = Q(q_1, q_2, \cdots, q_n)$$

工程上往往没有必要精确计算,采用近似的计算方法一般可满足工程上的要求。例如,当各个最小割集中相同的底事件较少且发生概率较低时,可以假设各个最小割集之间相互独立,各个最小割集发生(或不发生)互不相关,则顶事件的发生概率:

$$p_f(T) = 1 - \prod_{i=1}^{r} [1 - p(k_i)]$$

式中 r ——最小割集数。

2) 重要度的计算

故障树中各底事件并非同等重要,工程实践表明,系统中各部件所处的位置、承担的功能并不是同等重要的,因此引入"重要度"的概念,以标明某个部件(底事件)对顶事件(风险)发生概率的影响大小,这对改进系统设计、制订应付风险策略是十分有利的。对于不同的对象和要求,应采用不同的重要度。比较常用的有四种重要度,即:结构重要度、概率重要度、相对概率重要度及相关割集重要度。

(1) 底事件结构重要度从故障树结构的角度反映了各底事件在故障树中的重要程度

(2) 底事件概率重要度表示该底事件发生概率的微小变化而导致顶事件发生概率的变化率

(3) 底事件的相对概率重要度表示该底事件发生概率微小的相对变化而导致顶事件发生概率的相对变化率

(4) 底事件的相对割集重要度表示包含该底事件的所有最小割集中至少有一个发生的概率与顶事件发生概率之比

定量的分析方法需要知道各个底事件的发生概率,当工程实际能给出大部分底事件的发生概率的数据时,可参照类似情况对少数缺乏数据的底事件给出估计值;若相当多的底事件缺乏数据且又不能给出恰当的估计值,则不适宜进行定量的分析,只进行定性的分析。

6.4.3 基于故障树分析的航天器故障诊断

1. 姿态控制发动机系统工作原理

图 6-22 为某运载火箭第 3 级子姿态控制发动机系统工作原理图。该姿态控制发动机采用挤压式推进剂供应系统、单组元肼分解发动机。全系统由 12 台不同推力的分机组成,每台分机由电磁阀和推力室组合而成,脉冲工作方式。电磁阀由箭上电池供电,额定电压为 27V。该姿态控制发动机系统 12 台分机中,有 2 台用于火箭俯仰通道控制,推力 70N;2 台用于偏航通道控制,推力为 70N,4 台用于滚动通道控制,推力为 40N。其余 4 台分 2 组用于火箭第 3 子级的推进剂管理,保证火箭在轨滑行段推进剂沉底,推力分别为 300N 和 40N。火箭飞行过程中,姿态控制发动机受控于火箭的控制系统。整个系统由 5 个部分组成,即

(1) 气路系统包括充气手动阀门、瓶气、电爆阀门、减压器、导管等;

(2) 液路系统包括贮箱、破裂膜片、节流组件、过滤器、导管等;

(3) 推力室包括 12 台单组元肼分解推力室、12 个电磁阀;

(4) 温控系统包括贮箱加温器、组件加温器、导管加温器、温度传感器等;

(5) 电缆包括控制电缆、加温器电缆和遥测系统电缆等。

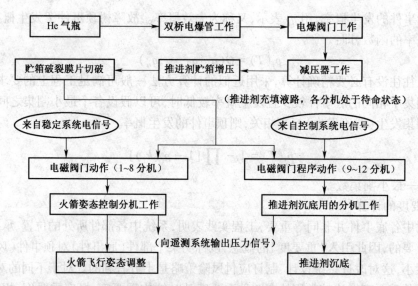

图 6-22　某运载火箭第 3 级子姿态控制发动机系统工作原理图

2. 姿态控制发动机故障树及分析

　　姿态控制发动机各组成单元互相依赖,只有当所有单元都正常工作时,发动机才能正常工作,否则,只要有 1 个单元出现故障,就会造成发动机非正常工作。造成发动机故障有多方面因素,如结构、材料、系统性能等。图 6-23 给出了姿态控制发动机故障树,以及故障模式(即故障

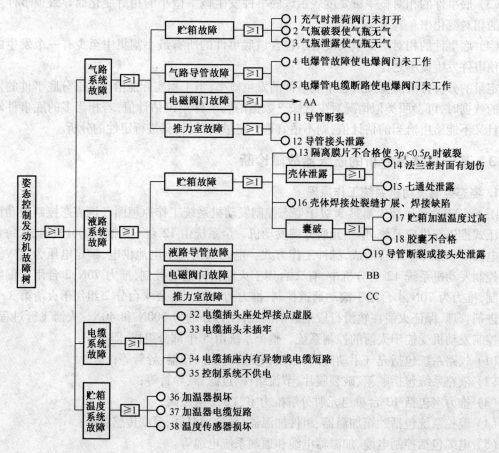

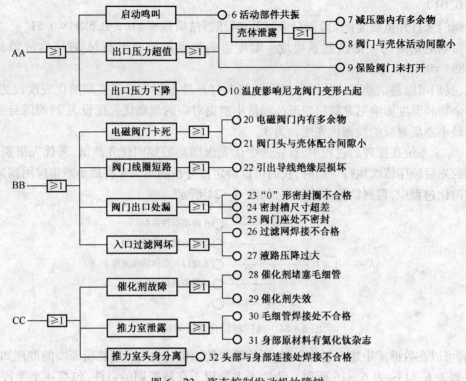

图 6-23 姿态控制发动机故障树

底事件)。根据对于姿态控制发动机的分析,可以得出姿态控制发动机由气路系统,液路系统,电缆系统,贮箱温控系统组成。再细分气路系统由氦气瓶,电爆阀门,减压器,气路导管等元件组成。这样,如果我们要得到姿态控制发动机的故障树,我们只要得到气路系统,液路系统,电缆系统,贮箱温控系统的故障树。

从图 6-23 姿态控制发动机故障树知,底事件总共有 32 个,故障树比较的复杂,因此首先利用故障树的预处理知识,将气路系统、液路系统、电缆系统、贮箱温控系统与各自的底事件组成各自的独立故障树。再继续分解,将气路系统中的氦气瓶故障、电爆阀门故障、减压器故障、气路导管故障等各自组成独立的故障树。在分析姿态控制发动机故障树时,将故障树先分解,然后分析小的故障树,再分析小故障树上层的系统级或部件级故障。现在我们从图 6-22 中抽出气路系统故障中的减压器故障的分枝故障树,说明整个故障分析过程。假设其底事件的故障发生概率如表 6-12 所列。

表 6-12 故障概率

标号	6	7	8	9	10
故障概率	0.3	0.08	0.01	0.3	0.08

在这里首先建立减压器故障的故障树,并输入相应的故障模式和表 6-12 中底事件的故障概率。通过分析我们可以得到减压器故障的概率为 0.5894,最小割集数为 5,各个最小割集的重要度我们可以利用公式计算得出。

活动部件共振重要度=活动部件共振故障概率/减压器故障概率=0.3/0.5894=0.51

减压器有多余物重要度=减压器有多余物故障概率/减压器故障概率=0.08/0.5894=0.136

阀门与壳体有活动间隙重要度 = 阀门与壳体有活动间隙/减压器故障概率 = 0.01/

203

0.5894 = 0.017

保险阀门未打开重要度 = 保险阀门未打开/减压器故障概率 = 0.3/0.5894 = 0.51

温度影响尼龙阀门变形凸起重要度 = 温度影响尼龙阀门变形凸起/减压器故障概率 = 0.08/0.5894 = 0.136

由此,我们可以将活动部件共振和保险阀门未打开最小割集对应规则的优先度设为1,减压器有多余物和温度影响尼龙阀门变形凸起最小割集对应的规则优先度设为2,阀门与壳体有活动间隙最小割集对应的规则优先度设为3。

这样,专家系统在推理的过程中,首先选中优先级别高的规则优先测试,若优先级别相同,则按规则的先后顺序依次执行。同时,我们可以由定性分析的结果来将最小割集应用到减压器故障树的简化过程中,得到简化的故障树,如图6-24所示。

图6-24 减压器简化后故障树

此时,可以在数据库中建立起几张表,将故障树的知识转化为计算机所需的推理知识,其表的形式如表6-13~表6-16所列。结论表主要用于存放规则的后件,包括4个字段:规则号、规则名称、优先级别、结论事实号。其中规则号设为表的主键。

表6-13 结论表

规则号	规则名称	优先级别	结论事实号
14	活动部件共振	1	F8
15	减压器内有多余物	2	F8
16	阀门与壳体活动间隙小	3	F8
17	保险阀门未打开	1	F8
18	温度影响尼龙阀门变形凸起	2	F8

规则对应事实表主要用于存放规则的前件,包括2个字段:规则号和规则前件事实号,将规则号设为结论表规则号的外键,实现表6-13与表6-14之间的关联。

事实表,主要用于存放系统的所有故障,包括2个字段如表6-15所列。

表6-14 规则对应事实表

规则号	规则前件事实号
14	F14
15	F15
16	F16
17	F17
18	F18

表6-15 事实表

事实号	故障名称
F08	减压器故障
F14	活动部件共振
F15	减压器内有多余物
F16	阀门与壳体活动间隙小
F17	保险阀门未打开
F18	温度影响尼龙阀门变形凸起

框架表主要包括 6 个字段,其中字段框架号是表的主键,如表 6 – 16 所列。

表 6 – 16　框架表

框架号	框架名称	对应事实号	确定条件	处理方法	框类特别
Kj12	减压器故障	F8			1
Kj13	活动部件共振	F14	仪器检测	改变活动部件固定频率	0
Kj14	减压器内有多余物	F15	目测	出去多余物	0

注意这里规则号和框架号不是从 1 开始的,原因是在规则表前面已存在其他故障规则和框架,这里只是其中的一部分,其中 F8 为减压器故障,框架类别 0 和 1 分别代表直接框架(对应故障树的底事件)和间接框架(对应故障树中间事件)。

为了使框架表和规则表联系起来,在数据库中,另外再新建一个框架和规则的对应表,如表 6 – 17 所列。

表 6 – 17　框架与规则表

框架号	规则号	框架号	规则号
Kj12	14	Kj12	17
Kj12	15	Kj12	18
Kj12	16		

假设故障 F8 发生,则通过表 6 – 16 可以找到对应的框架号 Kj12,该框架为间接框架,需进一步分析,那么再通过得到的框架号检索表 6 – 17 得到一系列的规则号,根据规则的优先级别得到规则号 14 和 17,然后按照顺序激活下一层框 Kj13,发现框架为直接框架,则直接输出故障原因和处理方法。

6.5　基于核方法的故障诊断

Minsky 和 Papert 在 20 世纪 60 年代明确指出线性学习机计算能力有限,无法解决现实世界中很多复杂的应用。核方法为非线性学习提供了一条解决途径,其基本思想主要体现在以下四个关键方面:

(1)输入空间的数据经过一个非线性映射,嵌入到高维特征空间中;

(2)在高维特征空间寻找线性关系;

(3)不需要高维特征空间的坐标,而只用它们的两两内积;

(4)利用核函数,直接通过输入空间的数据高效的计算特征空间的两两内积。

这个过程我们可以发现,通过核函数的引入,将数据隐式映射到可以发现线性关系的高维特征空间,在特征空间展开线性学习,实现了非线性问题的高效求解,同时避免了复杂的非线性映射的求取。粗略地说,在任何一种含有点积的算法中,用核函数来代替点积就可以称作是核方法。

6.5.1 核方法的基本理论

6.5.1.1 核函数

1. 特征空间的隐式映射

将数据简单映射到另一个空间能够很好的简化任务,这个事实在机器学习中很早就发现了,并且给出了很多选择数据最优表达形式的技术。通过改变数据的表达形式,将输入空间映射到一个新的特征空间:

$$x = (x_1, \cdots, x_n) \mapsto \phi(x) = (\phi_1(x), \cdots, \phi_N(x)) \tag{6-47}$$

使输入空间线性不可分样本在特征空间线性可分,该过程如图 6-25 所示。

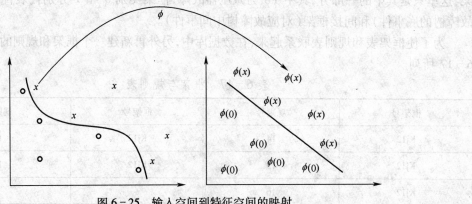

图 6-25 输入空间到特征空间的映射

用线性学习器学习非线性关系需要分两步,首先使用一个非线性映射 ϕ 将数据变换到一个特征空间,然后在这个特征空间使用线性学习器分类。在输入空间向特征空间转化时,无需知道映射函数 ϕ 的具体形式,核函数使输入数据隐式映射到特征空间,并在其中训练一个线性学习器成为可能。

定义 核是一个函数 K,对所有 $x, z \in X$,满足

$$k(x, z) = \langle \phi(x) \cdot \phi(z) \rangle \tag{6-48}$$

2. 核函数的性质

核函数的引入带来了令人欣喜的计算捷径,什么样的函数才能作为核函数呢？很明显,核函数必须是对称的:

$$k(x, z) = \langle \phi(x) \cdot \phi(z) \rangle = \langle \phi(z) \cdot \phi(x) \rangle = k(z, x)$$

并且满足下面的不等式:

$$k(x, z)^2 = \langle \phi(x) \cdot \phi(z) \rangle^2 \leqslant |\phi(x)|^2 |\phi(z)|^2 = \langle \phi(x) \cdot \phi(x) \rangle \langle \phi(z) \phi(z) \rangle$$
$$= k(x, x) k(z, z) \tag{6-49}$$

然而这些条件对于保证适合某个特征空间的核函数还不充分,核函数对应的核矩阵还必须是半正定的。

Mercer 定理 令 X 是一个 R^n 的紧凑子集,假设 $k(\cdot, x)$ 是连续对称函数,存在积分算子 $T_K: L_2(X) \to L_2(X)$,使得

$$(T_k f)(\cdot) = \int_x k(\cdot, x) f(x) \, \mathrm{d}x \tag{6-50}$$

是正的,也就说对于所有的 $f \in L_2(X)$,有

$$\int_{x \cdot x} k(x,z)f(x)f(z)\,\mathrm{d}x\mathrm{d}z \geqslant 0 \qquad (6-51)$$

然后扩展 $k(x,z)$ 到一个一致收敛的序列(在 $X \times X$ 上),这个序列由 T_K 的特征函数 $\phi_i \in L_2(X)$ 构成,归一化使得 $\|\Phi_i\|_{l_2} = 1$,并且 $\lambda_i \geqslant 0$,则有:

$$k(x,z) = \sum_{i=1}^{\infty} \lambda_i \phi_i(x)\phi_i(z) \qquad (6-52)$$

Mercer 定理的条件等价于对 X 的任意有限子集,相应的矩阵是半正定的命题。这就是对称函数 $k(x,z)$ 是核函数的充分必要条件,这个特征对核的构造非常有用,这种核通常又被称为 Mercer 核。

核方法的核心成分是核矩阵,核矩阵担当数据输入和学习模块之间的界面,只有通过核矩阵,学习算法才能获得关于特征空间或模型选择的信息以及训练数据本身的信息。

3. 核函数的构造

核函数和核矩阵的描述不仅可以用于判断一个给定的候选函数是否是核函数,还可以用来证明一系列核的操作,把简单的核组合为更复杂更有效的核。这些运算包括核函数上的运算和核矩阵上的直接运算。只要能保证运算结果总是一个半正定的对称矩阵,就可以作为核函数把数据嵌入到特征空间。目前,常用的核函数主要有:

(1) 多项式核函数 $k(x,z) = (x \cdot z + 1)^d$

(2) 高斯核函数 $k(x,z) = \exp\left(-\dfrac{\|x-z\|^2}{2\sigma^2}\right)$

(3) Sigmoid 核函数 $k(x,z) = \tanh(b(x,z)-c)$

(4) B-样条核函数 $k(x,z) = B_{2P+1}(x-z)$

新的核函数构造可以通过从核函数中构造核函数、从特征中构造核函数以及核矩阵运算获得。从核函数中构造核函数是通过一些简单的运算,从现有的核中建立新核。

定理   令 k_1 和 k_2 是定义在 $X \times X$ 上的核函数,$X \subseteq R^n$,$a \in R^+$,$f(\cdot)$ 是 X 上的一个实值函数,$\phi:X \to R^m$,k_3 是定义在 $R^m \times R^m$ 上的核函数,B 是一个 $n \times n$ 半正定对称矩阵。那么下列函数都是核函数:

(1) $k(x,z) = k_1(x,z) + k_2(x,z)$;

(2) $k(x,z) = ak_1(x,z)$;

(3) $k(x,z) = k_1(x,z)k_2(x,z)$;

(4) $k(x,z) = f(x)f(z)$;

(5) $k(x,z) = k_3(\phi(x),\phi(z))$;

(6) $k(x,z) = x'Bz$ 。

定理   令 k 是定义在 $X \times X$ 上的核函数,其中 $x,z \in X$,$p(x)$ 是一个具有正系数的多项式。那么下列函数也是核函数:

(1) $k(x,z) = p(k_1(x,z))$;

(2) $k(x,z) = \exp(k_1(x,z))$;

(3) $k(x,z) = \exp(-\|x-z\|^2/(2\sigma^2))$

从特征中构造核函数是从特征开始,通过计算内积得到。这种情况下不需要检查半正定性,以下核的推导就是沿着这个思路。

设存在非线性映射

$$\phi(x) = (x_i x_j)_{(i,j)=(1,1)}^{(n,n)} \qquad (6-53)$$

$$\langle \phi(x) \cdot \phi(z) \rangle = \sum_{(i,j)=(1,1)}^{(n,n)} (x_i x^j)(z_i z_j) = \sum_{i=1}^{n} \sum_{j=1}^{n} x_i x_j z_i z_j$$

$$= \left(\sum_{i=1}^{n} x_i z_i\right)\left(\sum_{j=1}^{n} x_i z_j\right) = \left(\sum_{i=1}^{n} x_i z_j\right)^2$$

$$= (x \cdot z)^2 = k(x,z) \qquad (6-54)$$

也可通过对核矩阵进行运算,变换特征空间,在核矩阵被传递到学习机之前,通过操作核矩阵,改进系统的整体性能,如往核矩阵对角线上加一个常数。运算过程中需保证核矩阵的半正定性和对称性。这些运算包括简单变换、确定数据中心、白化、子空间投影等。可以把核矩阵的运算看作是核函数的拓扑,也就是说利用输入空间的不变性先验知识改进核矩阵,提高学习机的性能。

核方法的研究可以追溯到 1909 年,Mercer 提出 Mercer 定理。1964 年 Aizermann 等首次将核函数作为特征空间的点积应用到机器学习中,但核函数的性能一直没引起人们的重视。一直到 1992 年,统计学习理论创始人 Vapnik 等人将核函数成功地应用到支持向量机(Support Vector Machine,SVM),取得了令人瞩目的性能,推动了核方法和核机器学习研究的热潮。此后,研究人员相继提出了许多不同的核方法以及针对支持向量机的改进算法,使得核理论不断地完善,应用领域不断扩大。1998 年,Schölkopf 等人对提出了核主成分分析(Kernel Principal Component Analysis, KPCA)方法,1999 年,Mika 等人把核方法用在线性 Fisher 判决准则中,形成了核 Fisher 判决准则(Kernel Fisher Discriminant,KFD)。另外还有核独立成分分析(Kernel Independent Component Analysis,KICA)、基于核的聚类方法(Kernel Clustering,KC)等。

本节主要介绍三种很有代表性的基于核函数的机械故障诊断方法:基于核的主成分分析、基于核的 Fisher 判别分析、基于支持向量机的故障诊断方法。

6.5.2 基于核主成分分析的故障诊断方法

1. 主成分分析

主成分分析是一种经典的特征提取方法,是对样本协方差矩阵作特征分析,以期求出能简约地表达这些数据依赖关系的主分量。具体地说,通过线性变换将原始观测 n 维数据转化为个数相同的新特征,即每一个新特征都是原始特征的线性组合,其中前几个少数 $m(m < n)$ 个新特征包含了原始数据主要信息的最重要的特征就是主分量。

设输入矩阵 $X \in R^{n \times m}$,其中每一列对应于一个变量,每一行对应于一个样本矩阵 X 可以分解为

$$x = TP^{\mathrm{T}} = t_1 p_1^{\mathrm{T}} + t_2 p_2^{\mathrm{T}} + \cdots + t_m p_m^{\mathrm{T}} \qquad (6-55)$$

式中,$X \in R^m$ 称为得分向量,$P_1 \in R^{n \times m}$ 称为投影向量;相应地,$T = [t_1, t_2, \cdots, t_m]$ 为得分矩阵,$P = [p_1, p_2, \cdots, p_m]$ 为投影矩阵,每一个得分向量实际上是矩阵 X 在与此得分向量相应的投影向量方向上的投影,这就是我们所说的主成分。

得分向量和投影向量皆互相正交,且投影向量为单位向量,即对于任意 i 和 j,当 $i \neq j$ 时,满足 $t_i^{\mathrm{T}} t_j = 0$,上标 T 表示转置。各个投影向量之间也是互相正交的,同时每个投影向量的长度都为 1。即

208

$$t_i^T t_j = 0, p_i^T P_j = 0, i \neq j$$
$$p_i^T p_j = 1, i = j \tag{6-56}$$

将式(6-55)两侧同乘以 p_i,并将式(6-56)代入得

$$t_i = x p_i \ \text{或} \ T = xp$$
$$x p_i = t_1 p_1^T p_1 + \cdots + t_i p_i^T p_i + \cdots + t_m p_m^T p_m \tag{6-57}$$

如果将得分向量按长度进行排列,即 $|| t_1 || > \cdots > || t_m ||$,那么投影向量 p_1 将代表数据 X 变化最大的方向,p_2 代表数据 X 变化最大的方向并与 p_1 正交,依此类推,p_m 代表数据 X 变化最小的方向。

当矩阵 X 中的变量存在一定程度的线性相关时,数据 X 的变化将主要体现在最前面的几个投影向量上,因此,将数据近似表示为

$$x \approx t_1 p_1^T +, \cdots t_k p_k^T = T_k p_k^T \tag{6-58}$$

式中　t_k——T 矩阵的前 k 列;

　　　p_k——P 矩阵的前 k 行。

对矩阵进行主分量分析实际上等效于对矩阵 X 的协方差矩阵 $X^T X$ 进行特征向量分析,矩阵 X 的投影向量实际上是矩阵 $X^T X$ 的特征向量。实际分析中,通常将每个变量的均值从数据矩阵 X 中去掉,只考虑其变化部分。假设数据为零均值并不失一般性,对于非零矩阵可以通过中心化将其转化为零均值矩阵,零均值数据矩阵 X 的协方差矩阵可以表示为

$$c = \frac{1}{n} \sum_{i=1}^{n} x_i x_i^T \tag{6-59}$$

对 C 作特征向量分析,即对下式求解

$$\lambda_i p_i = c p_i \tag{6-60}$$

如果将 C 的特征值 λ_i 从大到小排列,那么与这些特征值相对应的特征向量 p_i 就是矩阵 X 的投影向量,即可求得矩阵 X 的主分量。

2. 核主成分分析

PCA 是一种基于高斯统计假设的线性特征提取方法,难于处理不同模式类别与特征向量间的随机关联问题,而机械故障往往呈现出非线性行为,为此将核函数方法的思想引入 PCA,得到基于核函数的主成分分析(KPCA)。

KPCA 的基本思想是通过核方法把输入空间的数据映射到特征空间,再在特征空间进行主成分分析,从而有效地提取非线性特征。给定一组训练样本 $X = [x_1, x_2, \cdots, x_p]^T$,引入非线性变换 ϕ 把所有样本映射到高维特征空间 $F = [\phi(x_1), \phi(x_2), \cdots, \phi(x_p)]^T$,在特征空间做主分量分析就是对特征空间的协方差矩阵作特征分解。

首先假设

$$\sum_{i=1}^{p} \phi(x_i) = 0 \tag{6-61}$$

则特征空间的协方差矩阵可表示为

$$\overline{C} = \frac{1}{p} \sum_{i=1}^{p} \phi(x_i) \phi(x_i)^T \tag{6-62}$$

对 $\overline{C}$ 作特征向量分析。设其特征值为 λ,特征向量为 ν,则有特征方程:

$$\overline{C} \nu = \lambda \nu \tag{6-63}$$

将特征空间的每个样本与式(6-63)做内积,可得

$$[\phi(x_k) \cdot Cv] = \lambda[\phi(x_k) \cdot v], \qquad k = 1, \cdots, p \tag{6-64}$$

由于特征向量 v 位于 $[\phi(x_1), \phi(x_2), \cdots, \phi(x_p)]^T$ 所组成的特征空间中,则一定存在一组系数 $\alpha_i(i = 1, 2, \cdots, p)$ 使得

$$v = \sum_{i=1}^{p} \alpha_i \phi(x_i) \tag{6-65}$$

将式(6-62)和式(6-63)代入(6-64)可得

$$\frac{1}{p}\sum_{i=1}^{p}\alpha_i\Big(\phi(x_k) \cdot \sum_{j=1}^{p}\phi(x_j)\Big)(\phi(x_i) \cdot \phi(x_j)) = \lambda\sum_{i=1}^{p}\alpha_i(\phi(x_k) \cdot \phi(x_i)) \tag{6-66}$$

定义一个 $p \times p$ 维核矩阵 K:

$$k_{ij} = (\phi(x_i) \cdot \phi(x_j)) = k(x_i, x_j) \tag{6-67}$$

则式(6-66)可变换为

$$KK\alpha = p\lambda K\alpha \tag{6-68}$$

即

$$K\alpha = p\lambda\alpha \tag{6-69}$$

令 $\lambda_1 \geqslant \lambda_2 \geqslant \cdots \geqslant \lambda_m \geqslant 0$ 为式(6-69)求得的特征值,α^1、α^2、$\cdots$、α^m 为相应的特征向量,通过对式(6-65)中 v 的归一化对 α^1、α^2、$\cdots$、α^m 标准化。令

$$v^k v^k = 1, k = 1, \cdots, m \tag{6-70}$$

将式(6-65)代入式(6-70)可得

$$1 = \sum_{i,j=1}^{m} \alpha_i^k \alpha_j^k(\phi(x_i) \cdot \phi(x_j)) = \sum_{i,j=1}^{m} \alpha_i^k \alpha_j^k k_{i,j} = (\alpha^k \cdot k\alpha^k) = \lambda_k(\alpha^k \cdot \alpha^k) \tag{6-71}$$

只要使 α^1、α^2、$\cdots$、α^m 分别满足式(6-71),就可由式(6-65)得到特征空间的一组正交归一的特征向量集 v^k,即特征空间的主分量方向,则特征空间的第 k 个特征值对应的第 k 主分量——核主分量为

$$[v^k \cdot \phi(x)] = \sum_{i=1}^{m} \alpha_i^k[\phi(x_i) \cdot \phi(x)] = \sum_{i=1}^{N} \alpha_i^k k(x_i, x) \tag{6-72}$$

由以上推导可知,核主分量分析过程中引入了非线性映射 $\phi(x)$,但实际计算只涉及到核函数的运算,而无需关注 $\phi(x)$ 的具体形式,这正是核方法的巧妙之处。

上述过程是假设特征空间映射数据为零均值的情况下推导的(见式(6-61)),实际上这一假设未必成立,因此需要对映射数据作中心化处理,将式(6-67)中的 K 用 $\tilde{K}$ 来代替

$$\tilde{K}_{ij} = (K - A_nK - KA_n + A_nKA_n)_{ij} \tag{6-73}$$

式中,A_n 是一个 $p \times p$ 矩阵,$(A_n)_{ij} = 1/p$。

3. 核主成分分析在转子系统故障诊断中的应用

实验是在 Bently 模拟转子试验台上进行的,每种设定故障下采集多组数据,提取其非线性特征,进行故障识别。转子旋转一周进行 64 点采样,并以相同采样频率连续采 8 个周期,故一组数据共有 512 个采样点,这里以转子系统的正常状态、基座松动和转轴碰磨为例进行实验研究。每种状态采用相互垂直的两个通道(即振动信号的水平方向和垂直方向)来记录,由这两个通道获得的振动信号构成原始特征集"对原始特征集进行预处理,并提取其幅值谱作为输入

空间,分别进行 PCA 和 KPCA 分析,$r = 0.5$。图 6 - 26 表示主成分分析的结果,图中 * 表示正常状态,· 表示基座松动,+ 表示转轴碰磨。

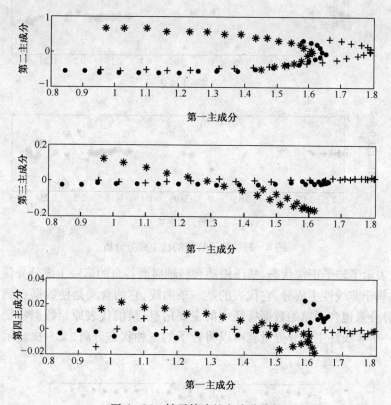

图 6 - 26   转子故障的主成分分析

可以看出,在第一主成分分别与第二主成分、第三主成分和第四主成分投影图中,各图中的正常状态、基座松动和转轴碰磨的特征样本混杂在一起,难以区分,所得主成分投影并不能很好地将这三种不同的状态区分开来,识别效果很差。

图 6 - 27 表示核函数主成分分析的结果。同样,分别作出了第一主成分分别与第二主成分、第三主成分和第四主成分的投影。由图可知,核函数主成分分析法的处理结果有很大的改善,几乎完全将正常状态、基座松动和转轴碰磨区别开来。转轴碰磨的特征样本大都集中在投影图中的最左端,基座松动的特征样本主要集中在图中最右端,很容易区分二者,效果很好。虽然在 0~0.1 之间三种状态的特征样本各有一点混在一起,但这并不影响总体的识别效果。从以上分析中可以看出 KPCA 在非线性故障分离中的强大优势,特别是第一主成分与包含特征样本较少的第四主成分投影也能将三种状态较好的识别出来,显示出了 KPCA 的识别非线性故障的能力。

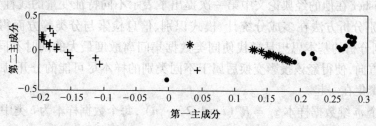

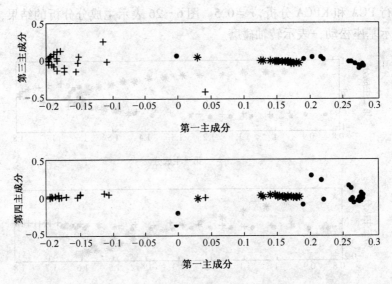

图 6 - 27　转子故障的核主成分分析

图 6 - 28 表示了转子正常状态、基座松动和转轴碰磨各自的第一主成分分量分布情况。这里的主成分是属于非线性主成分,它代表的是一条曲线,它的含义是使数据点到它的距离和最小,第一主成分分量包含了原始数据特征中的主要信息,最能代表原始数据特征。从图中可以看出,只需要一个非线性主成分分量就可以将转子的三种状态分离,又一次显示了 KPCA 较强的分类能力。

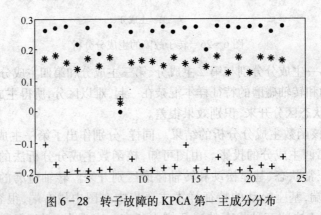

图 6 - 28　转子故障的 KPCA 第一主成分分布

6.5.3　基于核的 Fisher 判别分析故障诊断方法

1. Fisher 判别分析方法

1936 年,Fisher 在他的经典论文中第一次提出了表示不同特征变量的线性判别函数,从此以后,Fisher 判别分析方法在多成分统计、模式识别、信息检索与分类等方面得到了广泛的应用。Fisher 判别分析的基本思想是寻找使同类数据集间离散度最大的同时不同类数据间离散度最小的投影方向,使得经该投影变换后属于不同类别的样本尽可能的分开,属于同一类别的样本尽可能的聚集在一起。

假设有 n 个 m 维数据样本 $x_i \in R^m (i = 1, 2, \cdots, n)$,每个数据样本为 c 类中的一类,记样本矩阵 $X = [x_1, x_2, \cdots, x_n] = [X_1, X_2, \cdots, X_c]$,其中 X_i 表示属于第 i 类的 n_j 个样本集合。数据样

212

本的散布情况可以由三个矩阵来表示:样本的类内散度矩阵 S^w、类间散度矩阵 S^b 和总体散度矩阵 S^m。

$$S^w = \frac{1}{n} \sum_{j=1}^{c} \sum_{x_i \in X_j} (x_i - \mu_j)(x_i - \mu_j)^{\mathrm{T}} \qquad (6-74)$$

$$S^b = \frac{1}{n} \sum_{j=1}^{c} n_j (\mu_j - \mu)(\mu_j - \mu)^{\mathrm{T}} \qquad (6-75)$$

$$S^m = \frac{1}{n} \sum_{i=1}^{n} (x_i - \mu)(x_i - \mu)^{\mathrm{T}} = S^w + S^b \qquad (6-76)$$

式中 μ_j——第 j 类样本均值;

μ——总样本均值。

$$\mu_j = \frac{1}{n_j} \sum_{x_i \in X_j} x_i \qquad \mu = \frac{1}{n} \sum_{i=1}^{n} x_i \qquad (6-77)$$

经变换矩阵 W 之后,样本 X 的新坐标为 $Y = [y_1, y_2, \cdots, y_n] = [Y_1, Y_2, \cdots, Y_c]$,此时的散度矩阵变为

$$\bar{S}^w = \frac{1}{n} \sum_{j=1}^{c} \sum_{y_i \in Y_j} (\bar{x}_i - \bar{\mu}_j)(\bar{x}_i - \bar{\mu}_j)^{\mathrm{T}} \qquad (6-78)$$

$$\bar{S}^b = \frac{1}{n} \sum_{j=1}^{c} n_j (\bar{\mu}_j - \bar{\mu})(\bar{\mu}_j - \bar{\mu})^{\mathrm{T}} \qquad (6-79)$$

此时

$$\bar{\mu}_j = \frac{1}{n_j} \sum_{y_i \in Y_j} \bar{y}_i \qquad (6-80)$$

Fisher 提出的准则是最大化类间离散度和类内离散度的比率,即使样本经投影变换后获得的新样本的类间离散度和类内离散度的比率最大。Fisher 准则可用下式表示:

$$J(W) = \frac{\bar{S}^b}{\bar{S}^w} = \frac{W^{\mathrm{T}} S^b W}{W^{\mathrm{T}} S^w W} \qquad (6-81)$$

FDA 的目的就是求解最佳的投影向量 W 使得 Fisher 准则 $J(W)$ 达到最大,即样本投影到向量 W 上的类间散度 S^b 最大而类内散度 S^w 最小。由式(6-81)可得

$$W^{\mathrm{T}} S^w W \cdot J(W) = W^{\mathrm{T}} S^b W \qquad (6-82)$$

两边对 W 求导,可得:

$$2 S^w W \cdot J(W) + (W^{\mathrm{T}} S^w W) \frac{\mathrm{d}J(W)}{\mathrm{d}W} = 2 S^b W$$

$$\frac{\mathrm{d}J(W)}{\mathrm{d}W} = \frac{2}{W^{\mathrm{T}} S^w W} (S^b W - S^w W \cdot J(W)) \qquad (6-83)$$

令式(6-83)为零,则求解最佳投影向量 W 的问题就等价于求解式(6-84)广义特征方程中对应非零特征值的特征向量的问题。

$$S^b W = \lambda S^w W \qquad (6-84)$$

则 FDA 要寻找的最佳投影变换矩阵 T_{FDA} 则为式(6-84)最大的 d 个特征值对应的特征向量 $\varphi_1, \varphi_2, \cdots, \varphi_d$,即 $T_{\mathrm{FDA}} = [\varphi_1, \varphi_2, \cdots, \varphi_d]$。

2. 核 Fisher 判别分析

式(6-81)中,w 为一非零列向量,Fisher 判别分析就是通过最优化 Fisher 准则函数 $J(w)$

来找到最优判别向量 w，数据在最优判别向量上的投影即为其 Fisher 特征向量。因为高维特征空间 H 的维数很高，我们无法直接求出最优 Fisher 判别向量，所以需要对式(6-81)进行相应的变换，由于内积计算可由原始空间定义的核函数来表示：

$$k(x_i, x_j) = \langle \Phi(x_i), \Phi(x_j) \rangle \tag{6-85}$$

因此，我们需要将原问题转化为只包含映射后数据内积计算的形式。根据再生核理论，任意最优化准则函数的解向量 w 一定位于这样的空间内，该空间由高维特征空间 H 中所有数据 $\Phi(x_i), \cdots, \Phi(x_n)$ 所组成，即：

$$w = \sum_{i=1}^{N} a_i \Phi(x_i) = \Phi \alpha \tag{6-86}$$

式中，$\Phi = (\Phi(x_i), \cdots, \Phi(x_n))$，$\alpha = (a_1, \cdots, a_N)^T \in R^N$ 我们把式中的 α 称为对应于高维特征空间 H 中的最优判别向量，该最优判别向量是与最优特征向量 w 相对应的。

将采样值中 $\phi(x_i)$ 数据投影到 w 上，

$$
\begin{aligned}
w^T \Phi(x_i) &= \alpha^T \Phi^T \Phi(x_i) \\
&= \alpha^T (\Phi(x_i)^T \Phi(x_i), \cdots, \Phi(x_i)^T \Phi(x_i))^T \\
&= \alpha^T (k(x_l, x_i), \cdots, k(x_n, x_i)) = \alpha^T k_{x_i}
\end{aligned} \tag{6-87}
$$

我们把 k_x 称为核采样向量，该核采样向量是于原始空间采样数据 $x \in R$ 相对应的，表示如下：

$$k_x = (k(x_1, x), \cdots, k(x_N, x))^T \tag{6-88}$$

类似的，我们把高维特征空间 H 中的类内采样均值 $m_l(l = 1, \cdots, M)$ 和总体采样均值 m_0^Φ 分别投影到 w 上：

$$
\begin{aligned}
w^T m_l^\Phi &= \alpha^T \Phi^T \frac{1}{N_j} \sum_{j=1}^{N_j} \Phi(x_j^l) \\
w^T m_0^\Phi &= \alpha^T \Phi^T \frac{1}{N_j} \sum_{j=1}^{N_j} \Phi(x_j)
\end{aligned} \tag{6-89}
$$

可得类内核采样均值 $\mu_i = (1, \cdots, M)$ 和总体核采样均值 μ_0。

$$
\begin{aligned}
\mu_i &= \left(\frac{1}{N} \sum_{j=1}^{N_i} k(x_1, x_j^i), \cdots, \frac{1}{N} \sum_{i=1}^{N_i} k(x_N, x_j^i) \right)^T \\
\mu_0 &= \left(\frac{1}{N} \sum_{i=1}^{N} k(x_i, x_j), \cdots, \frac{1}{N} \sum_{i=1}^{N} k(x_N, x_i) \right)^T
\end{aligned} \tag{6-90}
$$

在高维特征空间中的 Fisher 判别准则函数定义为

$$J(w) = \frac{w^T S_b^\Phi w}{w^T s_b^\Phi w} = \frac{\alpha^T k_b \alpha}{\alpha^T k_w \alpha} = J \tag{6-91}$$

其中

$$
\begin{aligned}
k_b &= \sum_{i=1}^{M} \frac{N_i}{N} (\mu_i - \mu_0)(\mu_i - \mu_0)^T \\
k_w &= \frac{1}{N} \sum_{i=1}^{M} \sum_{j=1}^{N_j} (k_{x_j} - \mu_i)(k_{x_j} - \mu_j)
\end{aligned} \tag{6-92}
$$

把式(6-92)中的核分别称为核类内离散度矩阵 K_w 和核类间离散度矩阵 K_b。式(6-91)

的判别准则函数称为核 Fisher 判别准则函数,最优核 Fisher 判别向量 $\boldsymbol{\alpha}_{\text{opt}}$ 是使核 Fisher 判别准则函数最大所对应的判别向量,它可通过求解如下广义特征方程得到。

$$k_b\alpha = \lambda k_w\alpha \tag{6-93}$$

3. 基于核 Fisher 判别分析的轧制过程故障诊断

轧制生产是钢铁及有色金属工业中自动化程度最高的过程,轧制过程自动化已成为轧制过程现代化的重要标志与发展方向。轧机作为轧制生产线上的关键设备,其状态的稳定性直接关系到生产能否顺利进行,可以说是轧制线产量进一步提高与产品质量进一步改善的瓶颈。由于轧制过程是一种连续生产过程,实际运行过程中设备的生产环境恶劣,设备连续运转时间长、电磁干扰强等各个方面的影响,因此,尽管目前各国的轧制自动化程度都已经达到了一个较高的水平,轧钢设备的可靠性也得到了显著提高,但造成破坏轧机安全正常运行的故障仍时有发生,这给企业增加了负担,也带来了巨大的经济损失。而对轧制过程或系统的早期故障监控与诊断可减少停产时间,增加设备运行的安全性,提高生产效率,稳定生产运行状态。下面将以精轧机组的液压 AGC 系统为对象,分析基于 Fisher 判别分析的故障诊断技术。

为便于比较分析,我们先利用线性 Fisher 判别分析对 GM - AGC 失效、位移传感器零点漂移和监控 AGC 失效故障构造分类器,其中训练数据由故障 1(GM - AGC 失效故障)、故障 2(位移传感器零点漂移故障)和故障 3(监控 AGC 失效故障)各 175 组样本组成,测试数据由故障 1、故障 2 和故障 3 各 350 组数据组成,构造一个三分类的分类器。图 6 - 29 为利用 Fisher 判别分类器对以上三种故障进行故障识别的仿真图,三类故障分别用 *、○、☆三类符号表示。结果可以看出,线性 Fisher 判别分析并不能很好地实现三类故障的识别。

下面采用核 Fisher 判别分析来进行 AGC 故障的诊断。此处采用高斯径向基核函数,核参数 c 取为 1000。由仿真结果得,采用核 Fisher 判别分类器对三类故障分类时准确率达到 74.73%,明显优于采用 Fisher 判别分类器时的分类准确率。图 6 - 30 也显示了这一结果,然而刚刚达到 70% 的分类准确率仍然不能使我们感到满意。

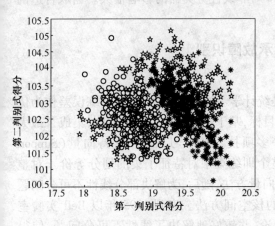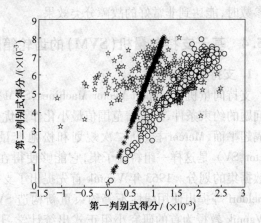

图 6 - 29 基于 Fisher 判别分析的故障分类结果　图 6 - 30 基于核 Fisher 判别分析的故障分类结果($c=1000$)

由以上分析可知,直接利用原始数据对三种故障进行分类的效果并不是很理想,因此,本节引入变量提取方法,运用核主元分析方法进行特征提取。首先用 KPCA 对三类故障产生的训练集数据阵建模,得出投影向量 $\boldsymbol{p}$ 及得分向量 $\boldsymbol{r}$,然后用相应故障得出的 $\boldsymbol{r}$ 训练核 Hsher 判别分类器,生成每类最优判别向量。在测试时,首先将某故障的测试数据在 P 上投影得出得分矩阵 $\boldsymbol{T}'$,然后再输入核 Hsher 判别分类器进行分类。

采用 KPCA 提取特征的核 Fisher 判别分类器称为 KPCA－KFDA 分类器。KPCA－KFDA 分类器对测试数据的分类效果如图 6－31。该分类器中核函数取高斯径向基核函数，不同的是无论是训练数据还是测试数据都是经过核主元提取之后的数据。图 6－31 和图 6－32 分别为核 Hsher 判别分类器中高斯径向基函数核参数 c 取 1000 和 10000 的分类效果图，KPCA 的核参数选为高斯径向基函数，根据历史经验，KPCA 核参数 c 取为 10000。

由仿真结果可知，当高斯径向基函数核参数 c 为 1000 和 10000 时 KPCA－KFDA 分类器的分类准确率分别为 84.91% 和 92.37%。对比直接对原始数据进行故障识别的分类器，KPCA－KFDA 分类器的分类准确率明显提高，基本上能够满足我们对以上三类故障进行分类识别的要求。

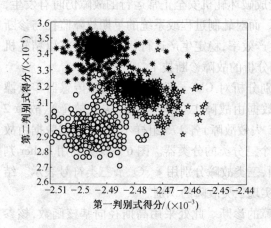

图 6－31　基于 KPCA 特征提取和核 Fisher 判别分析的故障分类结果(c=1000)

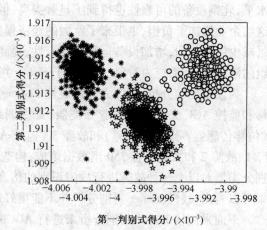

图 6－32　基于 KPCA 特征提取和核 Fisher 判别分析的故障分类结果(c=10000)

由仿真结果我们应该能够得出，不同的核参数 c 对非线性分类器的影响很大。当取合适的核参数时，能达到非常好的故障分类效果。

6.5.4　基于支持向量机(SVM)的齿轮箱轴承故障识别

1. 支持向量机概述

支持向量机（Support Vector Machines,SVM）是统计学习发展的产物，是以训练误差作为优化问题的约束条件，以置信范围值最小化作为优化目标，基于结构风险最小化准则，集成了最大间隔超平面、Mercer 核、凸二次规划和松弛变量等多项技术的学习方法。支持向量（Support Vector,SV）是这样一组特征子集，它能够使得在整个训练集中对特征子集的划分等价于对整个数据集的划分。1963 年 Vapnik 首先提出了支持向量方法，随后，为解决部分线性不可分问题 Kimeldorf 等提出使用线性不等约束重新构造 SV 的核空间方法。直到 1995 年以 Bell 实验室 V. Vapnik 教授为首的研究小组正式出统计学习理论，并较好地解决了线性不可分问题，使得 SVM 成为一套完整的规范的基于统计的机器学习理论和方法。

支持向量机是建立在统计学习理论的 VC 维理论和结构风险最小原理基础上的，根据有限的样本信息在模型的复杂性和学习能力之间寻求最佳折衷，以期获得最好的推广能力。所谓 VC 维是对函数类的一种度量，可以简单的理解为问题的复杂程度，VC 维越高，一个问题就越复杂。而 SVM 正是用来解决这个问题的，它基本不关乎维数的多少，和样本的维数无关（有这样的能力也因为引入了核函数）。

支持向量机在形式上类似于多层前向网络,而且也可以被用于模式识别和非线性回归。但是,支持向量机方法能够客服多层前向网络的固有缺陷,有以下几个优点:

(1) 它是专门针对有限样本情况的,其目标是得到现有信息下的最优解而不仅仅是样本数趋于无穷大时的最优值。

(2) 算法最终将转化成为一个二次型寻优问题,从理论上说,得到的将是全局最优点。

(3) 算法将实际问题通过非线性变换转换到高维的特征空间,在高维空间中构造线性判别函数来实现原空间中的非线性判别函数,这一特殊的性质能保证机器有较好的泛化能力,同时它巧妙地解决了维数问题,使得其算法复杂度与样本维数无关。

对于分类问题,神经网络仅仅能够解决问题并不能保证得到的分类器是最优的;而基于统计学习理论的支持向量机方法能够从理论上实现对不同类别间的最优分类,拥有最好的泛化性能。支持向量机在解决小样本、非线性及高维模式识别等问题中表现出许多特定的优势,由于它不涉及概率测度及大数定律等,而且从本质从归纳到演绎的传统过程,实现了高效的从训练样本到测试样本的转导推理,因此成为模式识别、回归估计、信号检测和密度估计等领域最为活跃的研究热点。

2. 支持向量机算法

支持向量机是从线性可分情况下的最优分类面发展而来的,所谓最优分类面就是要求分类面不但能将两类正确分开,而且使分类间隔最大。设线性可分样本集为 $(X_i, y_i)(i = 1, 2, \cdots, n)$,$X \in R^d, y \in \{-1, -1\}$ 是类别标号,d 维空间线性判别函数的一般形式为 $g(x) = W \cdot X + b$,分类面方程为

$$W \cdot X + b = 0 \tag{6-94}$$

归一化判别函数 $g(x)$,使所有样本都满足 $|g(X)| \geq 1$,这样分类间隔等于 $2/\|W\|$,求分类间隔最大就等价于求 $\|W\|$ 最小。满足 $|g(X)| = 1$ 的样本点称为支持向量,它距离分类面最小,决定了最优分类面。那么对最优分类面的求解问题可转化为下式的优化问题:

$$\begin{cases} \min \phi(W) = \dfrac{1}{2}\|W\|^2 = \dfrac{1}{2}(W \cdot W) \\ \text{s.t} \quad y_i[(W \cdot X_i) + b] - 1 \geq 0 \quad (i = 1, 2, \cdots, n) \end{cases} \tag{6-95}$$

使用 Lagrange 算子方法解决这个约束最优问题,设 $\alpha_i(i = 1, 2, \cdots, n)$ 为 Lagrange 算子,可得对偶优化方程:

$$\begin{cases} \min Q(\alpha) = \dfrac{1}{2}\displaystyle\sum_{i,j=1}^{n} \alpha_i \alpha_j y_i y_j (X_i \cdot X_j) - \displaystyle\sum_{i=1}^{n} \alpha_i \\ \text{s.t} \quad \alpha_i \geq 0 \quad (i = 1, 2, \cdots, n) \\ \displaystyle\sum_{i=1}^{n} y_i \alpha_i = 0 \end{cases} \tag{6-96}$$

由此可以得到最优分类函数为

$$f(x) = \text{sgn}\left\{ \sum_{i=1}^{n} \alpha_i^* y_i (X_i \cdot X) + b* \right\} \tag{6-97}$$

在线性不可分的情况下,一种解决方法是引入一个松弛项 $\xi_i \geq 0$,此时式(6-95)优化问题

就变为

$$\begin{cases} \min\phi(W) = \dfrac{1}{2}(W \cdot W) + C\sum_{i=1}^{n}\xi_i \\ \text{s.t} \quad y_i[(W \cdot X_i) + b] - 1 + \xi_i \geqslant 0 \quad (i = 1,2,\cdots,n) \end{cases} \tag{6-98}$$

式中，C 是惩罚因子，即综合考虑最少错分样本和最大分类间隔，这样就得到广义最优分类面。

另一种解决方法是引入核映射方法，把输入空间的低维样本通过非线性变换映射到高维特征空间，然后在特征空间中求取把样本线性分开的最优分类面。常用满足 Mercer 条件的核函数在第 4 章里已经介绍过。引入核函数 $K(x,x')$ 后，式(6-96)中各向量的内积都可以避免用核函数代替，变为

$$\begin{cases} \min Q(\alpha) = \dfrac{1}{2}\sum_{i,j=1}^{n}\alpha_i\alpha_j y_i y_j K(X_i,X_j) - \sum_{i=1}^{n}\alpha_i \\ \text{s.t} \quad \alpha_i \geqslant 0 \quad (i = 1,2,\cdots,n) \\ \sum_{i=1}^{n}y_i\alpha_i = 0 \end{cases} \tag{6-99}$$

引入松弛变量后，式(6-99)的约束条件为 $\alpha_i \in [0,C]$，最优分类函数变为

$$f(x) = \text{sgn}\left\{\sum_{i=1}^{n}\alpha_i^* y_i K(X_i,X) + b*\right\} \tag{6-100}$$

任选一支持向量 X_j，式(6-100)中的 b^* 可由下式给出：

$$y_i\left[\sum_{i=1}^{n}\alpha_i^* y_i K(X_i,X) + b^*\right] = 1 \tag{6-101}$$

式(6-100)就是 SVM 模型，在模式识别领域应用 SVM 的步骤为：首先选择适当的核函数，求解优化方程，获得支持向量及相应的 Lagrange 算子，最后写出最优分类面方程。

上述方法针对的是两类分类问题，但在故障诊断中，需要的是对多类故障的识别问题。多类模式识别问题可以描述为对 k 类 n 个独立同分布样本 $(x_1,y_1),(x_2,y_2),\cdots,(x_n,y_n)$，其中 x 为 d 维向量，$y_i \in \{1,2,\cdots,k\}$ 代表类别，构造分类函数 $f(x,\alpha)$，则损失函数可取为

$$L(y,f(x,\alpha)) = \begin{cases} 0 & (y = f(x,\alpha)) \\ 1 & (y \neq f(x,\alpha)) \end{cases} \tag{6-102}$$

SVM 多分类器最基本的构造方法是通过组合多个二值分类器来实现的，实现的方式大多采用一对一和一对多两种。在一对一方式中，每次只考虑两类样本，即对每两类样本设计一个 SVM 模型，因此总共需要设计 $k(k-1)/2$ 个 SVM 模型。设分类函数 $f_{ij}(x)$ 用于判别 i,j 两类样本，若 $f_{ij}(x) > 0$，则判 x 属于第 i 类，记 i 类得一票，最后在决策时，比较哪一类得到的票多，则将检测样本归为哪类。在一对多模式中，需要构造 k 个 SVM 模型，对于第 i 个 SVM 模型，将第 i 类模式的样本作为一类（正类），其余 $k-1$ 类样本作为另外一类（负类），决策时，将待检测样本 x 依此输入到 SVM 模型中，比较哪一个 SVM 模型输出值最大，则将待检测样本归为哪类。

3. 基于支持向量机(SVM)的齿轮箱滑动轴承故障识别

1）滑动轴承常见失效形式如下：

(1)磨粒磨损。进入轴承间隙的硬颗粒(如灰尘、砂粒等)，在起动、停车或轴颈与轴承发生

边缘接触时,都将加剧轴承磨损,导致几何形状改变、精度丧失,轴承间隙加大,使轴承性能在预期寿命前急剧恶化。

(2)刮伤。进入轴承间隙中的硬颗粒或轴颈表面粗糙的轮廓峰顶,在轴承上划出线状伤痕,导致轴承因刮伤失效。

(3)咬合(胶合)。当轴承温升过高,载荷过大,油膜破裂时,或在润滑油供应不足条件下,轴颈和轴承的相对运动表面材料发生粘附和迁移,从而造成轴承损坏。

(4)疲劳剥蚀。在载荷反复作用下,轴承表面出现与滑动方向垂直的疲劳裂纹,当裂纹向轴承衬与衬背结合面扩展后,造成轴承衬材料的剥落。

(5)腐蚀。润滑剂在使用中不断氧化,所生成的酸性物质对轴承材料有腐蚀性,特别是对铸造铜铅合金中的铅,易受腐蚀而形成电状的脱落。

2)测试诊断方案及原理

诊断数据来自故障诊断实验室齿轮箱实验,齿轮箱示意图如图6-33所示。

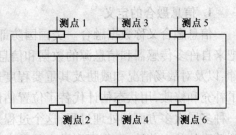

图6-33 齿轮箱测点分布示意图

实验测试时用振动加速度传感器分别测1~6个测点处的6个轴端轴承处的振动值,且每个测点测垂直、水平和径向三组数据。现已知本齿轮箱测点5处存在一定故障(磨损或腐蚀),为了达到对轴承故障进行诊断识别的目的,运用SVM分类方法对测得信号进行诊断分析。为了突出SVM在解决小样本、非线性及高维模式识别中表现出许多特有的优势,在此假设由于测点5处的轴承引起的故障信号经过轴的传递到达6测点时已经完全衰减,所以选取测点6处的数据作为正常数据,进行模型的训练。选取的5、6两测点在转速600r/min和300r/min,且加载0.88A也就是100kg的条件下测得的垂直轴向的振动加速度数据。

支持向量机(SVM)的轴承诊断原理流程大致如6-34图所示。

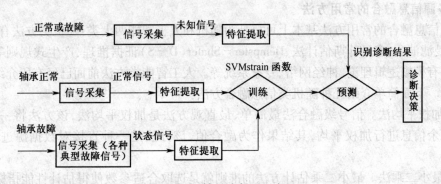

图6-34 轴承诊断原理流程

对测试数据进行特征提取,主要提取其时域特征有均值、有效值、方差和峭度指标。

3)SVM进行数据训练和测试

分别提取测点5和6位置,在承载力为100kg、转速为600r/min时的200组数据和承载力为100kg、转速为300r/min时的200组数据进行训练和测试,取其中的用250组数据进行训练,100组数据进行测试,第一组测试准确率100%,第二组测试准确率83%,效果还不错,证明这种方法对齿轮箱滑动轴承的故障具有较好的诊断识别能力。

6.6 基于信息融合的故障诊断

6.6.1 多源信息融合的基础理论与方法

随着电子技术、信号检测与处理技术、计算机技术、网络通信技术以及控制技术的飞速发展,各种面向复杂应用背景的多传感器系统大量涌现,在这些多传感器系统中,信息表示的多样性,信息数量的巨大性,信息关系的复杂性,以及要求信息处理的及时性、准确性和可靠性都是前所未有的。这就使得利用计算机技术对获得的多传感器信息在一定准则下加以自动分析、优化综合以完成所需的估计与决策——多传感器信息融合技术得以迅速发展。

1. 信息融合的定义

信息融合又称数据融合。美国国防部从军事应用的角度将信息融合定义为这样一个过程:把来自许多传感器和信息源的数据和信息加以联合、相关和组合,以获得精确的位置和身份估计,以及对战场情况和威胁及其重要程度进行适当的完整评价。Waits 和 Linas 对上述定义进行了补充和修改,用状态估计代替了位置估计,并加上了检测功能,给出了如下定义:信息融合是一种多层次多方面的处理过程,这个过程是对多源数据进行检测、互联、相关、估计和组合以达到精确的状态估计、身份识别及完整的态势评估和威胁评估。

2. 信息融合的概念

主要包括下面三层含义:

(1)信息的多源、多维性:融合系统要处理的是确定和不确定(模糊)的、同步和非同步的、同类型和不同类型的、数字和非数字的信息,是多源多维信息。

(2)信息的综合:融合可看做是系统动态过程中所进行的一种信息综合加工处理。

(3)信息的互补过程:融合的目的之一是要解决系统功能上的互补问题;反过来,互补信息的融合可以使系统发生质的飞跃。

3. 多源信息融合的常用方法

多源信息融合的常用方法基本上可概括为随机和人工智能两大类:随机类方法有加权平均法、卡尔曼滤波法、多贝叶斯估计法、Dempster - Shafer(D - S)证据推理、产生式规则等;而人工智能类则有模糊逻辑理论、神经网络、专家系统等。人工智能类方法前面已经有所介绍,本节将不再重述。下面简单介绍几种随机类信息融合方法:

(1)加权平均法。信号级融合法最简单、最直观方法是加权平均法,该方法将一组传感器提供的冗余信息进行加权平均,其结果作为融合值,该方法是一种直接对数据源进行操作的方法。

(2)最小二乘法。最小二乘估计方法的准则就是选取合适参数使得估计性能指标(估计误差的平方和)达到最小,当各次数据测量精度不等时,应采用加权处理,对精度较高的测量结果赋以较大的权(使其对改进结果有更大的影响),即应选合适参数使得估计误差的加权平方和达到最小。

(3)卡尔曼滤波法。卡尔曼滤波主要用于融合低层次实时动态多传感器冗余数据。该方法用测量模型的统计特性递推,决定统计意义下的最优融合和数据估计。如果系统具有线性动力学模型,且系统与传感器的误差符合高斯白噪声模型,则卡尔曼滤波将为融合数据提供唯一统计意义下的最优估计。卡尔曼滤波的递推特性使系统处理不需要大量的数据存储和计算。

但是,采用单一的卡尔曼滤波器对多传感器组合系统进行数据统计时,存在很多严重的问题,例如:在组合信息大量冗余的情况下,计算量将以滤波器维数的三次方剧增,其实时性不能满足;传感器子系统的增加使故障随之增加,在某一系统出现故障而没有来得及被检测出时,故障会污染整个系统,使可靠性降低。

(4)多贝叶斯估计法。贝叶斯估计为数据融合提供了一种手段,是融合静环境中多传感器高层信息的常用方法。它使传感器信息依据概率原则进行组合,测量不确定性以条件概率表示,当传感器组的观测坐标一致时,可以直接对传感器的数据进行融合,但大多数情况下,传感器测量数据要以间接方式采用贝叶斯估计进行数据融合。

多贝叶斯估计将每一个传感器作为一个贝叶斯估计,将各个单独物体的关联概率分布合成一个联合的后验的概率分布函数,通过使用联合分布函数的似然函数为最小,提供多传感器信息的最终融合值,融合信息与环境的一个先验模型提供整个环境的一个特征描述。

(5)D-S证据推理方法。D-S证据推理是贝叶斯推理的扩充,其3个基本要点是:基本概率赋值函数、信任函数和似然函数。D-S方法的推理结构是自上而下的,分三级。第1级为目标合成,其作用是把来自独立传感器的观测结果合成为一个总的输出结果(ID)。第2级为推断,其作用是获得传感器的观测结果并进行推断,将传感器观测结果扩展成目标报告。这种推理的基础是:一定的传感器报告以某种可信度在逻辑上会产生可信的某些目标报告。第3级为更新,各种传感器一般都存在随机误差,所以,在时间上充分独立地来自同一传感器的一组连续报告比任何单一报告可靠。因此,在推理和多传感器合成之前,要先组合(更新)传感器的观测数据。

(6)示概率理论。这是一种比较经典,且计算简单,易实现的方法,其中,贝叶斯估计和多贝叶斯估计多传感器融合中应用最广泛的概率方法,贝叶斯估计是融合静态环境中的不确定信息,适用于具有可加高斯噪声的不确定性。而多贝叶斯估计是把每个传感器作为一个贝叶斯估计,然后,将各单独物体的关联概率分布结合成一个联合的后验概率分布函数,通过使得联合分布函数的似然函数最小,提供多传感器信息的最终融合值。其缺点是精度不高。

4. 多源信息融合的过程分类

多源信息融合包括决策级融合、特征级融合和数据级融合。

图6-35给出了决策层属性融合结构。在这种方法中,每个传感器为了获得一个独立的属性判决要完成一个变换,然后顺序融合来自每个传感器的属性判决;也就是每个传感器都要完成变换以便获得独立的身份估计,然后再对来自每个传感器的属性分类进行融合。用于融合身份估计的技术包括表决法、Bayes 推理、Dempster - Shafer 方法、推广的证据处理理论、模糊集法以及其他各种特定方法。

图6-36表示了特征层属性融合的结构。在这种方法中,每个传感器观测一个目标,并且为了产生来自每个传感器的特征向量要完成特征提取,然后融合这些特征向量,并基于联合特征向量做出属性判决。在这种方法中,必须使用关联处理把特征向量分成有意义的群组。由于特征向量很可能是具有巨大差别的量,因而位置级的融合信息在这一关联过程中通常是有用的。

图6-37给出了属性融合的最后一种结构。在这种数据层融合方法中,直接融合来自同类传感器的数据,然后是特征提取和来自数据融合的属性判决。为了完成这种数据层融合,传感器必须是相同的或者是同类的。为了保证被融合的数据对应于相同的目标或客体,关联要基于原始数据完成。与位置融合结构类似,通过融合靠近信源的信息可获得较高的精度,即数据层融合可能比特征层融合精度高,而决策层融合可能最差。但数据层融合仅对产生同类观测的传

感器是适用的。

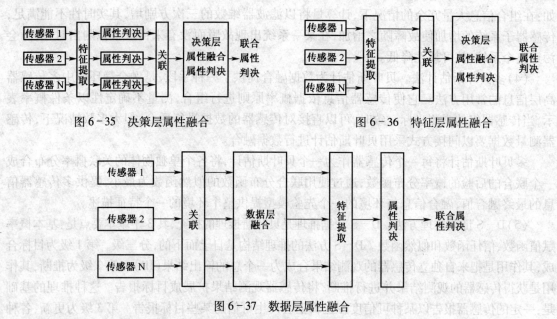

图 6-35　决策层属性融合　　　　　图 6-36　特征层属性融合

图 6-37　数据层属性融合

6.6.2　基于加权证据理论的异步电机多源信息融合故障诊断

决策融合是最高级别的融合,具有通信量小,抗干扰能力强,对传感器依赖少等优点,与特征融合相比,计算量相对较少,融合处理代价较低,但信息量损失较大。本章讨论以 D-S 证据理论为基础实现异类信息决策融合的异步电机故障诊断方法。

D-S 证据理论由 Dempster 先提出,后经他的学生 Shafer 进一步发展完善,形成了一整套数学理论,它作为一种不确定性推理方法,具有直接表达"不确定"与"不知道"的能力,是一种合成不确定性信息的强有力工具,在故障诊断和目标识别等领域得到了广泛应用。

异步电机故障诊断受到诸多不确定性因素的影响,存在大量的不确定性信息,而且故障特征之间具有较强的非线性关系,D-S 证据理论能有效地处理不确定性信息,但处理故障空间的非线性关系远不如 SVM 直观方便,于是将 SVM 与 D-S 证据理论结合应用于异步电机故障诊断。应用 D-S 证据理论需要解决两个基本问题:构造证据的基本概率赋值函数和合理处理高度冲突证据的融合,因此,本章在阐述 D-S 证据理论基本原理的基础上,给出基于多分类 SVM 的基本概率赋值方法,以及基于加权证据模型和矩阵分析的加权组合算法,构建加权证据理论与 SVM 相结合的多源异类信息决策融合故障诊断模型,并以第二章采集的三个互相垂直方向的振动信号和三相电流信号为异类信源,验证该方法的可行性和有效性。

1. D-S 加权证据理论基本原理

1) 基本概念

定义 1:设 Θ 为某对象的彼此独立且互不相容命题构成的一个有限非空集合,则称 Θ 为识别框架。Θ 的所有子集的集合称为它的幂集,用 2^{Θ} 表示。

定义 2:设 Θ 为识别框架,若函数 $m:2^{\Theta} \to [0,1]$ 满足下列条件:

$$m(\phi) = 0, \sum_{A \subseteq \Theta} m(A) = 1 \qquad (6-103)$$

式中 ϕ 表示空集,m 为识别框架 Θ 上的基本概率赋值(Basic Probability Assignment,BPA)函数。

222

如果 $\forall A \subseteq \Theta$，$m(A)$ 表示对命题 A 的精确信任程度。

值得指出的是：基本概率赋值不是概率，因为它不满足可列可加性，对 $A,B,C \subseteq \Theta$，$A = B \cup C,B \cap C = \phi$，但 $m(A) = m(B) + m(C)$ 不必成立。

定义 3：设 Θ 为识别框架，m 是 Θ 上的基本概率赋值函数，$A \subseteq \Theta$，若 $m(A) > 0$，则称 A 为焦元（Focal Element）。

定义 4：设 Θ 为识别框架，m 是 Θ 上的基本概率赋值函数，则称

$$\mathrm{Bel}(A) = \sum_{B \subseteq A} m(B) \qquad (A \subseteq \Theta) \tag{6-104}$$

为 Θ 上的信度函数（Belief Function）。信度函数又称为下限函数，表示对命题的总信任程度。

定义 5：设 Θ 为识别框架，m 是 Θ 上的基本概率赋值函数，则称

$$\mathrm{Pl}(A) = \sum_{B \cap A \neq \phi} m(B) \qquad (A \subseteq \Theta) \tag{6-105}$$

为似真函数（Plausibility Function）。似真函数又称为上限函数，表示不否定命题的程度。

由定义 4 和定义 5 易知，信度函数和似真函数由基本概率赋值函数所确定，实际上它们是彼此唯一确定的，是同一证据的三种不同表示。

定义 6：设 Θ 为识别框架，$A \subseteq \Theta$，则称 $[\mathrm{Bel}(A),\mathrm{Pl}(A)]$ 为 A 的信度区间。

信度区间刻画了命题的不确定性，如图 6-38 所示。

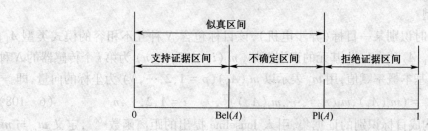

图 6-38 信度区间和 A 的不确定性描述

2）组合规则

设 Θ 为识别框架，m_1、m_2 是 Θ 上的两个基本概率赋值函数，焦元分别为 B_i、C_j（$i = 1,2,\cdots,r$；$j = 1,2,\cdots,s$），并设

$$K = \sum_{B_i \cap C_j = \phi} m_1(B_i) m_2(C_j) \tag{6-106}$$

则 m_1 与 m_2 组合的基本概率赋值函数 $m:2^{\Theta} \to [0,1]$ 为

$$m(A) = \begin{cases} 0 & (A = \phi) \\ \dfrac{\displaystyle\sum_{B_i \cap C_j = A} m_1(B_i) m_2(C_j)}{1 - K} & (A \neq \phi) \end{cases} \tag{6-107}$$

式中 $\dfrac{1}{1-K}$ 称为归一化因子。K 反映了证据间的冲突程度，若 $K \neq 1$，式（6-107）确定一个基本概率赋值函数，称为 Dempster 组合规则，它满足结合律和交换律，适用于多个证据的组合。若 $K = 1$，则认为 m_1 与 m_2 矛盾，不能进行组合，即 Dempster 组合规则失效。

3）决策规则

对组合证据进行目标判断，常用的方法有：基于信度函数的决策、基于基本概率赋值函数的决策以及基于最小风险的决策等，以下采用基于基本概率赋值函数的决策方法。

设 Θ 为识别框架，m 为 Θ 上组合的基本概率赋值函数，若存在 $A_1,A_2 \subseteq \Theta$，$m(A_1) = \max\{m(A_i),A_i \subseteq \Theta\}$，$m(A_2) = \max\{m(A_i),A_i \subseteq \Theta,A_i \neq A_1\}$，满足：

（1）$m(A_1) - m(A_2) > \varepsilon_1$，即目标类别的可信度大于其他类别的可信度，而且保持足够大的差距；

（2）$m(\Theta) < \varepsilon_2$，即证据具有较小的不确定性赋值；

（3）$m(A_1) > m(\Theta)$，即目标类别的可信度大于证据的不确定性赋值；则 A_1 为判决结果，其中正数 ε_1、ε_2 为预先取定的阈值。

2. 基于加权证据模型和矩阵分析的加权组合算法

Dempster 组合规则在处理高度冲突的证据时，易产生有悖常理的结果，使其应用受到不同程度的限制，国内外学者对如何解决高度冲突证据的组合问题进行了广泛研究，从各自不同的角度出发，提出了不少改进方法，这些方法可大致分为两类，一类是修改 Dempster 组合规则的方法，主要解决如何将冲突重新分配的问题。另一类是修改证据模型而不改变 Dempster 组合规则的方法，Haenn 认为 Dempster 组合规则本身没有错，Dempster 组合规则的一些改进方法不满足结合律，难以适应工程应用的需要，因此，在证据高度冲突时，应先修改冲突证据模型，然后利用 Dempster 规则进行组合。本例采用加权证据模型和矩阵分析相结合的组合算法（简称为加权组合算法），对异步电机的异类信息进行决策融合。

1）加权证据模型

设 n 个传感器同时识别某一目标（异步电机），该目标包含 N 种互不相容的模式类型 A_1，$A_2,\cdots,A_N$，Θ 是以 $A_1,A_2,\cdots,A_N$ 为基元的识别框架，$m_i(i = 1,2,\cdots,n)$ 为第 i 个传感器的 N 种可能识别结果形成的基本概率赋值，用 $\boldsymbol{m}_i$ 表示以 $m_i(A_p)(p = 1,2,\cdots,N)$ 为坐标的向量，即

$$\boldsymbol{m}_i = (m_i(A_1),m_i(A_2),\cdots,m_i(A_N))^{\mathrm{T}}, \qquad i = 1,2,\cdots,n \qquad (6-108)$$

$m_1,m_2,\cdots,m_n$ 构成目标识别的证据集，引入 Jouselme 提出的距离函数[66]，定义 $\boldsymbol{m}_i$ 与 $\boldsymbol{m}_j$ 之间的距离为

$$d_{ij} = d(\boldsymbol{m}_i,\boldsymbol{m}_j) = \sqrt{\frac{1}{2}(\boldsymbol{m}_i - \boldsymbol{m}_j)^{\mathrm{T}}\boldsymbol{D}(\boldsymbol{m}_i - \boldsymbol{m}_j)} \qquad (6-109)$$

式中 $\boldsymbol{D}$ 为一个 $N \times N$ 矩阵，$\boldsymbol{D}$ 的元素为

$$D(A_p,A_q) = \frac{|A_p \cap A_q|}{|A_p \cup A_q|}, \qquad p,q = 1,2,\cdots,N \qquad (6-110)$$

式中 $|A_p \cap A_q|$ 与 $|A_p \cup A_q|$ 分别表示 $A_p \cap A_q$、$A_p \cup A_q$ 包含基元的个数。易知证据距离满足：

（1）$0 \leqslant d(\boldsymbol{m}_i,\boldsymbol{m}_j) \leqslant 1$，当且仅当 $\boldsymbol{m}_i = \boldsymbol{m}_j$ 时，$d(\boldsymbol{m}_i,\boldsymbol{m}_j) = 0$。

（2）$d(\boldsymbol{m}_i,\boldsymbol{m}_j) = d(\boldsymbol{m}_j,\boldsymbol{m}_i)$。

由于 $A_1,A_2,\cdots,A_N$ 互不相容，所以 $|A_p \cap A_q| = \begin{cases} 1, & p = q \\ 0, & p \neq q \end{cases}$，$|A_p \cup A_q| = \begin{cases} 1, & p = q \\ 2, & p \neq q \end{cases}$，

$D(A_p,A_q) = \begin{cases} 1, & p = q \\ 0, & p \neq q \end{cases}$，从而 $\boldsymbol{D}$ 为单位矩阵，故有

$$d_{ij} = \sqrt{\frac{1}{2}[\parallel \boldsymbol{m}_i \parallel^2 + \parallel \boldsymbol{m}_j \parallel^2 - 2(\boldsymbol{m}_i,\boldsymbol{m}_j)]} \qquad (6-111)$$

式中 $\parallel \boldsymbol{m} \parallel^2 = (\boldsymbol{m},\boldsymbol{m})$，$(\boldsymbol{m}_i,\boldsymbol{m}_j)$ 为向量 $\boldsymbol{m}_i$ 与 $\boldsymbol{m}_j$ 的内积：

$$(\boldsymbol{m}_i, \boldsymbol{m}_j) = \sum_{p=1}^{N} \sum_{q=1}^{N} m_i(A_p) m_j(A_q) \frac{|A_p \cap A_q|}{|A_p \cup A_q|} = \sum_{p=1}^{N} m_i(A_p) m_j(A_P) \tag{6-112}$$

利用式(6-111)与式(6-112)计算每两个证据之间的距离,得一 $n \times n$ 距离矩阵

$$\boldsymbol{D}_M = \begin{bmatrix} 0 & d_{12} & \cdots & d_{1n} \\ d_{21} & 0 & \cdots & d_{2n} \\ \vdots & \vdots & \vdots & \vdots \\ d_{n1} & d_{n2} & \cdots & 0 \end{bmatrix} \tag{6-113}$$

定义证据 $\boldsymbol{m}_i$ 与 $\boldsymbol{m}_j$ 之间的相似性测度为

$$s_{ij} = 1 - d_{ij}, \qquad i,j = 1,2,\cdots,n \tag{6-114}$$

式(6-114)可用一个 $n \times n$ 矩阵表示:

$$\boldsymbol{S}_M = \begin{bmatrix} 1 & s_{12} & \cdots & s_{1n} \\ s_{21} & 1 & \cdots & s_{2n} \\ \vdots & \vdots & \vdots & \vdots \\ s_{n1} & s_{n2} & \cdots & 1 \end{bmatrix} \tag{6-115}$$

由式(6-114)可知, $\boldsymbol{m}_i$ 与 $\boldsymbol{m}_j$ 之间的距离 d_{ij} 越小,它们的相似性测度就越大,也就是说相互支持的程度越大。定义证据 $\boldsymbol{m}_i$ 的支持度为

$$\sup(\boldsymbol{m}_i) = \sum_{j=1, j \neq i}^{n} s_{ij}, \qquad i = 1,2,\cdots,n \tag{6-116}$$

将 $\sup(\boldsymbol{m}_i)$ 归一化后,得到

$$\mathrm{crd}(\boldsymbol{m}_i) = \frac{\sup(\boldsymbol{m}_i)}{\displaystyle\sum_{j=1}^{n} \sup(\boldsymbol{m}_j)}, \qquad i = 1,2,\cdots,n \tag{6-117}$$

$\mathrm{crd}(\boldsymbol{m}_i)$ 称为证据 $\boldsymbol{m}_i$ 的可信度。容易看到,可信度满足 $\displaystyle\sum_{i=1}^{n} \mathrm{crd}(\boldsymbol{m}_i) = 1$。将可信度 $\mathrm{crd}(\boldsymbol{m}_i)$ 作为证据 $\boldsymbol{m}_i$ 的权值,它反映了其他证据对 $\boldsymbol{m}_i$ 的支持程度,权值越大,支持程度越高,它对组合结果的贡献也就越大。现令 $\alpha_i = \mathrm{crd}(\boldsymbol{m}_i)$ $(i = 1,2,\cdots,n)$,对证据 $\boldsymbol{m}_1, \boldsymbol{m}_2, \cdots, \boldsymbol{m}_n$ 进行加权平均,得到 n 个新的证据:

$$\boldsymbol{m}_i^* = \sum_{j=1}^{n} \alpha_j \boldsymbol{m}_j, \qquad i = 1,2,\cdots,n \tag{6-118}$$

2) 基于矩阵分析的组合算法

令 $r_p = \displaystyle\sum_{j=1}^{n} \alpha_j m_j(A_p)$ $(p = 1,2,\cdots,N)$,则有

$$\boldsymbol{m}_i^* = (r_1, r_2, \cdots, r_N)^{\mathrm{T}}, \qquad i = 1,2,\cdots,n \tag{6-119}$$

式(6-119)可用一个 $N \times n$ 矩阵表示为

$$\boldsymbol{M} = [\boldsymbol{m}_1^* \ \boldsymbol{m}_2^* \cdots \boldsymbol{m}_n^*] = \begin{bmatrix} r_1 & r_1 & \cdots & r_1 \\ r_2 & r_2 & \cdots & r_2 \\ \vdots & \vdots & \vdots & \vdots \\ r_N & r_N & \cdots & r_N \end{bmatrix} \tag{6-120}$$

将矩阵 M 的第一列与第二列的转置相乘,得矩阵

$$R_1 = m_1^* \times (m_2^*)^T = \begin{bmatrix} r_1^2 & r_1 r_2 & \cdots & r_1 r_N \\ r_2 r_1 & r_2^2 & \cdots & r_2 r_N \\ \vdots & \vdots & \vdots & \vdots \\ r_N r_1 & r_N r_2 & \cdots & r_N^2 \end{bmatrix} \qquad (6-121)$$

易知矩阵 R_1 的主对角线元素是证据 m_1^* 与 m_2^* 各类模式概率赋值的累积,而非主对角线元素之和反映了两证据的冲突程度,令 $K_1 = \sum\limits_{p=1}^{N} \sum\limits_{q=1, q \neq p}^{N} r_p r_q$,则归一化因子 $\dfrac{1}{1-K} = \dfrac{1}{1-K_1}$,由 Dempster 组合规则得到 m_1^* 与 m_2^* 的组合结果:

$$m_1^{**} = \left(\frac{r_1^2}{1-K_1}, \frac{r_2^2}{1-K_1}, \cdots, \frac{r_N^2}{1-K_1} \right)^T \qquad (6-122)$$

再将 m_1^{**} 与矩阵 M 第三列的转置相乘,得矩阵

$$R_2 = m_1^{**} \times (m_3^*)^T = \begin{bmatrix} \dfrac{r_1^3}{1-K_1} & \dfrac{r_1^2 r_2}{1-K_1} & \cdots & \dfrac{r_1^2 r_N}{1-K_1} \\ \dfrac{r_2^2 r_1}{1-K_1} & \dfrac{r_2^3}{1-K_1} & \cdots & \dfrac{r_2^2 r_N}{1-K_1} \\ \vdots & \vdots & \vdots & \vdots \\ \dfrac{r_N^2 r_1}{1-K_1} & \dfrac{r_N^2 r_2}{1-K_1} & \cdots & \dfrac{r_N^3}{1-K_1} \end{bmatrix} \qquad (6-123)$$

根据矩阵 R_2 求得 m_1^{**} 与 m_3^* 的归一化因子 $\dfrac{1}{1-K} = \dfrac{1-K_1}{1-K_1-K_2}$,式中 $K_2 = \sum\limits_{p=1}^{N} \sum\limits_{q=1, q \neq p}^{N} r_p^2 r_q$,由 Dempster 组合规则得两证据的组合结果:

$$m_2^{**} = \left(\frac{r_1^3}{1-K_1-K_2}, \frac{r_2^3}{1-K_1-K_2}, \cdots, \frac{r_N^3}{1-K_1-K_2} \right)^T \qquad (6-124)$$

按上述方法进行 $n-1$ 次组合,便得到最终的组合结果:

$$m = m_{n-1}^{**} = \left(\frac{r_1^n}{1 - \sum\limits_{i=1}^{n-1} K_i}, \frac{r_2^n}{1 - \sum\limits_{i=1}^{n-1} K_i}, \cdots, \frac{r_N^n}{1 - \sum\limits_{i=1}^{n-1} K_i} \right)^T \qquad (6-125)$$

$$K_i = \sum\limits_{p=1}^{N} \sum\limits_{q=1, q \neq p}^{N} r_p^i r_q, \qquad i = 1, 2, \cdots, n-1 \qquad (6-126)$$

利用组合式(6-125)融合 n 个加权平均证据 $m_1^*, m_2^*, \cdots, m_n^*$,只要按式(6-126)计算 $K_i(i=1,2,\cdots,n-1)$,并代入式(6-125)进行计算就可直接求得最终的组合结果,不必进行其他演算,因此,对于加权平均证据的融合,基于矩阵分析的组合算法比直接应用 Dempster 组合规则来得简单。

3. 基于多分类 SVM 的基本概率赋值方法

标准 SVM 输出的是目标的类别标签,是一种硬判决,而基于数据的信息融合需要 SVM 的

后验概率输出,因此,融合前应将 SVM 的硬判决转化为后验概率输出。目前普遍采用 Platt 提出的方法,用一个 Sigmoid 函数作为连接函数,将 SVM 的输出映射到 $[0,1]$ 来实现后验概率输出,其输出形式为

$$P(y=1\mid x) \approx P_{A,B}(f) = \frac{1}{1+\exp(Af+B)} \qquad (6-127)$$

式中, $f=f(x)$ 为样本 x 的标准输出值, A,B 为控制 Sigmoid 函数形态的参数,可以通过求解如下最大似然问题来获取:

$$\min_{Z=(A,B)} F(Z) = \min_{Z=(A,B)} \left\{ -\sum_{i=1}^{n} [t_i \lg(P_{A,B}(f_i)) + (1-t_i)\lg(1-P_{A,B}(f_i))] \right\}$$

$$(6-128)$$

$$\text{式中 } P_{A,B}(f_i) = \frac{1}{1+\exp(Af_i+B)}, \quad t_i = \begin{cases} \dfrac{N_+ + 1}{N_+ + 2} & (y_i = 1) \\[3mm] \dfrac{1}{N_- + 2} & (y_i = -1) \end{cases}$$

$(i=1,2,\cdots,n, N_+, N_-$ 分别为正类和负类的样本个数, $n=N_+ + N_-$。)

Platt 方法将两分类 SVM 的硬判决转化成了后验概率,而且不会降低分类器的分类效果,因此,它可以作为构建两分类问题证据体基本概率赋值的基础。由于异步电机故障诊断一般为多分类问题,这就需将二分类 SVM 的后验概率输出扩展为多分类 SVM 的后验概率输出。传统的扩展方式是将多个二分类后验概率组合起来,投票法是一种常用的组合方法。设有 N 类故障,采用一对一分类法,对每两个类构造一个 SVM 分类器,共构造 $N(N-1)/2$ 个二分类器,对每一个第 i 类与第 j 类构成的二分类器,采用 Platt 方法计算样本 x 属于第 i 类的后验概率 $P(i\mid j;x)$ $(i=1,2,\cdots,N, \quad j \neq i)$,然后按式(6-128)将第 i 类的 $N-1$ 个后验概率相加,便得到 x 属于第 i 类的最终后验概率:

$$P_i = P(i\mid x) = \frac{\sum\limits_{j=1,j\neq i}^{N} P(i\mid j;x)}{\sum\limits_{k=1}^{N}\sum\limits_{j=1,j\neq k}^{N} P(k\mid j;x)} = \frac{2}{N(N-1)}\sum_{j=1,j\neq i}^{N} P(i\mid j;x), \qquad i=1,2,\cdots;N$$

$$(6-129)$$

在投票法中, $P(i\mid j;x)$ 与第 j 类的后验概率 $P(j\mid x)$ 有关,因此, $P(i\mid j;x)$ 可以看作为在第 j 类条件下样本 x 属于第 i 类的条件后验概率。现以第 j 类的后验概率 $P(j\mid x)$ 为权值构建样本 x 属于第 i 类的最终后验概率[68]:

$$P_i = P(i\mid x) = \sum_{j=1,j\neq i}^{N} P(i\mid j;x)P_j, \qquad i=1,2,\cdots,N \qquad (6-130)$$

显然,式(6-129)是式(6-130)权值均为 $\dfrac{2}{N(N-1)}$ 的特例,在式(6-130)中, $P_i(i=1,2,\cdots,N)$ 应满足约束条件:

$$\sum_{i=1}^{N} P_i = 1 \qquad (6-131)$$

将式(6-130)与式(6-131)联立起来,展开后得到以 $P_1, P_2, \cdots, P_N$ 为未知量的超定方程组:

$$\begin{cases} P_1 - P(1 \mid 2; \boldsymbol{x})P_2 - \cdots - P(1 \mid N; \boldsymbol{x})P_N = 0 \\ -P(2 \mid 1; \boldsymbol{x})P_1 + P_2 - \cdots - P(2 \mid N; \boldsymbol{x})P_N = 0 \\ \vdots \\ -P(N \mid 1; \boldsymbol{x})P_1 - P(N \mid 2; \boldsymbol{x})P_2 - \cdots + P_N = 0 \\ P_1 + P_2 + \cdots + P_N = 1 \end{cases} \tag{6-132}$$

超定方程组(6-132)的矩阵表示为

$$\begin{bmatrix} 1 & -P(1 \mid 2; \boldsymbol{x}) & \cdots & -P(1 \mid N; \boldsymbol{x}) \\ -P(2 \mid 1; \boldsymbol{x}) & 1 & \cdots & -P(2 \mid N; \boldsymbol{x}) \\ \vdots & \vdots & \vdots & \vdots \\ -P(N \mid 1; \boldsymbol{x}) & -P(N \mid 2; \boldsymbol{x}) & \cdots & 1 \\ 1 & 1 & \cdots & 1 \end{bmatrix} \begin{bmatrix} P_1 \\ P_2 \\ \vdots \\ P_{N-1} \\ P_N \end{bmatrix} = \begin{bmatrix} 0 \\ 0 \\ \vdots \\ 0 \\ 1 \end{bmatrix} \tag{6-133}$$

$P(i \mid j; \boldsymbol{x})$ 与 $P(j \mid i; \boldsymbol{x})$ 满足以下关系:

$$P(j \mid i; \boldsymbol{x}) = 1 - P(i \mid j; \boldsymbol{x}) \tag{6-134}$$

采用最小二乘法求解超定方程组(6-133),以求得的最小二乘解 $P_i (i = 1, 2, \cdots, N)$ 作为样本 $\boldsymbol{x}$ 在各类模式中的后验概率,若记第 i 类模式为 A_i,则基于多类 SVM 的基本概率赋值函数为

$$m(A_i) = P_i, \quad i = 1, 2, \cdots, N \tag{6-135}$$

4. 基于加权证据理论与 SVM 的异步电机决策融合故障诊断模型

1) 故障诊断模型

来自不同传感器的振动信号和电流信号包含了异步电机在不同状态空间的故障信息,从不同侧面反映了设备的运行状态。为综合利用多源异类信源的信息,首先提取各证据源信号的特征向量,训练各自独立的 SVM 多分类器,利用基于多分类 SVM 的后验概率建模方法,构建各自的基本概率赋值函数,然后采用加权 D-S 证据理论进行全局融合决策,实现对异步电机的准确诊断。SVM 与加权证据理论相结合的多源异类信息决策融合故障诊断模型如图 6-39 所示。

2) 故障诊断步骤

(1) 信号采集。设有 N 种不同的故障异步电机,对每一被测对象,按图 6-40 的方案设置三个加速度传感器和三个电流传感器,分别采集振动信号和电流信号各若干组,作为各自的原始数据样本。

(2) 特征提取。原始数据分组,对振动信号和电流信号进行特征提取,形成六个原始特征向量集。

(3) 局部判决。确定各特征向量集的训练样本和测试样本,训练各自独立的 SVM 多分类器,对各自的测试样本进行分类判决。

(4) 构建基本概率赋值函数。按前述方法,构建三个振动证据和三个电流证据的基本概率赋值函数。

(5) 多源异类证据加权平均。按前述方法,以证据可信度为权值,将六个振动和电流证据加权平均,得到六个加权平均证据。

(6) 全局融合决策。利用基于矩阵分析的组合算法融合六个加权平均证据,并按决策规则进行全局决策。

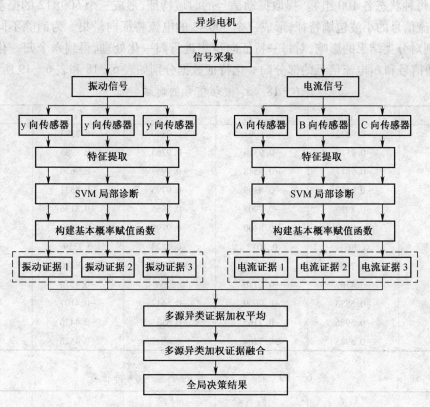

图 6 - 39　基于多源异类信息决策融合的异步电机故障诊断模型

3）异步电机多源信息提取

根据异步电机的故障机理与特征,并参照国标 GB 10068—2000 的要求进行传感器布置,传感器布置如图 6 - 40 所示。将加速度传感器 a_1、a_2、a_3 分别安装在异步电机驱动端的轴向、径向和垂向,并保证 a_2、a_3 的测量方向延长线通过轴承支撑点的中心,将电流传感器 c_1、c_2、c_3 分别安装在异步电机的 A 相、B 相和 C 相上,以扩展采集系统的时空覆盖范围,增强故障信号的区分度和有效性。

图 6 - 40　传感器布置

选取图 6 - 40 中三个互相垂直方向的加速度传感器 a_1、a_2、a_3 采集的振动信号和电流传感器 c_1、c_2、c_3 采集的 A 相、B 相、C 相电流信号作为原始信源。从检测结果中选取正常状态 F_1、转子弯曲 F_2、转子断条 F_3、转子不平衡 F_4、轴承故障 F_5 五种状态异步电机的振动信号和电流信号各 500 组(每种状态各 100 组)。提取振动信号的时域特征,形成三个 500×12 的振动特征向量集,提取电流信号的小波包熵特征,形成三个 500×8 的电流特征向量集。为消除不同特征量的数量级差别对分类结果的影响,对每一特征向量集进行归一化处理,得到六个归一化特征向量集。a_1 振动信号和 c_1 电流信号的部分归一化特征数据分别如表 6-18 和表 6-19 所列。

表 6-18 a_1 振动信号的时域特征

特征量	F_1	F_2	F_3	F_4	F_5
1	-0.9022	-0.8093	-0.9840	-0.8293	0.5673
2	-0.9512	-0.9318	-0.9763	-0.8983	0.1663
3	-0.9817	-0.9588	-0.9959	-0.9630	0.2315
4	-0.9188	-0.8399	-0.9795	-0.8531	0.5241
5	-0.8919	-0.7908	-0.9855	-0.8136	0.5900
6	-0.9184	-0.8400	-0.9795	-0.8529	0.5243
7	0.2031	0.1012	-0.4823	0.3359	-0.5919
8	-0.7668	-0.8715	-0.4291	-0.6240	0.0205
9	-0.4769	-0.6710	0.3337	-0.4870	0.5735
10	-0.5853	-0.7009	-0.5612	-0.4107	0.1800
11	-0.5986	-0.7165	-0.5131	-0.4420	0.2207
12	-0.5985	-0.7204	-0.4817	-0.4526	0.2537

表 6-19 c_1 电流信号的小波包熵特征

特征量	F_1	F_2	F_3	F_4	F_5
1	0.7987	0.9813	0.5156	-0.5192	-0.7578
2	0.2931	0.5232	0.1843	-0.8642	-0.8019
3	0.1161	0.7641	-0.1250	-0.6977	-0.6539
4	-0.4093	-0.5508	-0.6277	-0.4794	0.0204
5	0.4337	0.2814	-0.2243	-0.3494	-0.3970
6	0.0468	0.3746	-0.6881	-0.4163	-0.1541
7	-0.0318	0.6724	-0.0717	-0.3482	-0.3138
8	-0.2554	-0.3222	0.2043	-0.0072	-0.0852

4) 构建基本概率赋值函数

三个振动信号和三个电流信号形成诊断的六个证据,分别记为证据 a_1、证据 a_2、证据 a_3、证据 c_1、证据 c_2、证据 c_3。选择异步电机正常状态 F_1、转子弯曲 F_2、转子断条 F_3、转子不平衡 F_4、轴承故障 F_5 作为诊断的故障域,因此,$\Theta = \{F_1, F_2, F_3, F_4, F_5\}$ 构成六证据共同的识别框架,在该识别框架上构建各证据的基本概率赋值函数。

对前面得到的每一归一化特征向量集,从每种状态的 100 个特征向量中随机取 50 个(共 250 个)作为 SVM 的训练样本,余下的特征向量作为测试样本。SVM 采用 RBF 核函数,首先,结合一对一分类法,利用训练样本训练 SVM 分类器,对测试样本进行局部判决,然后,按照 4.2.1 节方法将 SVM 硬判决结果转化为后验概率,构建各证据基于多分类 SVM 的基本概率赋值函数。部分样本的 BPA 数据如表 6-20~表 6-25 所列。从表中数据可以看出,样本确定的类具有较高的概率赋值,而其他类的概率赋值相对较低,因此,基于多分类 SVM 的概率赋值方法,有效结合了 SVM 处理非线性问题和后验概率建模方法的优势,具有较好的概率分布形式。

230

表 6 - 20   证据 a_1 基于 SVM 的 BPA

样本	F_1	F_2	F_3	F_4	F_5	样本类别
1	**0.445974**	0.113353	0.054318	0.346184	0.038863	F_1
2	0.242492	0.262448	0.025816	**0.454055**	0.01493	F_2
3	0.128241	0.044313	**0.498408**	0.071794	0.254629	F_3
4	0.313771	0.161436	0.006602	**0.490978**	0.026319	F_4
5	0.234783	0.054257	0.113029	0.10234	**0.489814**	F_5

表 6 - 21   证据 a_2 基于 SVM 的 BPA

样本	F_1	F_2	F_3	F_4	F_5	样本类别
1	**0.479327**	0.295345	0.064762	0.116412	0.042152	F_1
2	0.129991	0.25092	0.069958	**0.499557**	0.047568	F_2
3	0.128583	0.070151	**0.499832**	0.046685	0.251846	F_3
4	0.137252	0.247486	0.067623	**0.499926**	0.045482	F_4
5	0.072958	0.130852	0.25123	0.044258	**0.498966**	F_5

表 6 - 22   证据 a_3 基于 SVM 的 BPA

样本	F_1	F_2	F_3	F_4	F_5	样本类别
1	**0.493819**	0.197967	0.030253	0.220102	0.057009	F_1
2	0.246155	**0.499009**	0.042739	0.145014	0.064776	F_2
3	0.061961	0.032732	**0.48604**	0.147822	0.270268	F_3
4	0.227027	0.031958	0.087311	**0.49877**	0.154922	F_4
5	0.102171	0.030891	0.1163	0.253925	**0.496052**	F_5

表 6 - 23   证据 c_1 基于 SVM 的 BPA

样本	F_1	F_2	F_3	F_4	F_5	样本类别
1	**0.498057**	0.134508	0.25221	0.04395	0.069463	F_1
2	0.252142	**0.499602**	0.128973	0.046561	0.069902	F_2
3	**0.462112**	0.110731	0.321332	0.03764	0.067833	F_3
4	0.144041	0.028167	**0.495705**	0.083639	0.247652	F_4
5	0.113938	0.04001	0.060854	0.318561	**0.465252**	F_5

表 6 - 24   证据 c_2 基于 SVM 的 BPA

样本	F_1	F_2	F_3	F_4	F_5	样本类别
1	**0.499995**	0.041527	0.122577	0.247109	0.08805	F_1
2	0.105815	**0.498702**	0.070852	0.072128	0.25247	F_2
3	**0.491868**	0.035052	0.246388	0.171874	0.053182	F_3
4	0.100943	0.031142	**0.492885**	0.003653	0.370475	F_4
5	0.042939	0.145713	0.24289	0.066667	**0.499903**	F_5

表 6 - 25　证据 c_3 基于 SVM 的 BPA

样本	F_1	F_2	F_3	F_4	F_5	样本类别
1	0.254006	0.037281	0.110695	**0.498675**	0.097506	F_1
2	0.082562	**0.49014**	0.132391	0.028798	0.265208	F_2
3	0.148743	0.053806	**0.498856**	0.058565	0.23977	F_3
4	0.159405	0.039895	0.237155	**0.499426**	0.061994	F_4
5	0.121522	0.083486	0.249669	0.045124	**0.499452**	F_5

从表 6 - 20 ~ 表 6 - 25 可以看出,在每一个证据的 BPA 中,各类模式所对应的数值都不够大,最大值均在 0.5 以下,而且 BPA 的最大值不一定在样本所属的类上,如在表 6 - 20 中,样本 2 的 BPA 最大值为 $m(F_4) = 0.454055$,这表明对于证据 a_1 来说,判断该样本属于 F_4 类要比属于其他类的概率大,然而,样本 2 实际属于 F_2 类,因此,仅依靠一个证据进行判决,存在很大的不确定性,容易产生误判,无法保证诊断结果的准确性和可靠性。其次,证据之间存在不同程度的冲突,譬如:对样本 4,证据 c_2 与证据 c_3 之间的冲突为 $K_{c_2 c_3} = 0.8409$,证据 a_1 与证据 c_2 之间的冲突为 $K_{a_1 c_2} = 0.9485$,无论是同类证据之间还是异类证据之间都存在比较大的冲突,而且各证据的重要程度也不一样,如果直接应用 Dempster 组合规则融合六个证据,得到的融合结果为:$m(F_1) = 0.5069$,$m(F_2) = 0.001$,$m(F_3) = 0.0505$,$m(F_4) = 0.4179$,$m(F_5) = 0.0236$。尽管六个证据对故障 F_1 的支持程度都不高,但融合结果中 F_1 对应的 BPA 值最大,从最大 BPA 值判决的角度来说,融合结果更偏向于样本 4 属于 F_1 类故障,这显然是不合理的。采用 4.3 节的加权组合算法对样本 4 融合六个证据,得到完全不一样的结果:$m(F_1) = 0.015475$,$m(F_2) = 0.000245$,$m(F_3) = 0.043989$,$m(F_4) = 0.936903$,$m(F_5) = 0.003389$,由此便可作出正确判决。

现采用基于加权证据模型和矩阵分析相结合的加权组合算法融合六个证据。首先,按式 (6 - 117) 计算各个证据的可信度,部分样本的可信度如表 6 - 26 所示。由表 6 - 26 可知,对同一样本,各证据的可信度并不相同,而且对可能产生误判的证据,其可信度相对较低,如 F_3 类的样本 3,在证据体 c_1 中 $m(F_1)$ 最大,在证据体 c_2 中 $m(F_1)$ 最大,可能导致误判,由表 6 - 26 可知,这两个证据的可信度分别为 0.153041、0.145143,均小于其他证据的可信度。对每一个测试样本,以可信度为权值将六个证据加权平均,部分数据如表 6 - 27 所列。利用融合算法,融合加权平均证据(取 $n = 6$),部分全局融合数据如表 6 - 28 所列。

表 6 - 26　证据可信度

样本	证据 a_1	证据 a_2	证据 a_3	证据 c_1	证据 c_2	证据 c_3
1	0.174277	0.166339	0.175876	0.160225	0.174285	0.148998
2	0.157353	0.15377	0.176379	0.172063	0.172712	0.167723
3	0.177763	0.17696	0.168738	0.153041	0.145143	0.178356
4	0.16964	0.172518	0.180133	0.155535	0.141335	0.180839
5	0.165263	0.169968	0.166732	0.15861	0.169113	0.170313

表 6 - 27　加权平均证据的 BPA

样本	F_1	F_2	F_3	F_4	F_5	样本类别
1	**0.449094**	0.138043	0.103827	0.242817	0.064815	F_1
2	0.177069	**0.422198**	0.078992	0.19914	0.121202	F_2
3	0.224648	0.057445	**0.432974**	0.087119	0.196299	F_3
4	0.183298	0.091835	0.218162	**0.363221**	0.142309	F_4
5	0.114267	0.081565	0.174021	0.136259	**0.491861**	F_5

表6-28 全局融合结果

样本	F_1	F_2	F_3	F_4	F_5	样本类别
1	**0.974669**	8.22E-04	0.000149	2.44E-02	8.81E-06	F_1
2	0.005351	**0.98323**	4.22E-05	1.08E-02	0.00055	F_2
3	0.018973	5.30E-06	**0.972511**	6.45E-05	0.008446	F_3
4	0.015475	0.000245	0.043989	**0.936903**	0.003389	F_4
5	0.000157	2.07E-05	1.96E-03	0.000451	**0.997415**	F_5

下面分析加权组合算法处理冲突证据的融合效果,为此,引入全局平均冲突概念。在 n 个证据组成的决策融合系统中,定义系统的全局平均冲突为

$$W = \frac{2}{n(n-1)} \sum_{i=1}^{n-1} \sum_{j=i+1}^{n} K_{ij} \qquad (6-136)$$

式中 K_{ij} ——证据 i 与证据 j 之间的冲突,可以通过式(6-136)求得。

图6-39给出了上述所取的五个样本的六原始证据、融合一次、融合二次、融合三次、融合四次所得证据组的全局平均冲突曲线。由图6-39可知,五组证据的全局平均冲突随融合次数的增加而减少,所以,以可信度为权值加权平均后再融合,不仅可以降低可信度较低的证据对融合结果的影响,而且能够减少证据之间的冲突,获得较好的融合结果,表6-28所列的融合数据正体现了这一点。全局融合后的 BPA 数值大多集中在样本所属的模式类上,这就大大降低了故障诊断的不确定性,提高了故障诊断的可靠性。

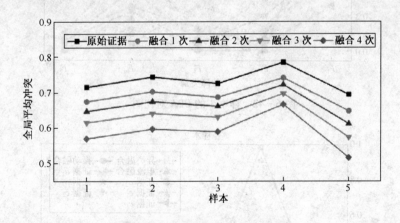

图6-41 证据冲突对比示意图

5)故障诊断结果与分析

(1)与单证据和同类信息决策融合法的对比分析。

对得到的每一个归一化特征向量集,将三个振动证据和三个电流证据分别进行决策融合,得到两个同类信息融合的 BPA,部分融合数据如表6-29和表6-30所列。

图6-40~图6-44分别直观地展示了表6-29~表6-35以及表6-28~表6-30所列五个样本的原始证据、同类信息融合证据和异类信息融合证据的 BPA 值。

表 6 - 29 振动证据融合结果

样本	F_1	F_2	F_3	F_4	F_5	样本类别
1	**0.839928**	0.065532	0.000955	0.092804	0.000782	F_1
2	0.087932	0.368463	0.001003	**0.541882**	0.00072	F_2
3	0.008646	0.000847	**0.862269**	0.004885	0.123353	F_3
4	0.084345	0.023155	0.001113	**0.888305**	0.003082	F_4
5	0.019867	0.002816	0.031089	0.01831	**0.927918**	F_5

表 6 - 30 电流证据融合结果

样本	F_1	F_2	F_3	F_4	F_5	样本类别
1	**0.769458**	0.003607	0.042909	0.177775	0.006251	F_1
2	0.022407	**0.908295**	0.009968	0.00089	0.05844	F_2
3	**0.540307**	0.003113	0.433711	0.007341	0.015527	F_3
4	0.024788	0.00036	**0.77985**	0.055056	0.13995	F_4
5	0.006112	0.005979	0.052548	0.020356	**0.915006**	F_5

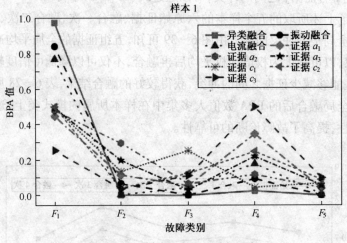

图 6 - 42 样本 1 的 BPA 对比图

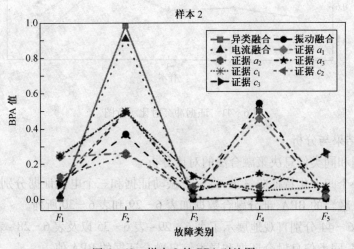

图 6 - 43 样本 2 的 BPA 对比图

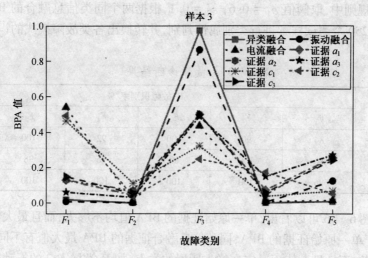

图 6-44 样本 3 的 BPA 对比图

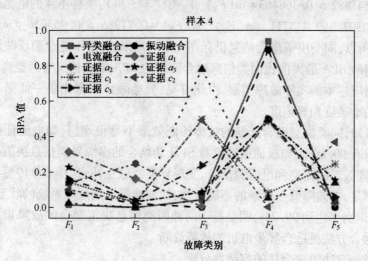

图 6-45 样本 4 的 BPA 对比图

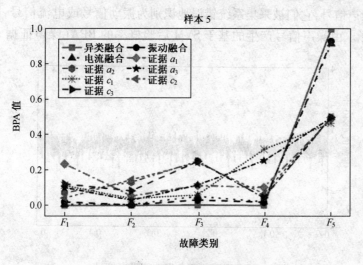

图 6-46 样本 5 的 BPA 对比图

在 D-S 决策规则中,取阈值 $\varepsilon_1 = 0.6$, $\varepsilon_2 = 0.1$,根据两个同类信息融合的 BPA 与异类信息融合的 BPA,对 250 个测试样本进行类别属性判别,并转换出各类故障模式的识别率,分类结果如表 6-31 所示。

表 6-31 故障诊断结果

诊断方法	故障识别率/%					
	F_1	F_2	F_3	F_4	F_5	平均
振动信息决策融合	84	90	100	92	100	93.2
电流信息决策融合	80	100	80	96	98	90.8
异类信息决策融合	96	100	100	100	100	99.2

从图 6-42~图 6-46 可以看出,单一原始证据的 BPA 值均不够大,而且最大值不一定对应所属的类。相比于单一原始证据的 BPA,同类信息融合证据的 BPA 最大值有不同程度的提高,但 BPA 值仍较分散,而且最大值不一定在样本所属的类上,如 F_2 类样本 2 的振动融合数据就是这样: $m(F_4) = 0.541882 > 0.368463 = m(F_2)$, F_3 类样本 3 和 F_4 类样本 4 的电流融合数据也如此: $m(F_1) = 0.540307 > 0.433711 = m(F_3)$, $m(F_3) = 0.77985 > 0.055056 = m(F_4)$,这种情况容易发生误判,所以,同类决策融合信息仍存在一定的局限性,还不能全面反映设备的运行状态。异类融合证据的 BPA 最大值比同类信息融合证据的 BPA 最大值又有所提高,而且 BPA 最大值所属的类均对应样本的实际故障类别,由此可见,异类融合证据比单一证据和同类信息融合证据具有更高的准确度和置信度。

由表 6-31 可知,同类信息融合证据的故障诊断效果不是很理想,如电流证据决策融合后的故障识别率就只有 90.8%。加权证据理论与 SVM 相结合的多源异类信息决策融合故障诊断方法,通过综合处理振动源信息和电流源信息,实现异类信息互补,弥补了单传感器信息和同类决策融合信息的不足,有效降低了诊断的不确定性,能够准确识别故障系统的状态,收到了很好的诊断效果,故障识别率达到 99.2%,明显高于两种同类信息决策融合的故障识别率,因此,多源异类信息决策融合方法更适合异步电机的故障诊断。

(2)多源异类信息决策融合法的容错性分析。

假设加速度传感器 a_2 或电流传感器 c_1 完全失效,此时这两个传感器通道采集的信号只是检测电路自身的噪声信号,它们被采集系统错误地识别为振动信号或电流信号,图 6-47 为噪声信号的时域波形。由噪声信号产生的基于 SVM 后验概率的 BPA(噪声证据 a_2 与噪声证据

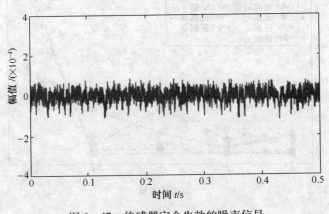

图 6-47 传感器完全失效的噪声信号

c_1)分别如表 6-32 和表 6-33 所列。由于噪声信号与检测对象的实际状态无关,将其作为振动信号或电流信号,产生的 BPA 具有很大的随机性。

表 6-32　噪声证据 a_2 基于 SVM 的 BPA

样本	F_1	F_2	F_3	F_4	F_5	样本类别
1	**0.499954**	0.128514	0.070167	0.251397	0.047394	F_1
2	0.109294	**0.481635**	0.219304	0.138752	0.039044	F_2
3	0.045456	0.143658	0.207046	0.105136	**0.492105**	F_3
4	0.218668	0.189022	0.055806	**0.498303**	0.036477	F_4
5	0.04655	0.129546	0.252246	0.06944	**0.499457**	F_5

表 6-33　噪声证据 c_1 基于 SVM 的 BPA

样本	F_1	F_2	F_3	F_4	F_5	样本类别
1	0.305275	0.075842	**0.465476**	0.137764	0.015352	F_1
2	0.346417	0.086564	**0.444696**	0.097976	0.023623	F_2
3	-0.00474	**0.483172**	0.110086	0.240809	0.170632	F_3
4	0.044742	0.252949	0.135682	**0.497654**	0.06684	F_4
5	0.046767	0.070295	0.128445	0.251732	**0.499885**	F_5

利用这两个噪声证据进行如下实验:

① 用噪声证据 a_2 替代证据 a_2,其余证据不变;
② 用噪声证据 c_1 替代证据 c_1,其余证据不变;
③ 用两个噪声证据分别替代证据 a_2 和证据 c_1,其余证据不变。

首先,按照前面所述的方法,分别将新组成的六证据加权平均后融合,部分融合数据如表 6-34~表 6-36 所列。然后,利用 D-S 决策规则对测试样本进行类别属性判决,并推算出各类故障模式的识别率,诊断结果如表 6-37 所列。

表 6-34　传感器 a_2 完全失效的全局融合结果

样本	F_1	F_2	F_3	F_4	F_5	样本类别
1	**0.959763**	0.000198	0.00014	3.99E-02	8.80E-06	F_1
2	0.002626	**0.996207**	1.42E-04	7.10E-04	0.000315	F_2
3	0.029424	2.80E-05	**0.929201**	2.43E-04	0.041104	F_3
4	0.023888	0.000126	0.038387	**0.934648**	0.002952	F_4
5	0.000122	2.04E-05	1.96E-03	0.000545	**0.997348**	F_5

表 6-35　传感器 c_1 完全失效的全局融合结果

样本	F_1	F_2	F_3	F_4	F_5	样本类别
1	**0.942449**	7.85E-04	0.000945	5.58E-02	6.00E-06	F_1
2	0.019138	**0.932651**	0.001372	4.58E-02	0.001017	F_2
3	0.002697	2.27E-04	**0.976886**	4.22E-04	0.019768	F_3
4	0.008938	0.000357	0.000978	**0.989577**	0.000149	F_4
5	7.83E-05	2.75E-05	2.61E-03	0.000267	**0.997016**	F_5

237

表 6-36　传感器 a_2 与 c_1 完全失效的全局融合结果

样本	F_1	F_2	F_3	F_4	F_5	样本类别
1	**0.915425**	1.67E-04	0.00083	8.36E-02	5.98E-06	F_1
2	0.008357	**0.985832**	0.002455	2.80E-03	0.000554	F_2
3	0.00325	1.20E-03	**0.885552**	1.70E-03	0.108292	F_3
4	0.005023	0.000457	0.001442	**0.992911**	0.000166	F_4
5	5.93E-05	2.71E-05	2.62E-03	0.000327	**0.996963**	F_5

表 6-37　传感器完全失效的故障诊断结果

失效传感器类型	故障识别率/%					
	F_1	F_2	F_3	F_4	F_5	平均
振动传感器 a_2	96	100	100	100	100	99.2
电流传感器 c_1	94	100	100	100	100	98.8
振动传感器 a_2 与电流传感器 c_1	90	98	100	100	100	97.6

由表 6-34~表 6-36 可知,某一振动传感器或电流传感器完全失效以及一个振动传感器和一个电流传感器完全失效时,仍然收到了较好的融合效果,BPA 值基本集中在样本所属的类上,如在表 6-36 中,F_1 类样本 1 有: $m(F_1)=0.915425$,F_2 类样本 2 有: $m(F_2)=0.985832$,F_3 类样本 3 有: $m(F_3)=0.885552$,F_4 类样本 4 有: $m(F_4)=0.992911$,F_5 类样本 5 有: $m(F_5)=0.996963$,与无传感器失效的 BPA 相差不大,而且上述三种情况下的故障识别率分别达到 99.2%、98.8%、97.6%,获得了不错的诊断结果,所以,基于加权证据理论的多源异类信息决策融合方法具有很强的容错能力。

238

参 考 文 献

[1] 徐敏,等．设备故障诊断手册[M]．西安：西安交通大学出版社,1998.

[2] 陈克兴,李川奇．设备状态监测与故障诊断技术[M]．北京：科学技术文献出版社,1991.

[3] 陈大禧,等．大型回转机械诊断现场实用技术[M]．北京：机械工业出版社,2002.

[4] 屈梁生,等．机械故障诊断学[M]．上海：上海科学技术出版社,1986.

[5] 廖伯瑜．机械故障诊断基础[M]．北京：冶金工业出版社,1995.

[6] 虞和济,等．设备故障诊断工程[M]．北京：冶金工业出版社,2001.

[7] 钟秉林,黄仁．机械故障诊断学[M]．北京：机械工业出版社,2002.

[8] 陈长征,等．设备振动分析与故障诊断技术[M]．北京：科学出版社,2007.

[9] 韩捷,张瑞林．旋转机械故障机理的诊断技术[M]．北京：机械工业出版社,1996.

[10] 杨国安．齿轮故障诊断实用技术[M]．北京：中国石化出版社,2012.

[11] Smith J D．齿轮振动与噪声[M]．吴佩江,潘家强译．北京：中国计量出版社,1989.

[12] 丁康．齿轮及齿轮箱故障诊断实用技术[M]．北京：机械工业出版社,2005.

[13] 陈刚．齿轮和滚动轴承故障的振动诊断[D]．西安：西北工业大学,动力与能源学院,2007.

[14] 李辉．滚动轴承和齿轮振动信号分析与故障诊断方法[D]．西安：西北工业大学,2001.

[15] 张梅军．设备状态检测与故障诊断[M]．北京：国防工业出版社,2008.

[16] 易良矩．简易振动诊断现场实用技术[M]．北京：机械工业出版社,2003.

[17] 车又向．滚动轴承的故障诊断实例[J]．中国设备管理,2001.02:44—45.

[18] 梅宏斌．滚动轴承振动监测与诊断理论、方法[M]．北京：机械工业出版社,1997.

[19] 盛兆顺,尹崎岭．设备状态监测与故障诊断技术及应用[M]．北京：化学工业出版社,2003.

[20] 严新平,周强．机械系统工况监测与故障诊断[M]．武汉：武汉理工大学出版社,2009.

[21] 杨国安．滑动轴承故障诊断实用技术[M]．北京：中国石化出版社,2012.

[22] 陈大禧,朱铁光．大型回转机械诊断现场实用技术[M]．北京：科学工业出版社,2002.

[23] 沈庆根,郑水英,等．设备故障诊断[M]．北京：化学工业出版社,2006.

[24] 何正嘉,等．机械故障诊断理论及应用[M]．北京：高等教育出版社,2010.

[25] 王江萍．机械设备故障诊断技术及应用[M]．西安：西北工业大学出版社,2001.

[26] 张碧波．设备状态监测与故障诊断[M]．北京：化学工业出版社,2005.

[27] 张俊哲．无损检测技术及其应用[M]．2版．北京：科学出版社,2010.

[28] 李作新．无损检测的原理和方法[M]．昆明：云南大学出版社,1989.

[29] 宋天民,等．超声检测[M]．北京：中国石化出版社,2012.

[30] 施克仁,高炽扬．无损检测新技术[M]．北京：清华大学出版社,2007.

[31] 沈阳金属研究所．声发射[M]．北京：科学出版社,1972.

[32] 李孟源,等．声发射监测及信号处理[M]．北京：科学出版社,2010.

[33] 潘佳.声发射检测技术在故障诊断中的应用研究[D].北京:北京化工大学机电工程学院,2012.

[34] 何琳．声学理论与工程应用[M]．北京：科学出版社,2006.

[35] 杨明伟．声发射检测[M]．北京：机械工业出版社,2005.

[36] 杨其明,等．油液监测分析现场实用技术[M]．北京：机械工业出版社,2006.

[37] 张晨辉,林亮智．设备润滑与润滑油应用[M]．北京：机械工业出版社,1993.

［38］萧汉梁．铁谱技术及其在机械监测诊断中的应用［M］．北京：人民交通出版社，1993．

［39］沈玉娣，曹军义．现代无损检测技术［M］．西安：西安交通大学出版社，2012．

［40］沈功田，张万岭．压力容器无损检测技术综述［J］．无损检测，2004，01：37—39．

［41］刘贵民，马丽丽．无损检测技术［M］．北京：国防工业出版社，2010．

［42］王仲生．无损检测诊断现场实用技术［M］．北京：机械工业出版社，2002．

［43］李国华，吴淼．现代无损检测与评价［M］．北京：化学工业出版社，2009．

［44］程玉兰．红外诊断现场实用技术［M］．北京：机械工业出版社，2002．

［45］孙华东，李艾华．非接触红外测温技术在点检系统中的应用．新技术新工艺［J］．热加工工艺技术与装备，2007，11：60—61．

［46］沈功田，张万岭．压力容器无损检测-红外热成像技术［J］．无损检测，2004，10：523—528．

［47］尹朝庆．人工智能与专家系统［M］．北京：中国水利水电出版社，2009．

［48］王智明，杨旭，平海涛．知识工程与专家系统［M］．北京：化学工业出版社，2007．

［49］吴今培，肖健华．智能故障诊断与专家系统［M］．北京．科学出版社，1997．

［50］陈安华，刘德顺，郭迎福．振动诊断的动力学理论与方法［M］．北京：机械工业出版社，2002．

［51］周长生．齿轮与滚动轴承故障诊断方法的应用研究及专家系统的建立［D］.兰州：兰州理工大学能源与动力工程学院，2007．

［52］朱大奇．航空电子设备故障诊断技术研究［D］.南京：南京航空航天大学自动化学院，2002．

［53］张超．基于BDD的动态故障树优化分析研究［D］.西安：西北工业大学航空学院，2004．

［54］杜京义．基于核算法的故障智能诊断理论及方法研究［D］．西安：西安科技大学电气与控制工程学院，2007．

［55］蒋玲莉．基于核方法的旋转机械故障诊断技术与模式分析方法研究［D］.长沙：中南大学机电工程学院，2010．

［56］王广斌．基于流形学习的旋转机械故障诊断方法研究［D］.长沙：中南大学机电工程学院，2010．

责任编辑：周敏文　　mwzhou@ndip.cn
责任校对：苏向颖
封面设计：王晓军　　xjwang@ndip.cn

普通高等院校机械工程学科"十二五"规划教材

上架建议：机械

http://www.ndip.cn

ISBN 978-7-118-09323-0

9 787118 093230 >

定价：34.00 元